KB140125

미국
국립공원제도의 역사

미국
국립공원제도의 역사

문성민 지음

한국학술정보㈜

들어가는 글

　미국의 국립공원은 단 한 곳도 직접 방문한 경험은 없지만 옐로스
톤이나 요세미티, 그리고 그랜드 캐니언 국립공원은 낯설게 다가오지
는 않았다. 관광을 전공하는 관계로 『관광자원론』이라는 도서에서 옐
로스톤이 세계 최초의 국립공원이라는 사실을 알고 있었다. 일간지를
들추다 보면 해외여행상품을 선전하는 광고를 자주 접하게 되는데
미국 서부관광코스에서 빠지지 않는 명소가 요세미티와 그랜드 캐니
언 국립공원이다. 간혹 미국의 국립공원을 소재로 한 텔레비전 프로
그램을 우연히 시청하기도 했지만 사전에 시청을 계획한다든지 또는
채널을 고정해서 시청하지는 않았다. 미국의 국립공원은 얼핏 봐도
장엄해 보이기는 했지만 감당할 수 없을 정도로 방대한 규모에 왠지
정이 가지는 않았다.

　미국의 국립공원에 관심을 가지게 된 계기는 2007년에 한라산 국
립공원이 세계자연유산으로 등재되면서부터였다. 세계자연유산의 목
록에 기재되는 것이 얼마나 까다로운지를 알지 못했기에 처음에는
등재사실의 홍보가 지나치다고 생각하기도 했다. 제주에서 대학교를
졸업한 후 서울의 대학원에서 공부하다가 2008년에 제주로 돌아왔기

에 세계자연유산으로 등재되기까지의 제반과정은 전혀 모르고 있었다. 주변의 지인들은 한결같이 세계자연유산으로 등재된 한라산 국립공원에 대한 자부심이 대단했다. 그래서 모든 제주도민이 자랑스러워하는 세계자연유산에 대한 궁금증이 생겨 유네스코의 세계유산 프로그램의 정보를 탐색하게 되었다.

유네스코의 세계유산은 크게 문화유산과 자연유산, 그리고 복합유산으로 구분되는데 2011년 현재 936개소가 세계유산으로 지정되어 있다. 그런데 대부분은 문화유산이고 자연유산은 상대적으로 많지 않다. 전체 세계유산의 77.5%인 725개소가 문화유산인 반면 183개소가 지정된 자연유산의 비중은 20%이다. 상대적으로 등재가 용이한 문화유산이 아니라 자연유산으로 등재된 한라산 국립공원에 자부심을 느끼는 것은 무리가 아니라고 깨닫게 되었다. 조금 더 살펴보니 10개소 이상의 세계유산을 보유한 국가는 24개국에 불과했는데 우리나라도 포함되어 있었다. 우리나라는 총 10개소의 세계유산을 보유하고 있지만 9개소는 문화유산이고 유일한 자연유산은 제주도에 있다는 점을 알게 되자 다소 냉소적이었던 태도부터 바로잡았다.

세계유산을 10개소 이상 보유한 24개 국가 중에서 선두는 45개소를 목록에 올린 이탈리아이다. 그런데 45개의 세계유산 중에서 42개소가 문화유산이고 자연유산은 3개소에 불과하다. 이탈리아 다음으로 세계유산이 많은 스페인은 총 42개소를 보유하고 있는데 37개소의 문화유산과 3개소의 자연유산, 그리고 2개소의 복합유산으로 구성되어 있다. 세계유산을 많이 보유한 상위 국가들은 공통적으로 문화유산의 비중이 압도적으로 높다는 점을 알 수 있었다. 그런데 10개소 이상의 세계유산을 보유한 24개 국가 중에서 자연유산 비중이 높은 국가도 있었다. 총 19개소의 세계유산을 보유한 호주는 12개소의 자연유산과 3개소의 문화유산, 그리고 4개소의 복합유산을 가지고 있다. 총 15개소의 세계유산을 보유한 캐나다는 9개소의 자연유산과 6개소의 문화유산을 목록에 올려놓고 있다. 마지막으로 총 21개소의 세계유산을 보유한 미국은 12개소의 자연유산과 8개소의 문화유산, 그리고 1개소의 복합유산을 보유하고 있음을 확인할 수 있었다.

유네스코는 자연경관이 아름다운 장소가 아니라 통합적인 자연보전관리정책이 시행되는 장소를 세계자연유산으로 지정한다는 점을 알게 되자 관심의 초점은 호주와 캐나다, 그리고 미국으로 옮겨졌다. 8개소에서 12개소의 세계자연유산을 보유한 3개국은 분명 유네스코가 인정한 체계적인 보전관리정책을 시행하고 있다고 생각했다. 3개국의 정책을 모두 검토하는 방안을 생각해 보기도 했지만 변변치 못한 영어실력을 감안하여 1개 국가를 집중 분석해 보기로 결정했다. 미국은 캐나다와 더불어 가장 많은 12개소의 세계자연유산을 보유하고 있을 뿐만 아니라 사전에 인지도가 있던 옐로스톤과 요세미티, 그리고 그랜드 캐니언 국립공원이 모두 세계자연유산으로 등재되어 있었다. 그리고 옐로스톤이 세계 최초의 국립공원이라는 점을 알고 있었기에 호주와 캐나다의 국립공원제도는 미국보다 늦게 출발한 점도 감안하여 미국의 국립공원제도를 검토해 보기로 결정했다.

미국에서 시작된 국립공원제도에는 명암이 공존하고 있음을 알게 되었다. 12개소의 국립공원이 세계자연유산으로 등재된 점만 놓고 보면 미국의 국립공원제도는 세계가 극찬한 우수한 정책임을 알 수 있다. 그러나 인간의 정주를 금지하는 기준을 세운 미국의 국립공원은 원주민인 인디언을 내쫓고 잠시 머물다 가는 관광객만 받아들이고 있다. 미국의 국립공원제도를 그대로 도입한 제3세계 국가에서는 국립공원으로 지정 고시된 장소에 오래전부터 거주한 원주민에게 제대로 된 보상도 하지 않고 강제로 이전시키는 일이 관행처럼 진행되고 있다. 애초에 인간의 정주를 금지한 이유는 국립공원의 생태계를 보전하기 위해서가 아니었다. 국립공원제도를 발족시킨 미국인에게 광활한 대자연의 주인은 오직 백인뿐이었다. 미국의 대자연을 빚은 창조주는 백인의 신(God)이지 인디언이 신봉하는 신은 될 수 없었다. 생태계의 보전관리를 위해서가 아니라 인디언을 배제할 목적으로 인간의 정주를 금지한 국립공원은 심각한 생태계의 교란을 겪은 1960년대 이후에서야 통합적인 자연보전관리정책에 눈을 뜨게 되었다.

우리나라의 유일한 세계자연유산인 한라산 국립공원의 지위가 영원한 것은 아니다. 유네스코의 결정에 의해 언제든지 위기에 처한 세계유산으로 지정될 위험이 도사리고 있다. 그래서 사례대상지로 옐로스톤과 에버글레이즈, 그리고 요세미티를 선정하여 한라산 국립공원의 나아갈 길을 모색하고자 했다. 옐로스톤은 1995년에 위기에 처한 세계유산으로 지정되어 2003년에야 세계자연유산의 지위를 되찾았다. 에버글레이즈는 1993년부터 2007년까지 위기에 처한 세계유산으로 지정되었다가 2010년부터 재차 지정되어 있다. 마지막으로 요세미티는 세계자연유산의 지위를 굳건히 지키고 있지만 오래전부터 논의 중인 자동차 관리정책을 한라산 국립공원의 교통정책에 참고할 수 있을 것으로 생각하여 사례대상지로 포함했다.

문성민

Contents

1. 미국의 국립공원제도: 최고의 아이디어

국립공원이라는 단어의 의미를 설명해야 한다면 북한산이나 설악산, 한라산처럼 사례를 제시하는 사람이 많을 것이다. 국립공원에 대해 잘 알고 있는 사람이라면 지정된 국립공원의 사례를 보다 많이 제시할 수 있을 것이다. 혹자는 한발 더 나가서 북한산이나 설악산, 한라산을 근거로 들어 국립공원은 절경이 빼어난 산이라고 말할지도 모른다. 그러나 국립공원의 지정현황을 정확히 알고 있다면 모든 국립공원을 산악지형으로 일반화하는 오류는 범하지 않을 것이다. 왜냐하면 다도해 해상국립공원처럼 현재까지 지정된 20개소의 국립공원 중에서 3개소는 해상국립공원일 뿐만 아니라 경주국립공원처럼 도시가 지정된 사례도 있기 때문이다.

이처럼 국립공원의 사례를 열거하다 보면 완벽하게 일치하는 공통분모는 아닐지라도 국립공원이란 대체로 육상과 해상을 망라한 자연절경이 수려한 장소라고 말할 수 있게 된다. 역사유적을 보호하기 위해 지정된 경주국립공원은 유일한 예외이기는 하지만 우리나라의 국립공원은 빼어난 자연절경을 근간으로 하고 있다고 해도 과언이 아닐 것이다. 예를 들어 국립공원의 법적 근거를 담고 있는 법률인 「자연공원법」의 명칭에서도 자연이 전제되어 있음을 확인해 볼 수 있다. 그런데 자연풍광이 아름다운 장소가 아닌 역사유적도시인 경주가 국립공원으로 지정된 것은 「자연공원법」의 제2조 2항 "국립공원이란 우리나라의 자연생태계나 자연 및 문화경관을 대표할 만한 지역"이라는 조항에 근거한 것이다.

여기까지 정리해 보면 우리나라의 국립공원은 대체로 자연절경이 수려한 장소, 특히 산악지형을 법률에 의거하여 국가가 지정·관리하는 지역이다. 굳이 「자연공원법」의 법조항을 참조하지 않더라도 국립(國立)이라는 용어에서 어렵지 않게 국립공원이란 국가가 지정하고 관리하는 공원이라는 유추가 가능하다. 그런데 국가가 직접 지정·관리하기에 국립공원이라는 명칭을 사용하지만 정작 국립공원이라는 타이틀은 거추장스러운 꼬리표처럼 여겨지기도 한다. 일상적으로 북한산 국립공원은 북한산, 한라산 국립공원은 한라산으로 통용되는 것은 번잡함을 싫어하는 현대사회의 단면이 반영된 것으로 볼 수 있다. 그러나 한편으로는 북한산이나 한라산처럼 자연절경이 수려하거나 또는 세계적으로 자랑할 만한 역사유적의 도시인 경주를 체계적으로 관리하는 것은 국가의 당연한 의무로 간주하고 있기 때문일지도 모른다. 국립공원처럼 광대한 면적의 토지를 확보한 후 인위적인 개발을 최소화하는 것은 궁극적으로 수익 극대화를 추구하는 자본주의와는 배치되기에 기업이 아닌 국가가 나설 수밖에 없는 것이다.

자연의 아름다움에 이끌려 관광객이 증가한 지역은 개발이 뒤따르게 된다. 관광객 스스로가 각종 편의시설과 안전시설의 확충을 국가에 요구하고 관광객의 욕구에 부응한 민간자본도 투자를 하게 된다. 관광객이 증가할수록 개발 압력은 높아지게 되고 일정 수준의 개발이 이루어지고 나면 개발 자체에 대해 무감각해지는 현상도 나타나게 된다. 이처럼 개발이 가속화될수록 자연환경의 질은 악화될 수밖에 없게 되므로 자연스럽게 관광객의 발길도 감소하게 된다. 관광객의 방문이 줄어들어 수익을 기대하기 어렵게 된 민간투자자가 서둘러 사업을 철수하면 자연환경의 파괴는 걷잡을 수 없게 된다. 인간에 의한 인위적인 개발이 이루어진 자연환경은 적절한 관리를 하지 않고 그대로 방치하면 오히려 환경에 해를 끼치게 된다. 이런 점에서 자연절경이 수려한 지역의 개발을 제한하는 국가의 개입이 당연시되는 것이다.

국립공원이란 시장실패의 위험을 최소화하기 위해 국가에서 국민의 자유를 일정 수준 제한하는 제도라고 할 수 있다. 여기서 의미하는 국민이란 다수의 일반대중이라기보다는 수익 극대화를 목표로 하는 소수의 민간투자자이다. 일반대중의 입장에서 보면 국립공원의 이용에 따르는 제약으로 불편을 감수해야 하기도 하지만 국가의 관리로 인해 잘 보존된 자연환경으로부터 얻는 것이 많기에 불평은 사그라진다. 민간투자자의 입장에서는 국립공원으로 지정된 지역은 바로 눈앞의 노다지를 캐지 못해 아쉽지만 지정해제를 요청하는 등의 공격적인 대응은 자제하는 편이다. 일반대중으로서는 국립공원의 지정 확대를 요구하는 반면 민간투자자는 국가를 대상으로 잠재적인 국립공원의 지정을 최소화하려고 하는 건 우리나라뿐만 아니라 세계적인 공통점이기도 하다.

세계 최초의 국립공원제도는 1872년에 국립공원으로 지정된 미국의 옐로스톤에서 시작되었다. 미국을 필두로 1879년에 호주, 1885년에 캐나다, 1909년에 스웨덴에서 국립공원제도를 채택했다. 영국에서는 1949년에서야 최초의 국립공원이 지정되었고 프랑스 최초의 국립공원은 1963년, 그리고 오스트리아에서는 1992년에서야 최초의 국립공원이 설립되었다. 환경선진국으로 알려진 유럽의 다수 국가에서 국립공원제도가 뒤늦게 채택된 이유는 미국의 국립공원처럼 인간의 개입으로 훼손되지 않은 원초적 상태의 자연환경이 거의 남아 있지 않았기 때문이었다.[1] 반면 신생국인 미국과 마찬가지로 호주와 캐나다에는 원시상태로 남겨진 광활한 면적이 보전되어 있었기에 국립공원제도가 일찍이 정착될 수 있었다.

미국의 국립공원제도는 세계 최초라는 공인된 지위를 누리고 있을 뿐만 아니라 최고의 아이디어(best idea)라는 찬사까지도 받고 있다. 미국 최초이자 세계 최초의 국립공원인 옐로스톤이 지정된 지 40년이 흐른 1912년에 미국 주재 영국 대사인 제임스 브라이스(James Bryce, 1838~1922)는 "미국의 국립공원은 미국이 여태껏 만든 것 중에서 최고의 아이디어(the best idea America ever had)"로 극찬했다.[2] 1835~1840년에 출판된 『미국의 민주주의 *Democracy in America*』라는 저서를 통해 미국의 민주주의를 높게 평가한 프랑스인 알렉시 드 토크빌(Alexis de Tocqueville, 1805~1859)을 인용하길 좋아하는 미국인에게 제임스 브라이스의 평가도 유용하게 받아들여졌다. 미국의 저명한 소설가이자 수필가인 월러스 스테그너(Wallace Stegner, 1909~1993)에게 미국의 국립공원은 "우리가 가진 최고의 아이디어이며, 완전히 미국적이고

---

1) Imura ed.(2005). Environmental Policy in Japan. p.323.

2) Vale(2005). The American Wilderness. p.90.

완전히 민주적이고, 미국인의 최상의 가치를 반영하고 있다"고 적었다.3) 미국 국립공원에 대한 월러스 스테그너의 생각은 미국을 찬양한 두 명의 저명한 외국인인 제임스 브라이스와 알렉시 드 토크빌의 견해를 모두 반영한 것 같다. 1912년에 영국인 제임스 브라이스가 최초로 언급한 후 1983년에 월러스 스테그너에 의해 유명해진 '국립공원은 최고의 아이디어'라는 표현은 2009년에 제작된 미국 공영방송(Public Broadcasting Service)의 국립공원 기획특집 프로그램의 명칭(National Parks: America's Best Idea)으로도 사용되었다.

주미 영국대사인 제임스 브라이스가 미국의 국립공원제도에 찬사를 보냈던 1912년은 최초의 국립공원이 지정된 지 40년이 지난 시점이었다. 1872년에 옐로우스톤이 국립공원으로 지정된 후 1890년에 3개의 새로운 국립공원이 지정되었다. 시어도어 루스벨트(Theodore Roosevelt, 1858~1919) 대통령이 취임한 1901년 이전까지 국립공원은 겨우 5개에 불과했다. 옐로스톤이 최초의 국립공원으로 지정된 후 시어도어 루스벨트 대통령이 취임하기 전인 30년간 지정된 국립공원은 모두 5개였고 시어도어 루스벨트 대통령은 재임기간(1901~1909)에 5개의 새로운 국립공원을 지정했다. 영국대사 제임스 브라이스가 미국의 국립공원을 최고의 아이디어라고 극찬한 1912년까지 미국에는 10개의 국립공원이 지정되어 있었을 뿐이다. 당시만 해도 인간의 인위적인 개입흔적이 없는 광활한 면적이 남겨져 있었지만 새로운 국립공원으로 지정하려는 노력은 더디기만 했던 상황에서 외국인이 미국의 국립공원제도에 찬사를 아끼지 않았던 것이다.

---

3) Landrum(2004). The State Park Movement in America. p.4.

오늘날 국가가 지정·관리하는 국립공원제도는 다소간 개인의 자유를 제한함에도 불구하고 여론의 지지를 받고 있다. 그런데 세계 최초의 국립공원이 지정된 1870년대의 미국은 고삐 없는 개발의 광풍이 몰아치던 시대의 한복판에 놓여 있었다. 남북전쟁이 종료된 1865년부터 개인뿐만 아니라 특히 기업들은 이른바 '먼저 줍는 사람이 임자'라는 사고방식으로 자연자원을 제한 없이 사용하여 엄청난 부를 축적하기 시작했다. 자원의 착취를 통해 미국은 단기간에 농경국가에서 공업국가로 부상할 수 있게 되었고, 이 과정에서 민간 기업들이 부당한 짓거리를 자행하면서 대재벌로 성장한 시대를 마크 트웨인(Mark Twain, 1835~1910)의 소설 『도금시대 *The Gilded Age: A Tale of Today*』의 제목을 인용하여 도금시대(gilded age)라고 부른다. 1865년부터 1890년까지의 시대를 아우르는 도금시대에서 자연은 누구나 자유롭게 무한정으로 이용할 수 있는 자원일 뿐이므로 나무의 벌목과 광물 채굴이 금지되는 국립공원제도는 당시의 사회적 분위기와는 정반대였다. 이런 점에서 국가가 개인의 자유를 제한하는 국립공원제도는 오늘날과는 달리 여론의 공감대를 형성하기는 결코 쉽지 않았다.

옐로스톤이 국립공원으로 지정된 도금시대에 살았던 미국인의 다수는 자연을 무한정으로 이용 가능한 자원으로 여기고 있었다. 이러한 미국인의 자연관은 청교도가 신앙의 자유를 찾아 신세계에 도착한 1620년부터 시작되어 도금시대까지도 여전히 유효한 논리였다. 다만 낯선 미국에 도착한 청교도가 바라본 신세계의 자연은 악마가 나올 것 같은 음산한 공간으로 피해야 할 대상이었다면, 도금시대에 살았던 다수의 미국인에게 자연은 부를 약속하는 무한한 자원의 공급처로 여겨졌다. 1870년대를 전후하여 자연보전의 가치를 내세운 주장들이 서서히 스며들고 있었지만 250년간 지속된 청교도적 자연관은 일거에 변모될 수는 없었다.

청교도에게 신세계의 자연, 특히 하늘 높이 치솟은 나무들이 빽빽이 들어선 원시림은 무시무시한 야생의 자연이면서 악마가 숨어 있는 음산한 공간으로 인식되었다. 당시의 청교도에게 비친 원시림은 예수와 문명으로부터 버림받은 공간과 동일시되었기 때문에 숲에 들어가면 길을 잃거나 악마에 사로잡힐 수 있다고 생각했다. 빽빽이 들어선 나무로 인해 한낮에도 어두운 신세계의 원시림은 질서와 빛, 진정한 문명을 믿고 있는 청교도의 신념과는 배치되는 공간이었다. 이처럼 초기의 자연관은 청교도의 종교적 관점에 의해 형성되었지만 점차 농지 확보라는 실용적인 목적이 자연을 자원으로 바라보는 자연관을 형성하게 되었다. 농지를 마련하기 위해 자행된 대규모의 산림벌채를 정당화하고자 인디언을 실존하는 악마의 화신으로 간주했다. 핏빛의 인디언들이 포로로 붙잡은 백인 여성과 아이를 나무에 매달고 고문한다는 조작된 소문이 퍼지자 야만적인 나무를 쓰러뜨리는 일은 신앙이 있는 미국인에게는 일종의 사명으로까지 여겨지기도 했다. 악마의 화신으로 간주된 인디언이 거주하는 숲을 없애는 것은 종교적 관점에서도 정당화되었던 것이다.4)

자연을 음산한 공간이면서 정복의 대상으로 인식한 자연관은 청교도에 국한된 것이 아니라 당시 서구의 지배적인 사상이었다. 이러한 서구의 자연관은 종교 교리에 의해 뒷받침된 것으로 창세기 1장 28절의 내용은 다음과 같다.

---

4) 폴란(2009). 세컨 네이처. pp.238~239.

하나님이 그들에게는 복을 주시며 그들에게 이르시되 생육하고 번성하여 땅에 충만하라, 땅을 정복하라, 바다의 고기와 공중의 새와 땅에 움직이는 모든 생물을 다스리라 하시니라.

서구의 자연관에 지대한 영향을 미친 기독교는 중세를 정점으로 르네상스가 도래하자 예전의 영향력은 축소되기 시작했다. 그럼에도 불구하고 자연을 정복의 대상으로 바라보는 서구의 자연관은 완화되지 않고 오히려 무차별적인 이용이 가능한 대상으로 인식하게 된 이유는 근대철학의 아버지로 불리는 르네 데카르트(Rene Descartes, 1596~1650)의 철학이 지대한 영향력을 형성했기 때문이었다. 데카르트는 자연에 내재하는 모든 물질을 마음(mind)과 신체(body)라는 두 개의 유형으로 구분하고 마음을 가진 존재의 특성으로 사고, 감각, 의식 등을, 신체의 전형적인 특성은 주체적으로 행동할 수 없는 자동기계로 간주했다. 데카르트는 인간을 제외한 동물과 식물을 아우르는 모든 생명체는 의식이 없는, 즉 마음이 없고 신체만 보유한 기계였기에 인간은 자연을 지배하는 주인(masters and possessors of nature)이라고 선언한 것이었다.5)

주체적으로 사고(思考)할 수 있는 마음(mind)이 결여되고 외부자극에 대한 자동반응만 가능한 신체(body)만을 가진 것으로 간주된 자연은 인간을 위한 수단으로 전락했다. 데카르트에게 자연은 이용의 대상일 뿐 미학적인 대상으로 여겨지지 않았다. 데카르트에게 자연의 장대함과 아름다움에 대해 갖는 신비감이란 문명사회의 인간이 오래전에 극복한 원시적 정신 상태를 의미하는 것이었다. 그는 인간이

---

5) Talukder(2010). Self, Nature, and Cultural Values. pp.84~85.

"인간과 동등하거나 인간 이하 수준의 것들보다는 인간 이상 수준의 것들에 경외감을 갖는 것"이 당연하다고 생각했다. 따라서 구름이나 바람, 이슬, 번개 같은 자연적 현상은 결코 어떠한 경탄의 대상이 될 수 없었다. 데카르트의 신은 지구의 자연적 현상을 전혀 인정하지 않는 철학자의 신이었던 것이다.6)

르네상스를 거치면서 기독교의 영향력은 확연히 느슨해지기 시작했지만 데카르트의 심신이원론(mind-body dualism)의 영향으로 자연을 바라보는 부정적인 인식은 쉽게 변하지 않았다. 그럼에도 불구하고 자연을 이용의 대상으로 보거나 장애물로 간주하던 서구의 자연관은 비록 느리지만 다른 관점을 수용하기 시작했다. 이러한 변화의 조짐은 미술에서 감지되었는데 16세기 초에 플랑드르(flanders)의 사실주의적 풍경화가 정립된 것이었다.7) 기독교의 영향력이 절대적이던 중세까지도 자연풍경은 종교화의 배경으로 그려졌지만 르네상스를 거치면서 자연풍경만을 묘사한 풍경화가 등장하게 되었다. 풍경화에 대한 수요는 자연을 감상의 대상으로 인식하는 사람들이 등장함을 의미하는 것이었다. 그런데 자연의 아름다움에 눈을 뜨게 해 준 풍경화는 현재의 벨기에와 네덜란드 일대인 플랑드르 밖에서는 그다지 큰 인기를 얻지는 못했지만 사회 전반에 변화의 계기를 제공해 주었다.

17세기를 거쳐 18세기는 예술 전반에 걸쳐 낭만주의가 대두되면서 마침내 서구의 자연관에 커다란 변화가 초래되었다. 저택의 거실에 풍경화를 걸어 놓는 것으로는 만족하지 못한 상류계층은 정원(garden)에 자연미를 가미하기 시작한 것이었다. 서양의 정원은 크게

---

6) 암스트롱(1999), 신의 역사2, pp.533~534.
7) 박성은(2008), 플랑드르 사실주의 회화, p.24.

세 가지 양식으로 구분할 수 있는데, 첫째는 중세까지 통용되었던 사각으로 담장이 드리워진 정원, 둘째는 프랑스 르네상스 시대에 르 노트르(Le Notre, 1613~1700)에 의해 창시된 개방적이고 기하학적인 정원, 셋째는 영국의 문예전성기에 창안된 그림처럼 아름답거나 낭만적인 정원이다.8) 첫 번째 유형의 정원은 담장 너머의 세상은 위험하고 혼탁하므로 담장을 둘러 안전하고 질서 있는 피난처를 구현한 것이었다. 두 번째 유형의 대표적인 정원은 베르사유 궁전의 정원인데, 기하학을 적용하여 완벽한 비례를 구현한 것이었다. 특히 베르사유 궁정정원은 직선배치를 적용하여 절대왕정의 권위를 단적으로 보여 주었기 때문에 유럽 각국의 왕가와 귀족들은 서둘러 르 노트르식의 정원을 도입했다. 첫 번째 유형의 정원이 높다란 담장을 둘러 자연과 대치되는 개념이라면 두 번째 유형은 자연에서는 보기 어려운 직선배치를 적용하여 인공적인 색채가 강한 정원이었다.

낭만주의적 자연관이 반영된 정원 설계는 영국에서 시작되었다. 중세의 정원과 프랑스식 정원과는 달리 영국의 정원은 담장 없이 툭 트인 전망과 유연한 곡선으로 설계되었다. 과거의 정원과는 확연히 다른 자연적 풍경의 정원이 등장한 것이었다. "자연은 단 하나의 직선도 싫어한다"고 선언한 윌리엄 켄트는 이 한마디로, 특히 베르사유 정원을 지목하여 과거의 모든 정원양식을 부정해 버렸다. 영국의 위대한 정원설계사인 윌리엄 켄트(William Kent, 1685~1748)와 랜슬롯 브라운(Lancelot Brown, 1715~1783), 험프리 랩턴(Humphrey Repton, 1752~1748) 등은 자신들의 주장을 옹호하고자 자연의 절대적인 권위

---

8). 폴란(2009), 세컨 네이처, p.352.

를 부각시켰다.9)

새로운 영국정원의 특징은 담장을 허물어 정원 안과 밖의 구분을 모호하게 하여 마치 정원이 자연의 일부처럼 느껴지게 배치한 점이었다. 비록 담장은 허물었지만 그렇다고 담장이 아예 없는 것은 아니었다. 만약 영국정원에 애초부터 담장이 없다면 정원과 자연의 구분은 무의미하기에 정원이라고 부를 수 없으므로 시각적으로 눈에 띄지 않는 방식으로 담장을 설치했다. 영국정원의 담장은 하늘을 향해 수직으로 올라간 것이 아니라 땅을 파서 만든 도랑으로 정원의 경계를 표시한 것이었다. 이런 담장은 멀리서는 전혀 보이지 않아 탁 트인 전망을 제공해 주는데, 산책하다가 가까이에 가서야 도랑의 존재를 알게 될 때 하하(ha-ha)하고 놀라는 모습에서 하하(ha-ha)라는 담장명칭을 얻게 되었다. 우리말로는 숨겨진 담장이라고 해서 은장(隱墻)이라고 부른다.10)

담장을 허물고 유연한 곡선배치를 적용하여 자연미를 추구한 영국정원은 당시로서는 파격적인 자연관이 반영된 것이었다. 영국인은 자신들이 만든 정원에 만족해하고 자부심도 대단했다. 그런데 1872년에 미국이 세계 최초로 국립공원제도를 도입하면서 진보적인 자연관을 가진 것으로 생각했던 영국인의 자부심은 서서히 흔들리게 되었다. 영국인의 자연관이 투영된 정원은 최대한 자연을 있는 그대로 반영하고자 한 것이었지만, 그들이 반영하고자 한 자연은 아르카디아(Arcadia)로 대변되는 이상화된 자연이었다. 마치 한 폭의 아름다운 그림 같은(picturesque) 정원으로 불리는 영국정원의 구조는 실제로 목

---

9) 폴란(2009), 세컨 네이처, p.358.
10) 솔닛(2003), 걷기의 역사, p.139.

가적인 풍경화를 모델로 한 것이었다. 영국인에게 있는 그대로의 자연 상태는 아름다운 대상이 아니었기에 인간의 손길에 의해 다듬어져야 했던 것이었다. 미국의 국립공원제도는 자연을 있는 그대로 즐길 수 있도록 공원 안팎으로 도로를 개설하고 최소한의 숙박시설과 편의시설을 갖추지만 자연 자체는 손을 대지 않는 것을 원칙으로 한다. 사람이 관리해야 하기에 규모가 제한적인 영국의 정원과는 달리 자연을 있는 그대로 보여 주기 위해서라도 미국의 국립공원은 광활한 면적이 필요했던 것이다. 미국의 국립공원제도를 최고의 아이디어라고 칭송한 영국대사 제임스 브라이스의 견해에 동의하지 않을 수 없다.

2. 미국적인 문화에 대한 갈망

　1872년에 옐로스톤이 세계 최초의 국립공원으로 지정된 후 국립공원제도는 전 세계로 확대되었다. 이런 점에서 국립공원제도는 미국이 만든 최초의 글로벌 수출브랜드라고 평가할 수 있다. 국립공원제도가 도입된 지 어언 140년이 경과된 현시점에서 미국은 할리우드로 대변되는 강력한 문화브랜드로 세계 각국으로부터 열광과 원망을 동시에 불러일으키고 있다. 작금의 미국문화는 대자본을 투입한 할리우드 영화뿐만 아니라 패스트푸드의 대명사로 불리는 맥도날드의 햄버거, 부담 없는 가격으로 학생의 입맛을 사로잡은 핫도그 또는 바쁜 직장인의 허기를 달래 주는 도넛과 머그잔의 커피는 일상생활에 깊숙이 침투한 미국문화의 단면을 말해 준다. 다시 140년 전으로 시간을 거슬러 올라가서 옐로스톤이 세계 최초의 국립공원으로 지정된 1872년으로 되돌아가면 당시의 미국은 경제뿐만 아니라 문화적인 측면에서도 일류국가로 평가받지는 못했다. 당시는 내부적으로는 산업혁명의 발상지이며 외부적으로는 방대한 식민지를 경영하여 '해가 지지 않는 나라'라는 평가를 받은 빅토리아 여왕(Queen Victoria, 1819~1901)이 통치하던 대영제국이 경제적·문화적인 일류국가였던 것이다.

미국의 국립공원제도는 최초로 수출된 문화브랜드라고 말할 수 있지만 사전준비 없이 급조된 제도는 아니었다. 미국의 국립공원제도는 문화적으로 구세계, 특히 영국과 프랑스를 모방하는 질긴 사슬을 끊고 미국적인 문화를 창조하기 위한 점증적인 시도가 빚은 결실이었다. 미국적인 문화에 대한 갈망은 독립전쟁이 종료되어 독립신생국이 탄생한 1783년부터 시작되었지만 구세계로부터의 문화적인 독립은 만만치 않았다. 파리조약에 의해 독립이 승인된 1783년 당시의 영국은 산업혁명이 시작되어 대영제국의 토대를 구축하고 있던 반면, 미국은 가난한 농경국가에 불과하여 미국적인 문화에 대한 열망은 현실화되기 어려운 상황이었다. 건국의 아버지로 불리는 제3대 대통령 토마스 제퍼슨(Thomas Jefferson, 1743~1826)이 꿈꾸던 미국의 미래는 신세계의 광활한 토지를 활용한 농경국가였다. 제퍼슨이 농경주의를 내세운 이유는 땅을 직접 경작하여 자연과 접촉하고 그 과정에서 민주적 시민으로서 필요한 자립심과 윤리적 덕성을 배양할 수 있다고 생각했기 때문이었다. 제퍼슨에게 농업은 시류를 타지 않고 안정적인 소득 창출이 가능하다는 점에서 경제적인 독립과 자족적인 삶을 보장해 줄 수 있다고 생각했다. 또한 자연 속의 노동을 통해 신과 접촉하는 영적 체험을 맛볼 수 있다고 생각했기 때문이었다.11)

미국의 미래를 농경국가로 제시한 토마스 제퍼슨의 견해에 모두가 동조한 것은 아니었다. 역시 건국의 아버지이자 초대 재무장관을 역

---

11) 신문수 외(2010). 미국의 자연관 변천과 생태의식. pp.4~5.

임한 알렉산더 해밀턴(Alexander Hamilton, 1755~1804)은 특히 경제발전의 필요성을 역설하여 토마스 제퍼슨과 치열한 논쟁을 벌였다. 제퍼슨은 미국이 '전원의 공화국'으로 남아 있을 수 있다면 유럽의 구태인 권력투쟁, 전쟁, 억압 등으로부터 자유로울 수 있다고 믿었기에 재임기간 중에도 농경주의 국가에 대한 신념을 고수했다. 그러나 퇴임 후인 1816년의 한 서한을 통해 미국이 지속적인 경제발전을 이루어 내지 못한다면 유럽의 속국으로 전락하거나 원시시대로 퇴보할 수 있다고 적시하여 사실상 자신의 견해를 수정했다.12) 농경국가를 이상향으로 꿈꾸던 제퍼슨이 퇴임한 1809년부터 미국의 정책방향은 경제발전에 주안점을 두게 되어 원재료를 제공하는 공급처인 자연의 착취는 피할 수 없게 되었다.

　1800년대 초부터 경제발전의 고삐를 당기기 시작한 미국은 1812년에 영국을 상대로 전쟁을 선포했다. 당시는 유럽대륙을 거의 정복하다시피 한 프랑스의 나폴레옹과 전쟁을 벌이던 영국이 물자공급을 차단하기 위해 대륙봉쇄령을 시행하고 있었다. 대규모 전쟁과 영국의 봉쇄로 물자부족에 시달리던 프랑스를 상대로 미국의 상인들이 전쟁특수를 누리던 상황에서 영국군이 미국 상선을 나포하여 선원을 억류하고 물자를 압수하자 미국의 분노가 폭발하게 된 것이었다. 전쟁을 선포한 미국은 캐나다에 주둔한 소규모 영국군의 요새를 공략했지만 점령하지 못한 채 지루한 공방전만 이어지다가 나폴레옹을 엘바 섬에 유배시킨 영국군이 4,000명의 정예부대를 미국에 파견하면서 전세가 역전되었다. 워싱턴 D.C.를 점령한 영국군에 의해 대통령 관

---

12) 신문수 외(2010). 미국의 자연관 변천과 생태의식. p.84.

저가 불타서 나중에 화재흔적을 감추기 위해 외벽에 흰색 페인트를 발라 백악관(white house)이라고 불리게 되었다. 수세에 몰렸지만 막판에 뉴올리언스 전투에서 승리를 거둔 미국이 최종 승자가 되었다.

1783년에 독립국으로 탄생한 미국이 불과 30년이 경과된 1812년부터 1814년까지 영국과 전쟁을 치르게 되면서 미국인의 애국심은 고취되었다. 영국의 문화를 모방하는 상황이 지속된다면 진정한 독립국이 될 수 없다는 자성의 목소리가 문화계 전반에 확산되었다. 그러나 1620년에 청교도가 신세계에 정착한 이래 어언 200년간 영국을 위시한 유럽의 문화를 수용하던 관행을 일거에 타파하고 새로운 미국문화를 창조하기란 말처럼 쉬운 일이 아니었다. 워싱턴 어빙(Washington Irving, 1783~1859)이 1819~1820년에 발표한 단편모음집 『스케치북 The Sketch Book of Geoffrey Crayon』은 미국적인 문화에 대한 작가의 의도가 반영된 작품이다. 『스케치북』에 수록된 대표적인 작품인 「립 반 윙클 Rip Van Winkle」과 「슬리피 할로우의 전설 The Legend of Sleepy Hollow」의 소재는 독일 민담에서 가져왔지만 배경은 뉴욕 북부의 허드슨 강을 따라 펼쳐진 캐츠킬(Catskill) 산맥으로 옮겨 왔다. 어빙의 『스케치북』은 본래 구세계의 스토리였지만 독자들은 미국의 오래된 전설로 받아들였다.

워싱턴 어빙의 『스케치북』은 구세계의 문학을 모방하던 구태는 벗어났지만 양식이나 소재도 모두 미국적이라고 할 수는 없었다. 고유한 문학양식을 단기간에 정립하기는 어렵다는 점에서 미국적인 문화의 시발점은 소재와 배경의 차별화에 달려 있었다. 어빙의 『스케치북』이 작품 배경으로 미국의 자연을 채택한 의의를 부여할 수 있다면, 제임스 페니모어 쿠퍼(James Fenimore Cooper, 1789~1851)의 『개척자들 *The Pioneers*』의 소재와 배경은 모두 미국에 뿌리를 두고 있다. 1823년에 출판된『개척자들』의 시간적 배경은 미국의 독립을 인정한 1783년의 파리조약이 체결된 지 10년 후인 1793년이며, 공간적 배경은 뉴욕 주의 중앙에 자리한 템플턴이라는 개척지 마을이다. 『개척자들』의 이야기 구조는 토마스 제퍼슨의 이상인 농본주의 정착민 사회에서 토지의 소유권을 두고 벌어지는 갈등과 아울러 자연의 보전과 활용을 다루고 있다.13) 작품의 주인공인 내티 범포(Natty Bumppo)는 백인이지만 인디언과 함께 성장하여 자연을 남용하고 파괴하는 백인 정착민과 대립하면서 미국인의 자연관을 적나라하게 묘사하고 있다. 쿠퍼의 작품『개척자들』은 변방(frontier)을 개척하는 미국적인 상황을 소재로 삼고 있을 뿐만 아니라 경제발전의 명목으로 무분별한 자연의 남용을 당연시하는 세태에 경종을 울리고, 내티 범포를 통해 자연을 바라보는 새로운 관점을 수용할 것을 은연중 제시하고 있다.

미국적인 문화를 창조하려는 노력은 워싱턴 어빙과 제임스 페니모어 쿠퍼가 주도한 문학계로부터 출발했다. 저렴한 가격의 도서가 양산되고 굳이 직접 서점을 방문하지 않더라도 인터넷으로 전 세계 곳곳에 흩어진 도서의 주문이 가능한 현재와는 달리 1800년대 초반만 해도 발행되는 도서 자체가 많지 않았다. 도서를 취급하는 서점도 주로 뉴욕이나 보스턴, 필라델피아처럼 도시에서나 영업하고 있었던 시기여서 변방에 거주하는 미국인은 도서구입은 고사하고 어떤 도서가 출판된지조차 모르는 경우도 적지 않았다. 이런 상황에서 미국적인 문화를 창조하려는 문학계의 시도는 극복하기 어려운 장애물에 봉착

---

13) 신문수 외(2010). 미국의 자연관 변천과 생태의식. p.71.

해 있었던 것이다. 또한 문학의 본질적 특성상 고가의 도서를 구입한 후 정독할 수 있는 계층은 제한적일 수밖에 없었다. 예나 지금이나 마찬가지겠지만 하루하루의 삶이 고단한 사람에게 독서는 금전적·시간적으로 감당하기 어려운 사치로 간주되는 경우가 많다. 따라서 누구나 경제적·시간적으로 부담 없이 홀가분한 상태에서 접할 수 있는 새로운 예술양식이 필요했던 상황이었다.

전통적으로 회화작품은 경제적으로 여유가 있는 일부 계층의 전유물이었다. 일반적으로 도서는 그마나 저렴한 가격으로 양산이 가능한 점과 비교하면 미술작품은 복제가 불가능한 것은 아니었지만 원본만의 고유성(aura)은 복제할 수 없으므로 미술작품은 유일하다는 희귀성의 가치가 매겨졌다. 국가재정으로 운영되는 갤러리가 등장하기 이전에 미술가는 자신의 작품을 구매할 여력이 있는 후원자의 취향에 부응하는 것이 일반적이었다. 미술가 역시 미국적인 문화를 창조하려는 예술계 전반의 분위기에 동조했지만 별다른 노력은 경주하지 않았다. 문학계의 워싱턴 어빙과 제임스 페니모어 쿠퍼가 작품배경으로 미국을 선택한 것처럼 미술계에서는 미국의 자연풍경을 소재로 채택할 수 있었다. 유럽에서 풍경화는 17세기 이후부터 고유한 영역을 개척했지만 미국적인 문화 창조의 열기가 뜨거운 19세기 초의 미국에서 풍경화는 전혀 인정을 받지 못하고 있었다. 미국의 미술 후원자들은 유럽에서 제작된 풍경화는 선뜻 구매했지만 정작 미국의 자연풍경을 그린 작품에는 전혀 관심이 없었다. 따라서 미국에서 활동하던 미술가도 미국의 자연풍경을 소재로 한 작품을 그리는 것은 쓸데없는 낭비라고 생각했던 것이다.

1800년대 초에 미국에서 스스로를 풍경화를 그리는 화가라고 홍보한 이는 토마스 다우티(Thomas Doughty, 1793~1856)가 유일했다.[14] 미국의 화가들이 풍경화를 그리지 않았던 이유는 후원자의 취향에 맞지 않았기 때문이었다. 유럽에서 그려진 풍경화를 구매한 미국의 후원자들은 자신들이 거주하고 있는 미국의 자연은 풍경화에 어울리지 않는다고 생각했다. 미국의 자연은 너무나 황량하고 야성적이어서 자연을 있는 그대로 화폭에 옮겨 감상한다는 생각은 하지 않았던 것이다. 이처럼 구매자가 없는 상황에서 굳이 미국의 자연풍경을 소재로 한 작품에 관심을 둘 미술가는 사실상 거의 없었던 상황이었다. 미국의 화가들이 풍경화에 관심이 없었던 것은 경제적인 고려와 아울러 미술계의 풍경화에 대한 인식도 영향을 미쳤다. 영국의 왕립미술원장을 역임한 조슈아 레이놀즈(Joshua Reynolds, 1723~1792)는 화가의 위상은 그가 선택한 주제에 의해 결정된다는 이론을 펼쳤다. 레이놀즈에 의하면 영웅적인 일화와 보편적인 진리를 전달할 수 있는 역사화야말로 인류의 도덕심 고양에 기여할 수 있기 때문에 최상의 소재로 간주되었다. 역사화는 주로 성경에 등장하는 인물이나 역사적으로 중요한 인물을 소재로 삼는다. 그리고 레이놀즈는 순수한 풍경화를 주업으로 삼는 화가는 가장 낮은 지위에 머무른다고 주장했던 것이다.[15]

순수한 풍경화를 못마땅하게 여기던 조슈아 레이놀즈가 사망한 후 얼마 지나지 않아 윌리엄 터너(Joseph Mallord William Turner, 1775~1851)가 영국의 자연을 배경으로 한 새로운 풍경화를 내놓았다. 터너의 작품은 자연을 소재로 삼았지만 있는 그대로의 상태를 묘사하지 않았을 뿐만 아니라 일반적으로 빼어난 절경으로 알려진 장소를 배경으로

---

14) Millhouse(2007), American Wilderness, p.5.

15) Millhouse(2007), American Wilderness, p.55.

하지도 않았다. 반면 터너와 동시대를 살았던 존 컨스터블(John Constable, 1776~1837)은 농촌의 아름다운 자연을 묘사한 탁월한 풍경화를 그렸다. 미국의 미술애호가들이 구매한 유럽의 풍경화는 컨스터블처럼 목가적인 전원을 묘사한 그림이었는데 미국의 자연은 목가적인 전원과는 전혀 맞지 않아 미술애호가들은 미국의 풍경화에 관심이 없었던 것이다. 그래서 1825년을 기점으로 등장한 미국적인 풍경화는 컨스터블이 아니라 터너의 스타일로부터 영향을 받은 것이었다. 자연을 해석하는 방식은 달랐지만 모두 자연을 소재로 채택한 터너와 컨스터블은 순수한 풍경화를 싫어한 레이놀즈가 살아 있었다면 명성을 얻지 못했을 것이다. 레이놀즈 사후에 활동한 문화비평가 존 러스킨(John Ruskin, 1819~1900)에게 산과 암석, 나무, 식물, 강과 하천은 인간의 손길을 기다리는 신(God)의 영광이 발현된 것이라고 말하면서 풍경화의 가치를 재조명했다.16) 러스킨이 바라본 자연은 성스러운 사원(cathedral)이나 마찬가지였던 것이다. 이처럼 당대에 엄청난 영향력을 미친 러스킨이 풍경화를 높게 평가하면서 미국의 화가들도 풍경화에 대해 갖던 거부감을 떨쳐 버릴 수 있게 되었다.

---

16). Appleton(1996). The Experience of Landscape. pp.45~46.

3. 허드슨 강 화파(畵派)의 탄생

영국으로부터 독립한 직후부터 미국적인 문화에 대한 필요성이 대두되었다. 특히 미국의 무역을 방해하는 영국을 상대로 선전포고를 하였다가 대통령 관저까지 불타 버린 1812년의 미영전쟁을 거치면서 더 이상 영국에 얽매여서는 안 된다는 공감대가 형성되었다. 이러한 욕망은 문학계의 워싱턴 어빙과 제임스 페니모어 쿠퍼의 작품이 초석을 놓았지만 문학작품의 한계로 인해 모든 미국인이 공감할 수 있는 문화는 여전히 안개 속에 가려 있었다. 미국적인 소재를 활용하기 시작한 문학계보다 다소 뒤처졌지만 미술계에서도 그동안 자국의 자연풍경을 소홀히 한 점에 대해 반성의 기미가 나타났다. 여전히 유력한 미술후원자들은 역사화나 간혹 유럽의 풍경화만을 고집했지만 일부 미술애호가들은 때 묻지 않은 미국의 자연에 의미를 부여하면서 풍경화의 제작을 후원하기 시작했다.

뉴욕에서 상업으로 부를 축적한 조지 브루엔(George Bruen)은 당시에는 무명의 화가였던 토마스 콜(Thomas Cole, 1801~1848)의 후원자였다. 뉴욕 북부의 허드슨 강 일원의 자연풍경을 좋아한 브루엔은 그가 후원하고 있는 토마스 콜이 허드슨 강을 방문한다면 향후에 멋진 풍경화를 그릴 수 있을 것으로 생각했다. 그래서 브루엔으로부터 여행경비를 후원받은 토마스 콜은 1825년에 증기선을 타고 허드슨 강 일대를 유람하면서 곳곳을 스케치로 남겼다. 뉴욕으로 돌아온 토마스 콜은 스케치를 바탕으로 3점의 유화를 완성한 후 브로드웨이에 있는 서점 주인인 윌리엄 콜만(William Colman)에게 부탁하여 그의 서점 전면 유리창에 그림을 내걸도록 했다. 허드슨 강의 자연풍경을 묘사한 3점의 유화그림이 서점 유리창에 전시되었지만 지나가는 행인의 관심을 전혀 끌지 못했다가 우연히 존 트럼벌(John Trumbull, 1756~1843)의 눈에 띄게 되었다. 당시 트럼벌은 미국 미술아카데미의 회장으로 가장 영향력 있는 미술계 인사로 활동하고 있었다.

서점의 유리창에 걸린 3점의 유화에 트럼벌의 시선은 못을 박은 듯 고정되었다. 마치 전기에 감전된 것처럼 토마스 콜의 유화에 매료된 트럼벌은 ≪캐터스킬 폭포 *Kaaterskill Falls*≫를 구매한 후 서둘러 윌리엄 던랩(William Dunlap, 1766~1839)의 화실로 향했다. 화가이자 뉴욕 미러紙(New York Mirror)의 평론가였던 윌리엄 던랩은 트럼벌이 고이 가져온 유화를 보고 역시 경탄을 금치 못했다. 두 명의 원로가 토마스 콜이 그린 유화를 평가하는 와중에 주로 판화조각으로 명성을 얻은 아셔 듀란드(Asher Durand, 1796~1886)가 던랩의 화실을 방문해서 토마스 콜의 유화를 보게 되었다. 세 명의 미술가는 모두 이제껏 이런 유형의 그림을 본 적이 없다는 사실을 인정하고 허드슨 강 일원의 자연풍경을 묘사한 토마스 콜의 그림이야말로 미국의 미술계가 고대하던 미국적인 풍경화라는 사실을 직감적으로 깨달았다. 던랩

의 화실에서 의견을 교환한 후 곧바로 브로드웨이의 서점으로 달려
간 던랩은 ≪고사한 나무가 있는 호수 *Lake with Dead Trees*≫를, 듀
란드는 ≪퍼트남 요새의 풍경 *A View of Fort Putnam*≫을 구입했다.17)

　뉴욕 미러紙의 평론가인 윌리엄 던랩은 곧바로 토마스 콜의 작품
을 소개하는 기사를 게재했고 트럼벌과 듀란드도 열정적으로 만나는
지인에게 토마스 콜의 유화를 보여 주었다. 토마스 콜은 바이런의 말
처럼 일어나 보니 유명인사가 되었다. 뉴욕의 화가들뿐만 아니라 미
술후원자들도 토마스 콜의 그림을 소장하려는 열기에 사로잡혀 버렸
다. 1825년에 토마스 콜의 유화가 서점의 유리창에 내걸리기 전까지
만 해도 미국의 자연풍경을 그리는 화가는 거의 없었고, 미국에서 그
려진 풍경화를 구매한 후원자도 찾아보기 어려웠는데 갑자기 모든
것이 바뀌어 버린 것이었다. 토마스 콜이 그린 유화의 배경은 뉴욕
북부의 허드슨 강 일원으로 오랫동안 너무나 황량하고 야생적이어서
풍경화의 소재로는 어울리지 않는다고 생각했던 미국의 자연이었다.
전통적으로 목가적인 유럽의 풍경화와 비교해 보면 1825년에 토마스
콜이 그린 세 점의 풍경화는 그동안 미국인이 외면했던 높게 솟은 봉
우리와 계곡, 호수와 하천을 묘사했다. 아직 영국의 평론가인 존 러스
킨이 신의 영광이 발현된 성스러운 사원이라며 자연을 칭송하기 전
이라 자국의 자연풍경에 관심을 주지 않았던 미국의 미술애호가들이
갑작스럽게 새로운 자연관을 가지게 된 것은 아니었다. 그럼에도 불
구하고 토마스 콜의 유화가 세상에 알려지자 미국의 자연풍경을 바
라보는 새로운 자연관이 형성되기 시작했다.

---

17) Millhouse(2007). American Wilderness. pp.7~8.

토마스 콜의 유화가 단번에 미국인을 매료시킬 수 있었던 것은 그림의 배경이 허드슨 강 일원이라는 점도 무시할 수 없었다. 허드슨 강은 뉴욕 북부에서 발원하여 507㎞를 지나 뉴욕 만(灣)까지 흐르는 강인데 1825년에 이리운하(Erie Canal)와 연결되면서 단숨에 무역과 관광의 중심지로 부상했다. 이리운하는 미국 동북부에 형성된 거대한 5대호 중 하나인 이리호수로부터 584㎞를 파내 허드슨 강과 연결되어 북동부의 신선식품은 증기선으로 뉴욕항까지 신속히 배송할 수 있게 되었다. 역으로 뉴욕에서 만들어졌거나 또는 유럽에서 수입된 상품도 허드슨 강과 이리운하의 증기선을 이용하여 손쉽게 보낼 수 있게 되어 뉴욕은 거대한 무역도시로 성장할 수 있게 되었다. 허드슨 강과 이리운하의 개통은 비단 무역의 활성화뿐만 아니라 주로 뉴욕시민의 관광여행도 대중화시켰다. 그동안 여정이 불편하여 찾는 이가 많지 않았던 나이아가라 폭포에는 증기선을 타고 도착한 관광객들로 북적거리기 시작했다. 굳이 멀리 가지 않더라도 증기선에서 허드슨 강 일원의 풍경을 감상하는 것도 인기 있는 여흥으로 자리 잡았다.

　　토마스 콜이 허드슨 강 일원의 풍경을 묘사한 1825년은 증기선을 이용한 관광이 대중화되던 시점과 일치했다. 만약 유럽의 목가적인 전원풍경을 떠올린다면 허드슨 강 일원의 자연은 거칠고 야생적이지만 증기선을 통해 지척에서 바라보는 자연풍경은 고정관념처럼 갖고 있었던 황량함을 조금이나마 희석시킬 수 있었다. 증기선으로 허드슨 강을 유람하는 미국인이 많아짐에 따라 허드슨 강의 풍경은 어느덧 마음의 한 구석을 차지하게 된 것이었다. 이처럼 허드슨 강을 운항하는 증기선 유람이 대중화될 수 있었던 것은 경쟁으로 촉발된 요금인하가 있었기에 가능했던 것이다. 원래 허드슨 강의 증기선 운행은 뉴욕 대법원장을 역임한 로버트 리빙스턴(Robert Livingstone, 1746~1813)이 설립한 회사가 독점권을 가지고 있었다. 당시의 뉴욕 주지사는 리빙스턴이 신청한 운항 독점권을 거부했지만 의회를 설득한 리빙스턴은 1807년에 허드슨 강에서 증기선 사업을 시작했다. 그런데 1824년에 대법원의 판결에 의해 리빙스턴 회사의 독점 운행권이 무효화되어 새로운 증기선 회사들이 운행에 나서면서 승선요금의 인하경쟁이 촉발되었다. 리빙스턴의 회사가 독점 운행하던 시절에 뉴욕에서 올버니(Albany)의 승선요금은 5달러였지만 1824년의 대법원 판결 이후 줄곧 하락하여 1830년에는 모든 배의 승선요금은 50센트로 인하되었다.18)

허드슨 강을 운행하는 증기선 유람이 대중화되면서 그동안 자국의 자연풍경을 열등하다고 생각한 미국인의 인식은 서서히 바뀌어 가고 있었다. 허드슨 강의 일원을 묘사한 토마스 콜의 그림이 등장하자마자 센세이션을 불러일으킨 요인은 허드슨 강의 증기선 유람으로 어느덧 친숙해진 자연풍경에 대한 거부감이 희석된 점 이외에도 문학계로부터의 요인도 있었다. 미술계보다 앞서 미국적인 문화 창조를 시도한 문학계의 대표적인 작가인 워싱턴 어빙과 제임스 페니모어 쿠퍼의 작품배경으로 허드슨 강 일원이 자주 등장한다. 어빙의 『스케치북』에 실린 「립 반 윙클」과 「슬리피 할로우의 전설」의 배경은 허드슨 강 일원인 캐츠킬 산(Catskill Mountains)이다. 허드슨 강을 운행하는 증기선을 탄 관광객들은 캐츠킬 일대에서 가상인물인 립 반 윙클이 20년간 잠든 오두막을 찾아다니기도 하고, 「슬리피 할로우의 전설」에 등장하는 목 없는 기사가 출몰한다는 가상의 숲을 찾기도 했다.

---

18) Gassan(2008). Birth of American Tourism. p.91.

이처럼 허드슨 강 일원은 마치 미국의 오랜 전설이 살아 있는 장소로 여겨지면서 자국의 자연풍경을 낯설게 생각하던 미국인도 허드슨 강의 풍경에는 별다른 거부감을 느끼지 않았던 것이다.

허드슨 강 일원을 묘사한 토마스 콜의 그림이 미술애호가뿐만 아니라 대중의 열광적인 지지를 받게 되자 화가들은 앞다퉈서 야외에 이젤을 꽂고 그림을 그리기 시작했다. 토마스 콜의 그림을 가장 먼저 접한 듀란드는 보수가 넉넉한 판화조각을 그만두고 본격적으로 자연풍경을 그리기 시작했다. 전업화가가 될 결심을 굳힌 프레더릭 처치(Frederic Edwin Church, 1826~1900)의 아버지는 18살의 아들을 토마스 콜의 지도를 받도록 재정적 지원을 아끼지 않았다. 타고난 재능에다가 토마스 콜로부터 사사받은 프레더릭 처치는 머지않아 미국의 대표적인 풍경화가로 성장하게 되었다. 존 켄셋(John Frederick Kensett, 1816~1872)이라든지 샌포드 기포드(Sanford Robinson Gifford, 1823~1880), 앨버트 비어스타트(Albert Bierstadt, 1830~1902), 토마스 모란(Thomas Moran, 1837~1926) 등이 토마스 콜의 뒤를 이어 미국의 자연풍경을 화폭에 담았다. 이처럼 토마스 콜을 필두로 해서 미국의 자연풍경을 묘사한 화가들을 일컬어 허드슨 강 화파(Hudson River School)라고 부르게 되었다. 이들 화가들이 모두 허드슨 강 일원을 묘사한 것도 아니고 거주지로 정착한 것도 아니었지만 1825년에 허드슨 강 일원을 묘사한 토마스 콜을 기려 허드슨 강 화파(畵派)라고 부르게 된 것이다. 이들 중 서부를 배경으로 삼은 앨버트 비어스타트와 토마스 모란의 그림은 향후 국립공원제도의 발상에 지대한 영향을 미치게 되었다.

허드슨 강 일원을 그린 토마스 콜의 뒤를 이어 재능 있는 화가들이 그동안 황량하기만 하다고 생각한 미국의 자연풍경을 그리면서 토마

스 콜은 허드슨 강 화파의 영적인 지도자로 받들어졌다. 그런데 1825
년에 미국적인 그림을 세상에 내놓은 토마스 콜은 28살이 되던 1828
년에 돌연 유럽으로 장기간의 여행을 떠났다. 토마스 콜이 등장하기
전까지 미국의 미술계는 사실상 유럽의 미술을 모방했던 터라 유럽
의 영향력을 잘 알고 있었기에 토마스 콜의 유럽여행을 만류했다. 특
히 미국의 자연을 노래한 아름다운 시로 유명한 윌리엄 브라이언트
(William Cullen Bryant, 1794~1878)는 유럽으로 출발하는 화가 콜(To
Cole, the Painter, Departing for Europe)이라는 소네트를 지어 토마스
콜의 유럽여행에 우려를 표했다.[19] 결국 유럽으로 떠난 토마스 콜은
영국에서 목가적인 풍경화로 유명한 컨스터블과 이른바 숭고미를 표
현한 풍경화가인 터너를 만났다. 토마스 콜은 터너로부터 깊은 인상
을 받았는데, 특히 카르타고의 몰락을 소재로 한 터너의 역사화에 매
료되어 귀국 후에 5점의 연작으로 구성된 ≪제국의 흥망성쇠 *The
Course of Empire*≫라는 대작을 공개했다. 1836년에 전시된 ≪제국의
흥망성쇠≫를 관람한 사람들은 우려했던 일이 현실로 닥치자 안타까
웠다. 토마스 콜이 심혈을 기울여 발표한 대작은 미국의 미술계가 그
토록 벗어나고 싶었던 유럽의 미술을 그대로 답습한 것이기 때문이
었다.

　미국적인 미술에 눈을 뜨게 해 준 토마스 콜이지만 28세에 유럽으
로 떠난 후 귀국해서는 보는 이를 전율케 한 풍경화를 그리지 못했다.
그가 심혈을 기울여 그린 5점의 연작 ≪제국의 흥망성쇠≫는 예전의
명성 덕분에 어렵지 않게 구매자를 찾을 수 있었다. 그러나 1842년에

---

19) Millhouse(2007), American Wilderness, pp.25~26.

공개한 4점의 연작 ≪인생의 항로 *The Voyage of Life*≫는 대중과 미술애호가로부터 외면받았다. ≪인생의 항로≫는 영국 왕립미술원장을 역임한 조슈아 레이놀즈가 최상의 그림으로 평가한 우화적 역사화의 전형으로 평가되어 더 이상 미국에서는 환영받지 못했던 것이다. 미국인들은 자신들의 색채가 뚜렷한 미술이 세상에 공개되자 곧바로 미국적인 미술에 힘을 보태 주기 위해 유럽의 미술에는 한동안 의도적으로 관심을 두지 않았다.

미국적인 미술을 개척했지만 유럽여행 이후에 역사화에 매진한 토마스 콜은 대중의 관심에서 멀어졌고 더 이상 열정적인 후원자도 찾을 수 없었다. 1825년에 미국을 뒤흔든 세 점의 유화를 발표한 후 23년이 지난 1848년에 토마스 콜은 쓸쓸히 세상을 떠났다. 1825년에 브로드웨이의 서점에 내걸린 토마스 콜의 그림을 지체 없이 구매한 후 본격적으로 풍경화를 그리기 시작한 아셔 듀란드는 1849년에 ≪의기투합한 두 사람 *Kindred Spirits*≫이라고 제목 붙인 그림을 내놓아 1년 전에 세상을 떠난 토마스 콜을 기념했다. 듀란드의 ≪의기투합한 두 사람≫은 허드슨 강의 일원인 캐츠킬 계곡에서 토마스 콜과 시인 윌리엄 브라이언트가 함께 무언가를 이야기하는 가상의 장면을 그린 것이다. 이 기념비적인 작품은 2005년에 3,500만 달러, 1달러당 환율을 1,000원으로 환산하면 대략 350억 원을 지불하고 월마트 창업주의 딸이 구매했다. 미국적인 그림을 내놓았지만 유럽의 미술에 이끌려 예전으로 되돌아가지 못한 토마스 콜과는 달리 그의 후계자들은 미국적인 그림에 매진하여 부와 명성을 모두 얻게 되었다. 1867년에 파리에서 개최된 만국박람회에 전시된 앨버트 비어스타트와 프레더릭 처치, 존 켄셋의 그림은 유럽인의 찬사를 받았다. 영국을 방문한 앨버트 비어스타트르는 빅토리아 여왕을 알현하고 프란츠 리스트(Franz Liszt, 1811~1886)의 개인 음악회에 귀빈으로 초청되는 등, 유럽에서도 허드슨 강 화파의 그림은 독자적인 미술로 인정받았던 것이다.[20]

1825년에 브로드웨이에 있는 한 서점의 유리창에 걸린 세 점의 유화에 매료된 첫 번째 사람은 미술 전문가인 트럼벌이었다. 그가 토마스 콜의 그림 한 점을 구매하기 전까지 서점 근처를 지나가던 행인들은 부지기수였지만 별다른 관심을 보인 사람은 없었다. 트럼벌이 가져온 토마스 콜의 그림에 매료된 뉴욕 미러紙의 평론가 던랩은 곧바로 남아 있던 그림 한 점을 구매한 후 신문에 토마스 콜의 작품을 소개하는 기사를 게재하면서 곧바로 대중의 관심을 불러일으키게 되었다. 트럼벌과 던랩처럼 미술 전문가에게 토마스 콜의 그림은 그들이 오래전부터 갈구하던 미국적인 그림이라는 점을 직감하고 전율을 느끼게 하였지만, 언론과 입소문으로 토마스 콜이라는 작가와 작품세계가 알려지기 전까지 일반대중은 그의 그림을 보고도 별다른 감정을 느끼지 않았다. 이런 점으로 미루어 보면 토마스 콜의 그림에는 미술에 해박한 지식을 가진 사람만이 감각적으로 느낄 수 있는 특별한 점이 있었다고 생각해 볼 수 있다.

허드슨 강 일원의 자연풍경을 묘사한 토마스 콜의 유화는 듀란드의 첫인상처럼 이제껏 보지 못했던 그림이었다. 미국의 화가들이 자신들이 살고 있는 미국의 풍경을 묘사한 풍경화를 그리지 않던 상황에서 무명의 화가가 과감히 풍경화를 내놓은 행동에 놀란 것은 아니었다. 미술 전문가가 보기에 토마스 콜의 풍경화에는 그동안 해결하

---

20) Millhouse(2007). American Wilderness. pp.149~150.

지 못한 미국 미술계의 고민에 대한 해법이 있었던 것이다. 미국의 미술계가 풍경화를 그리지 않았던 것은 후원자로부터 외면받았기 때문이었는데, 후원자들이 보기에 미국의 자연은 목가적인 유럽의 풍경과는 정반대였기 때문이었다. 수천 년 이상 인간의 손길에 의해 가꾸어진 유럽의 농촌과는 달리 태곳적 상태를 유지하고 있는 미국의 자연은 너무나 황량하고 야생적이어서 목가적인 풍경으로 인식될 수 없었다. 따라서 미국에서 풍경화가 정착되려면 유럽의 자연처럼 장기간에 걸쳐 인간의 손길이 미국의 자연을 목가적인 농촌으로 바꾸지 않는다면 불가능했던 것이다. 그런데 토마스 콜의 그림은 황량하고 야생적인 미국의 자연을 있는 그대로 받아들여도 거부감이 느껴지지 않았던 특별함이 있었던 것이다.

서점의 유리창에 걸린 무명작가의 풍경화에 미국 미술계를 좌지우지하던 원로인사가 전율을 느낀 것은 숭고한 아름다움(sublime beauty)이라는 감정이 느껴졌기 때문이었다. 숭고미는 미학의 주요 이론으로 당시 유럽에서는 영국의 윌리엄 터너와 독일의 카스파르 프리드리히(Caspar David Friedrich, 1774~1840)가 숭고미를 구현한 풍경화로 명성을 얻고 있었다. 일반적으로 숭고미를 구현한 풍경화를 접하면 압도당하는 감정이 생긴다는 점에서 목가적인 풍경화와는 다르다고 할 수 있다. 목가적인 풍경화에 친숙한 사람들은 터너와 프리드리히가 그린 풍경화에서 광활함과 무한의 감정을 느꼈다고 생각했다. 윌리엄 터너의 풍경화 ≪몽블랑이 보이는 사부아의 본느빌≫이라든지 카스파 프리드리히의 풍경화 ≪바츠만산≫의 배경은 각각 정상높이가 4,800미터와 2,700미터인 험준한 산인데, 이런 거친 산악지형은 조금 과장하면 미국 전역에 널려 있었다. 따라서 광활한 자연을 배경으로 숭고미를 구현한 유럽의 화가들보다 유리한 조건을 가졌음에도 토마스 콜 이전의 미국의 화가들은 숭고미를 구현한 풍경화를 그리지 않았던 것이다. 미국의 화가들이 숭고한 풍경화에 관심이 없었던 것은 그림과 역사를 결부시키는 관행이 영향을 미쳤기 때문이었다.

　숭고한 풍경화란 관람자에게 자연의 광활함과 무한성을 느끼게 하는 그림이다. 이런 감정을 불러일으키는 자연풍경은 터너가 선택한 알프스의 몽블랑이라든지 프리드리히의 바츠만산처럼 험준한 산악지형이다. 그러나 이러한 자연지형은 극히 예외적이고 터너와 프리드리히의 작품배경은 대부분 완만한 지형의 자연이었다. 따라서 자연을 있는 그대로 묘사해서는 배경에 따라 목가적인 풍경화는 그릴 수 있겠지만 관람자를 압도하는 숭고한 풍경화는 그리기 어려워서 터너와 프리드리히는 종전과는 다르게 빛의 명암과 구도를 조절하여 숭고한 풍경화를 만들어 냈다. 다시 말해서 유럽의 숭고한 풍경화는 자연에 내재된 특성을 묘사한 것이 아니라 관람자를 압도할 만한 새로운 이미지를 창조해야만 만들어지는 것이었다. 이와 같은 목적을 달성하기 위해 터너와 프리드리히의 그림은 새로운 기법을 적용하고 가급적 역사적으로 유명한 사건이 발생한 장소를 그림의 배경으로 선택했다. 터너가 그린 알프스는 그 자체로 관람자를 압도하는 자연이기는 하지만 그림의 배경인 알프스를 본 관람자가 알프스를 횡단한 한니발이나 나폴레옹의 영웅적 행위를 연상하게 되면 자연으로부터 숭고한 아름다움을 느낄 수 있다는 것이었다.

　18세기에 자연풍경과 역사를 결부시키는 연상(association)은 거의 모든 철학자가 일정부분 수용하여 사회 전반에 상당한 영향력을 가지고 있었다. 특히 아취볼드 앨리슨(Archibald Alison, 1757~1839)은 『자연과 취향의 원리에 관한 에세이 *Essays on the Nature and Principles of Taste*』를 통해 자연이 지닌 특성 그 자체가 숭고한 감정을 불러일으키는 것은 아니며 특성은 숭고미를 느낄 수 있게 해 주는 매체를 불러일으키는 일종의 표식으로 간주되었다.21) 따라서 당시에 통용되던 연상이론을 적용하면 미국에서는 숭고한 풍경화가 그려질 수 없었다. 유럽인뿐만 아니라 미국인도 1620년에 청교도를 태운 메이플라워호의 도착을 역사의 시점으로 보기 때문에 미국의 자연에서 역사를 결부할 수 없음을 공감했기 때문이었다. 미국의 화가들이 유럽의 숭고한 풍경화의 존재를 알고 있었고 미국의 자연지형은 숭고한 감정을 불러일으킬 수 있는 잠재력이 있다는 점도 알고 있었지만 자연풍경으로부터 연상되는 역사가 없다는 점을 들어 풍경화에 소극적이었던 것이다.

1825년에 허드슨 강 일원의 풍경을 묘사한 토마스 콜의 그림을 접한 트럼벌과 던랩, 그리고 듀란드가 놀란 이유는 그림에서 숭고한 아름다움을 느꼈기 때문이었다. 유구한 역사가 있는 유럽과는 상황이 다른 미국의 자연을 배경으로 숭고한 풍경화는 그려질 수 없다는 고정관념이 무너졌던 것이다. 토마스 콜의 그림을 본 미술 전문가들은 역사를 결부하지 않고서도 숭고미를 체험할 수 있었다. 허드슨 강 일원은 워싱턴 어빙의 「슬리피 할로우의 전설」과 「립 반 윙클」의 배경이기는 하지만 독일 민담을 각색한 것이므로 미국적인 전설이라고 할 수는 없었다. 또한 허드슨 강 일원에는 알프스를 횡단한 한니발이나 나폴레옹처럼 역사적 실존인물을 연계할 역사도 없었던 만큼 토

---

21) Appleton(1996), The Experience of Landscape, p.38.
22) Appleton(1996), The Experience of Landscape, p.41.

마스 콜의 그림은 애초부터 역사와 연계될 수 없었다. 토마스 콜의 그림을 본 미술계 인사는 유럽과는 달리 역사를 결부하지 않고 미국의 자연을 있는 그대로 묘사해도 숭고한 풍경화를 그릴 수 있음을 깨달았다. 이것은 유럽미술의 영향력부터 벗어나서 미국적인 미술의 시작을 알리는 것이었다.

허드슨 강 일원을 그린 토마스 콜의 유화가 안겨 주는 인상은 매우 어두운 편이다. 전반적으로 어두운 계열의 색조가 지배적이어서 음산한 분위기를 느끼는 관람자도 있었겠지만 토마스 콜의 그림을 처음 접한 미술계 인사들은 자신들이 살고 있는 자연을 재조명하게 되었다. 유럽의 목가적인 자연을 이상향으로 여긴 미국인에게 자국의 자연은 너무나 황량하고 야생적이라는 생각을 갖고 있었지만 토마스 콜이 묘사한 미국의 풍경이 고유한 아름다움을 가지고 있다고 생각하게 된 것이었다. 태곳적부터 원시상태를 유지하고 있는 미국의 자연은 더 이상 황량하고 악마가 출몰하는 음산한 공간이 아닌 미국에서만 발견할 수 있는 유일한 자연이라는 인식이 형성되기 시작했다. 너무나 황량하고 광활하고 야생적이어서 미국인들조차 기피한 자연은 바야흐로 자부심의 대상으로 바뀌어 가고 있었다. 수천 년의 역사를 거치면서 인간의 손길이 닿지 않은 자연을 찾아보기 어려운 유럽과는 달리 인간의 정주흔적이 없는 원시상태를 유지한 미국의 자연은 역사의 부산물인 유물과 유적보다도 우월하다는 공감대가 형성되기 시작한 것이었다. 더 이상 유럽에서는 찾아볼 수 없는 원초적인 자연을 지칭하는 용어로 대두된 광야(wilderness)는 향후 국립공원제도의 탄생에 지대한 영향을 미치게 되었다.[22]

4. 윌리 가족(Wiley Family)의 비극과 숭고미

신세계에 도착한 청교도에게 하늘을 찌를 듯이 높이 솟은 나무들이 빽빽한 숲은 애초에는 악마가 숨어 있는 사악한 공간이었다. 그러나 청교도들이 정착 초기의 갖가지 난관들을 극복해 나가자 성장에 대한 욕망은 불가항력이었다. 원시림은 더 이상 악한 기운이 가득한 음산한 공간이 아니라 나무라는 유용한 자원이 가득한 보물창고로 인식되었다. 상태가 좋은 나무가 모두 벌채되어 더 이상 원시림이 아닌 곳은 농경지로 개간되었다. 미국인에게 숲처럼 인간에게 유용한 가치를 주지 못하는 자연은 아무런 쓸모가 없어 버려 둔 땅에 불과했다. 숲과는 달리 험준한 산악지형은 인간이 이동할 수 있는 도로를 막는 장애물에 불과하다는 인식은 비단 미국인뿐만 아니라 유럽인도 공유하고 있었다. 유구한 역사적 자취가 남겨져 있지 않았더라면 알프스를 배경으로 한 숭고한 풍경화는 그려지지 않고 오히려 거대한 장애물이라는 천덕꾸러기로 여겨졌을지도 모른다. 미국인은 역사적 흔적이 새겨지지 않았다고 생각한 험준한 산악지형에서 금이나 석탄을 채굴할 수 없다면 아무런 가치도 부여하지 않았다.

미국의 험준한 산이 숭고한 아름다움을 불러일으키는 대상으로 바뀌게 된 것은 허드슨 강 화파에 속한 화가들이 그린 풍경화의 영향이 컸다. 특히 서부의 로키 산맥과 요세미티를 배경으로 한 앨버트 비어스타트의 그림과 옐로스톤과 그랜드 캐니언을 배경으로 한 토마스 모란의 풍경화는 일반대중의 자연관에 커다란 영향을 미쳤다. 미국의 산은 더 이상 장애물이 아니라 유럽의 유적지에 대응할 수 있는 미국적인 상징으로 받아들여졌다. 인간의 손길에 의해 만들어진 파르테논 신전이라든지 콜로세움, 베르사유 궁전은 놀라운 걸작임에는 틀림없지만 미국의 자연, 특히 요세미티 등의 산악지형은 신(God)이 만든 최고의 걸작이라는 공감대가 형성되었다. 미국인에게 산은 국가적인 자랑거리였기에 후대를 위해 보전해야 한다는 당위성은 거부감 없이 받아들여졌다. 숲과는 달리 별다른 유용한 자원이 없는 산의 보전에는 개발지상주의자도 반대할 필요가 없었다. 이렇게 해서 쓸모가 없는 거대한 장애물에 불과했던 산은 허드슨 강 화파의 화가들에 의해 미국적인 상징물로 재탄생하게 되었고 산을 보전하자는 공감대는 국립공원제도의 탄생으로 결실을 맺게 된 것이었다.

미국에서 산이 경외의 대상이라는 폭넓은 공감대가 형성된 시점은 허드슨 강 화파가 등장한 1825년 이후부터이다. 미국적인 풍경화를 정립한 토마스 콜이 등장하기 이전의 미국인에게 산은 커다란 장애물이었고 이러한 생각은 비단 미국에 국한된 것은 아니었다. 유구한 역사를 자랑하는 유럽에서도 산이 환영받지 못한 것은 마찬가지였다. 고대 그리스인은 산을 불쾌하게 생각했고 로마인은 산을 황량하고 해로운 공간으로 간주했다. 영국의 시인 존 던(John Donne, 1572~1631)

에게 산은 '행성의 사마귀'였고, 마틴 루터(Martin Luther, 1483~1546)에 의하면 산은 인간의 타락을 벌주기 위해 대홍수를 일으킨 결과 생긴 부산물로서 이전의 지구는 완벽한 구형이라고 설파하기도 했다.[23] 산이 지옥처럼 불쾌한 세계라고 생각한 지역은 기독교를 믿는 유럽이며 여타 지역에서 산은 신성한 공간으로 여겨졌다. 17세기 영국의 작가들은 산에 대한 혐오감을 감추지 않았는데, 산을 '지구의 쓰레기'라든가 '기형'이라는 표현도 서슴지 않았다.[24]

유럽에서는 오래전부터 산을 바라보는 부정적인 인식이 대세였다. 문학계와 종교계를 막론하고 산은 가급적 피해야 할 대상으로 인식했다. 유럽인에게 한니발과 나폴레옹이 횡단한 알프스는 불가능에 도전하는 영웅적인 행동이 결부되어 경외의 대상이 되기도 했지만 자연의 아름다움이 느껴진 것은 아니었다. 경작할 농지가 없는 산은 인간의 이동을 방해하는 장애물에 불과하기에 등산은 위험을 자초하는 경솔한 행동으로 받아들여졌다. 산중턱에 가축을 방목한다든지 또는 임산물을 수집하려는 목적이 아니라 호기심과 즐거움을 위해 산 정상에 오른 최초의 사람은 이탈리아의 시인 페트라르카(Francesco Petrarca, 1304~1374)였다. 페트라르카 이전에도 등산을 한 사람은 있었다. 10세기와 11세기에 독일 작가들이 남긴 여러 편의 등반기가 남아 있지만 페트라르카만큼 상세한 등산경험을 남긴 사람은 없었던 것이다.[25] 페트라르카는 친구에게 보낸 편지에서 1336년 4월 26일의 방투산의 정상에 오른 정황에 대해 이야기했다. "내가 등정을 결심한

---

23) 키멜만(2009). 우연한 걸작. pp.82~83.
24) 솔닛(2003). 걷기의 역사. p.214.
25) 키멜만(2009). 우연한 걸작. p.94.

유일한 동기는 저렇게 높은 곳에 있으면 어떤 기분이 들지 알고 싶기 때문이었다."26)

페트라르카가 오른 방투산(Mount Ventoux)은 남부 프랑스에 있는 산으로 높이는 1,912m이다. 페트라르카와 그의 형이 산 아래에 있는 마을에 도착하자 그들의 등산계획을 전해 들은 마을사람은 만류했다. 어떤 목동은 50년 전 젊었을 때 호기심으로 방투산에 도전하여 마침내 정상에 다다르자 두려움과 공포에 사로잡혀 줄행랑을 치듯 산에서 내려온 뒤로 아무도 방투산을 오른 사람은 없다고 말했다. 결국 마을사람들의 만류를 뿌리치고 페트라르카와 그의 형이 도착한 방투산의 정상은 페트라르카의 언어를 상실하게 할 만큼 그를 사로잡았다. 페트라르카는 그리스의 올림포스 산과 아토스 산을 멋지고 아름답게 묘사한 신화와 문학을 이해하게 되었다. 그러나 산 정상에서 느낀 경외감은 오래가지 않고 우울한 분위기가 페트라르카를 휘감았다. 그는 산 정상에 오르자 지금껏 살아온 자신의 삶을 되새기면서 10년 전 볼로냐에서 수학하던 시절을 떠올렸다. 산 정상에서 발아래 있는 땅을 바라보다가 인생을 바라보는 데로 나아간 것이었다. 그러고는 항상 몸에 지니고 다녔던 아우구스티누스(Augustine of Hippo, 354~430)의 『참회록』10장을 펼쳐 형에게 읽어 주었다. "인간은 높은 산과 바다의 위엄, 깊은 물과 바다의 광대함, 별의 운행을 보고는 감탄하지만 정작 자신에게는 소홀하다."27)

1336년에 방투산의 정상에 오른 페트라르카의 동기는 순전히 호기심으로 당시의 사고방식과 감성에 역행되는 행동이었다. 후대의 학자

---

26) 카르티어(2009), 하늘의 문화사, p.86.
27) 카르티어(2009), 하늘의 문화사, p.87.

들에 의해 높이 평가되었지만 페트라르카의 등산은 산에 대한 부정적인 인식을 일거에 바꾸진 못했다. 순전히 호기심과 즐거움의 목적으로 산을 오르게 된 것은 낭만주의적 자연관이 형성된 18세기 이후부터인데, 몇몇 대담한 사람들은 알프스를 종단하고 심지어 알프스의 정상 정복을 시도하기도 했다. 유럽에서 등산은 서서히 신사의 취미활동으로 자리 잡게 되면서 직업적인 안내자도 나오게 되었다.28) 독립전쟁 이후로도 한동안 유럽문화의 영향력에서 벗어나지 못했던 미국에서도 등산에 대한 관심이 생겨나게 되었다. 유럽의 등산 열기가 알프스를 대상으로 한다면 미국의 등산역사는 뉴햄프셔와 메인에 걸쳐 있는 화이트 산맥(White Mountains)에서 시작되었다.

화이트 산맥은 미국 북동부에서는 가장 높은 1,917m의 워싱턴 봉(Mount Washington)과 산자락의 V자 형태의 협곡으로 널리 알려지게 된 곳이다. 이 협곡은 후일에 크로퍼드 협곡(Crawford Notch)으로 명명되었고 협곡 면적의 절반은 뉴햄프셔 주의 크로퍼드 협곡 주립공원(Crawford Notch State Park)이 되었다. 크로퍼드라는 명칭은 이 협곡의 입구에서 등산객을 대상으로 자그마한 숙박시설을 최초로 운영한 에단 크로퍼드(Ethan Crawford)로부터 유래했다. 크로퍼드는 1812년에 발발한 미영전쟁에 참전한 후 캐나다 국경과 가까운 뉴욕 주의 루이빌(Louisville)에서 작은 땅을 경작하다가 할머니가 위독하다는 소식에 급히 고향인 화이트 산맥 근처의 마을로 되돌아왔다. 1817년에 암으로 투병한 할머니가 사망하자 크로퍼드는 고향에 정착하기로 마음먹고 할머니가 남긴 작은 여관과 약간의 토지를 상속받아 일대

---

28) 솔닛(2003). 걷기의 역사. p.213.

를 여행하던 상인을 대상으로 사업을 개시했다. 그러던 중 1818년에 워싱턴 봉우리를 등산하기 위해 보스턴에서 온 소규모 일행에게 숙식을 제공한 크로퍼드는 사업영역을 확대하기 시작했다. 화이트 산맥을 가로질러 가는 여행객이나 상인을 대상으로 운영했던 여관을 등산객을 위한 숙박시설로 운영하기로 한 것이었다.[29)]

에단 크로퍼드의 숙박시설이 서서히 입소문을 타면서 등산객의 방문횟수는 미약한 수준이었지만 미래의 전망은 밝아 보였다. 크로퍼드가 가장 가까운 마을로부터 자신이 운영하던 숙박시설이 있는 협곡으로 이어지는 도로를 스스로 정비하자 곧바로 등산객의 증가로 이어졌다. 또한 크로퍼드는 등산객의 편의를 위해 워싱턴 봉우리로 향하는 등산로도 스스로 개척하여 등산에 필요한 기본시설을 갖추게 되었다. 크로퍼드의 영세한 수준의 관광 사업이 알려지기 시작한 1825년의 10월에 사무엘 윌리(Samuel Wiley)도 등산객을 대상으로 한 숙박시설을 운영하기 시작했다. 새로 정착한 화이트 산맥으로부터 그다지 멀지 않은 마을의 자영농이었던 사무엘 윌리는 안정적인 농업을 포기하고 관광업이라는 새로운 기회에 도전하기로 한 것이었다. 부인과 다섯 명의 자녀와 함께 자그마한 숙박시설을 건축하여 등산객을 맞이하기 시작한 윌리 가족이 정착한 지 불과 10개월 후에 재앙이 찾아왔다.

1826년 8월 28일에 천둥번개를 동반한 강력한 폭풍이 화이트 산맥 일대를 강타했다. 이 폭풍의 여파로 발생한 산사태가 윌리 가족이 터를 잡은 협곡 일대를 완전히 뒤덮었다. 윌리 부부와 다섯 명의 자녀,

---

29) Purchase(1999), Out of Nowhere, pp.25~26.

그리고 두 명의 일꾼이 모두 산사태로 인해 목숨을 잃었다. 산사태의 토사에 휩쓸려 9명이 사망했지만 엄청난 토사에 묻힌 세 명의 아이는 끝내 찾지 못해 장례조차 치러 주지 못했다.[30] 한 가족이 모두 사망한 비극이었지만 당시만 해도 이런 유사한 사건이 적지 않게 발생했다. 그러나 윌리 가족의 비극은 한 가족의 비극에 국한된 것이 아니라 미국 전역에 엄청난 후속반응을 불러일으키게 되었다.

윌리 가족은 모두 엄청난 토사에 휩쓸려 사망했지만 정작 등산객을 맞이하는 숙박시설 겸 윌리 가족의 거처는 전혀 손상되지 않고 온전하게 남아 있었다. 산사태가 발생한 다음 날 인근 마을에서 급히 출발한 구조대는 온통 진흙탕으로 변한 도로를 힘겹게 헤쳐 가면서 윌리 가족의 숙박시설에 도착했다. 구조대가 들어선 윌리 가족의 거처는 전반적으로 깔끔했지만 급히 집을 떠난 흔적이 선명히 남겨져 있었다. 윌리 가족의 거처가 온전한 형태를 유지할 수 있었던 이유는 산으로부터 협곡으로 밀려 내려온 토사가 윌리 가족의 숙박시설 바로 앞에서 두 갈래로 나뉘어 아래로 이동했기 때문이었다. 숙박시설로부터 몇 미터 북쪽에 놓여 있던 암석에 부딪친 엄청난 양의 토사는 마치 홍해가 갈라지듯 두 갈래로 갈라져서 숙박시설은 피해 갔던 것이다. 한밤중에 산사태가 발생하자 윌리 가족은 최후의 순간에 집을 버리고 보다 안전한 곳을 찾아 달려 나갔지만 결과는 비극으로 종결되었다.

윌리 가족이 최후의 순간에 안전한 거처를 버리고 바깥으로 간 이유를 알려 줄 수 있는 사람은 아무도 없었다. 산사태가 발생한 후 윌

---

30) Purchase(1999), Out of Nowhere, p.11.

리 가족의 거처에 도착한 구조대가 침대와 탁자에 가지런히 놓인 성경을 발견했다는 소식에 신(God)의 존재를 떠올린 사람이 많았다. 신실한 기독교인으로 마지막 순간까지 성경에 의지했던 윌리 가족의 안전을 지켜 주기 위해 산사태가 두 갈래로 갈라졌다고 믿는 사람이 많았다. 그렇지만 신께서 윌리 가족의 안위를 보호하려고 하셨다면 왜 윌리 가족이 안전한 거처를 떠나도록 방치한 이유에 대해서는 의견이 분분했다. 미국인에게 윌리 가족의 비극은 과학적으로 설명할 수 있는 자연현상이 아니라 신의 발현을 입증하는 사건이라는 공감대가 형성되었다. 미국의 산은 더 이상 황량하고 쓸모없는 자연이 아니라 신께서 만든 성스러운 대상이라는 인식이 형성된 것이었다. 유용한 자원의 보고인 숲과는 달리 커다란 장애물로 여겨졌던 산은 보호해야 할 신의 걸작이 되어 버렸다. 신의 영광이 깃든 산을 보전해야 한다고 생각한 미국인은 유용한 자원인 숲에 대해서는 데카르트가 천명한 인간의 권리를 내세우면서 개발을 합리화했다. 웅장한 산을 바라보면 신의 존재감, 즉 숭고한 아름다움이 느껴지지만 원시림은 오랫동안 음산한 공간으로 간주되었기에 숲은 숭고미의 대상으로 적절치 않다는 논리였던 것이다.

1826년 8월에 발생한 윌리 가족의 비극은 당시 막 시작된 숭고한 풍경화의 확산에 지대한 영향을 미쳤다. 미국의 자연을 배경으로 한 토마스 콜의 숭고한 풍경화가 세상에 공개된 1825년 11월 직후에 토마스 콜의 명성은 널리 알려졌지만 그림을 직접 본 미국인은 많지 않았다. 토마스 콜의 그림이 전시된 뉴욕의 갤러리를 일부러 방문할 수 있는 사람은 제한되어 추후에 허드슨 강 화파로 명명된 일군의 화가들이 작품을 내놓기 전까지는 미국적인 숭고한 풍경화를 직접 관람할 수 있는 기회는 제한되었던 것이다. 그래서 토마스 콜의 숭고한 풍경화를 직접 보지는 못하고 명성만 접한 미국인에게 윌리 가족의 비보는 숭고한 풍경화의 진정성을 담보해 준 것이었다. 유럽인이 자신들의 자연에 역사를 결부시켜 은연중 우월성을 주장했다면 미국인들은 자연을 신의 존재를 체험할 수 있는 대상으로 승격시켰다. 이러한 미국의 자연을 묘사한 그림에서 숭고한 아름다움이 발현되는 것은 당연한 것으로 생각했던 것이다.

미국인이 자신들이 살고 있는 자연을 신과 연계하여 생각하게 되자 자연을 있는 그대로 묘사하는 것이 숭고한 풍경화의 전제가 되었다. 신이 창조한 자연을 인위적인 붓질로 왜곡하고 누락하는 것은 신에 대한 불경이라고 생각하게 된 것이었다. 1825년에 공개된 토마스 콜의 풍경화는 전반적으로 어두운 분위기이지만 자연에 대한 묘사는 사실적이었다. 토마스 콜의 뒤를 이은 허드슨 강 화파의 화가들에게 필요한 것은 신중함과 섬세함으로 유럽의 화가들이 구사한 기법에는 무관심할 수 있었다. 허드슨 강 화파의 대표적인 화가인 듀란드의 그림 ≪암석 절벽 *Rocky Cliff*≫에는 암석의 갈라진 절리가 사실적으로 묘사되어 있다. 이러한 허드슨 강 화파의 사실주의적 묘사는 유럽의 숭고한 풍경화와 구분되는 결정적인 특징이었다. 윌리엄 터너의 풍경화는 빛과 대기로 가득한 모호하고 불분명한 세계를 창조한 것이지 있는 그대로의 자연을 모방하지는 않았다. 터너가 창조한 불분명함과 모호함은 에드먼드 버크(Edmund Burke, 1729~1797)가 말한 숭고미의 구성요인이지만 이 자체로는 숭고미에 도달하기 어려워서 눈사태라든지 폭풍우, 대홍수, 화재처럼 자연의 재앙을 소재로 삼았다.[31] 프리드리히는 두 가지 기법으로 숭고한 풍경화를 창조했다. 첫째는 원근법적 구조를 버리고 수평적 구조를 사용하여 그림의 공간을 측량할 수 없는 무한한 양으로 전환하는 방식이었다. 둘째는 ≪안개 바다 위의 방랑자 *Le Voyageur au –dessus de la mer de nuages*≫처럼 인물을 일반적으로 아주 작게 그리고 흔히 등 돌린 형상으로 후경을 향하도록 그려서 심리적으로 화면 안쪽으로 연장되는 무한한 공간으로 느끼게 하는 기법이었다.[32]

미국의 풍경화는 자연을 있는 그대로 그려도 숭고한 아름다움을 불러일으킬 수 있었다. 그러나 끝이 없는 무한함을 느낄 수 있도록 전경에는 시야를 방해하지 않는 초원을 그리고 후경에는 웅장한 산이 아련하게 보이는 구도가 많이 사용되었다. 존 켄셋이 워싱턴 봉우리를 그린 ≪콘웨이 계곡에서 바라본 워싱턴 봉우리 *Mount Washington From the Valley of Conway*≫라든지 앨버트 비어스타트의 ≪로키 산, 랜더스 봉우리 *The Rocky Mountains, Lander's Peak*≫에서 허드슨 강 화파가 즐겨 사용한 구도를 확인할 수 있다. 자연을 있는 그대로 묘사한 미국의 풍경화는 관람자로 하여금 직접 보고 싶은 욕망을 불러일으켰고 나아가 자연의 원형을 보전해야 한다는 공감대는 국립공원 제도의 탄생에 영향을 미쳤다.

1826년 8월에 발생한 윌리 가족의 비극을 접한 미국인은 애도의 감정을 느꼈지만 점차 자연에 대한 경외감이 생기기 시작했다. 윌리 가족의 비극이 있기 1년 전에 허드슨 강 일원을 유람한 토마스 콜은 1827년에 비극의 현장을 직접 방문했고 이듬해인 1828년에도 화이트 산맥을 찾았다. 토마스 콜은 1839년에 공개한 ≪화이트 산맥 협곡의 광경 *A View of the Mountain Pass Called the Notch of the White*

---

31) 마순자(2003). 자연, 풍경 그리고 인간. p.129.
32) 마순자(2003). 자연, 풍경 그리고 인간. p.96.

Mountains≫에서 온전하게 남아 있던 윌리 가족의 거처를 그려 넣었다. 앨버트 비어스타트는 1858년에 ≪워싱턴 봉우리 옆 가을의 콘웨이 초원 *Autumn in the Conway Meadows Looking towards Mount Washington*≫을 공개했고, 1869년에는 존 켄셋이 ≪콘웨이 계곡에서 바라본 워싱턴 봉우리≫를 내놓았다. 이 밖에도 수많은 화가들이 윌리 가족의 흔적이 남아 있는 화이트 산맥을 화폭에 담았다.

윌리 가족이 겪은 비극의 현장에는 화가뿐만 아니라 저명한 인사들도 앞다퉈서 방문했다. 1831년에는 당시 저명한 정치가였던 다니엘 웹스터(Daniel Webster, 1782~1852), 1832년에는 랠프 에머슨(Ralph Waldo Emerson, 1803~1882)이 방문했고 그 이후로도 헨리 소로(Henry David Thoreau, 1817~1862)라든지 너대니얼 호손(Nathaniel Hawthorne, 1804~1864)을 위시한 유명 인사들의 발길이 끊이지 않았다. 특히 호손은 비극적인 사건에서 모티브를 얻어 『야망이 큰 손님 *The Ambitious Guest*』이라는 작품도 발표했다. 윌리 가족의 비극이 세상에 널리 알려지면서 찾아오는 방문객이 급증하자 자본을 앞세운 호사스런 호텔들이 들어섰다. 새로 지어진 호텔들의 하루 숙박비는 4.5달러였는데, 뉴욕의 일류 호텔의 숙박비가 2.5달러였으니 최고급 호텔이었다. 이처럼 고급호텔이 난립하자 에단 크로퍼드도 무리하게 빚을 내어 여관수준의 숙박시설을 개조했지만 대자본과의 경쟁에서 밀려나면서 1837년에 파산했다. 1899년에 화재로 윌리 가족의 거처가 소실되기 전까지 대자본의 투자는 계속되어 300명 이상을 수용할 수 있는 최고급 호텔이 무려 9개나 운영되고 있었다. 그러나 역사적 현장인 윌리 가족의 거처가 소실되었고 지나친 관광 개발로 인해 1900년을 기점으로 쇠락의 길로 접어들었다.

5. 국립공원제도의 탄생

　미국은 1812년부터 1814년까지 본토에서 영국군과 교전을 치르면서 한때는 대통령 관저까지 화염에 휩싸인 위기에 직면하기도 했다. 고금을 통틀어 전쟁은 내부단합을 이끌어 내고 다음 수순으로는 일치된 정체성을 확인하고 애국심을 고취하는 효율적인 수단이기도 했다. 영국과 전쟁을 벌이면서 수세에 몰린 상황을 묘사한 시(poem)가 나중에 미국의 국가(national anthem)가 되었다. 1814년에 영국군대는 대통령 관저를 불태우고 파죽지세로 미군을 압박해 가고 있었다. 체스피크만의 포트 맥헨리(Fort McHenry)에서 방어망을 형성한 미군에 영국 함대는 엄청난 포탄을 쏟아부었다. 당시 미국인 포로 석방을 요청하기 위해 영국함선에 탑승했던 미국인 법률가 프랜시스 스코트 키(Francis Scott Key, 1779~1843)가 이 포격을 목격한 후 다음 날 아침 새벽 여명에 요새에서 성조기가 여전히 걸려 있는 것을 보았다. 이 순간에 감동을 받은 그는 편지봉투 뒷면에 「성조기여 영원하라(*The Star−Spangled Banner*)」라는 시를 지었고 1931년에 미국의 국가로 공식 채택되었다. 1812년의 전쟁을 거치면서 미국인의 고양된 애국심은 미국적인 문화에 대한 갈망으로 표현되었다.

영국으로부터 정치적인 독립은 이루어 냈지만 문화는 여전히 영국의 영향력을 벗어나지 못하고 있었다. 경제발전의 수준으로는 여전히 영국과는 한참 뒤처져 있었지만 더 이상 영국시장에만 의존하지 않았다. 그러나 문화는 여전히 영국을 모방하는 수준을 벗어나지 못하고 있었다. 미국과 영국 간의 관계는 최소한 청교도가 신세계에 도착한 1620년부터 지속된 만큼 일거에 영국의 흔적을 지워 버리고 미국적인 문화를 창조하기란 쉬운 일이 아니었다. 1820년에 영국의 작가 시드니 스미스(Sydney Smith, 1771~1845)는 "지구상의 누가 미국의 책을 읽거나 미국의 연극을 보러 가겠는가? 누가 미국의 그림이나 조각을 감상하겠는가?"라고 되묻고는 아무도 없다고 확신했다.[33] 시드니 스미스가 도발적인 발언을 던진 1820년에는 워싱턴 어빙의 『스케치북』이 출간되었지만 미국적인 문학으로 규정할 수 없다는 점은 미국인도 수긍할 수밖에 없었다. 이런 와중에 1825년에 등장한 토마스 콜의 그림을 미국적인 미술로 발전시켜야 한다는 공감대가 형성되었다. 있는 그대로의 자연에서 숭고한 아름다움을 느낄 수 있는 풍경화는 미국에서만 그려질 수 있다는 인식이 확산되었다.

토마스 콜을 시조로 하는 허드슨 강 화파의 숭고한 풍경화는 분명 유럽의 풍경화와는 구분되었기에 미국적인 미술로 받들어졌다. 유럽의 터너와 프리드리히가 그린 숭고한 풍경화는 있는 그대로의 자연을 묘사한 것이 아니라 새로운 미술기법을 적용하여 숭고한 아름다

---

33) 브링클리(2005). 있는 그대로의 미국사2. p.23.

움을 구현한 것이었다. 그러나 유럽의 문화계에서 보기에 허드슨 강화파의 숭고한 풍경화는 미국적인 미술이 아니었다. 자연을 있는 그대로 묘사하는 것은 미술의 기초에 불과할 뿐 새로운 미술 사조가 아니라고 생각했던 것이다. 영국의 평론가인 러스킨에게 풍경화란 자연을 그대로 묘사하는 그림이 아니라 자연으로부터 인상(impression)을 받을 수 있는 그림이므로 허드슨 강 화파의 풍경화는 미국적인 문화로 여겨지지 않았다. 그래서인지 미국의 독자적인 문화로 받아들여졌던 허드슨 강 화파의 생명은 그다지 길지 않았다. 토마스 콜의 작품이 공개된 1825년에 시작된 허드슨 강 화파는 50년 후인 1875년을 기점으로 서서히 해체된 것으로 보고 있다. 1874년에 프랑스 살롱에 연거푸 낙선한 화가들이 자신들의 그림을 전시하여 인상주의(impressionism)라는 명칭을 얻은 새로운 미술 사조의 등장은 미국에도 커다란 영향을 미쳤다. 인상주의와 사진의 등장으로 미국의 자연을 있는 그대로 묘사하는 풍경화를 그리던 화가들은 더 이상 미국인에게도 환영받지 못했다.

미국적인 문화를 창조해야 한다는 일종의 강박관념이 허드슨 강 화파를 만들었지만 불과 50년을 버티지 못하고 해체되었다. 허드슨 강 화파의 생명력이 희미해져 가던 1870년대에도 여전히 미국적인 문화는 완성되지 않았다. 영국의 작가 오스카 와일드(Oscar Wild, 1854~1900)는 1891년에 출판된 단편『캔터빌의 유령 Canterville Ghost』에서 역사가 짧은 미국의 아픈 점을 은근슬쩍 들춰 낸다. 이 작품에서 오스카 와일드는 주인공이라고 할 수 있는 영국 유령과 당돌한 미국인 소녀 버지니아와의 대화를 통해 전통이 없는 미국을 꼬집는다.34)

버지니아: "유령 아저씨가 진짜 해야 할 일은, 이민을 가서 정신 수
준을 높이는 거예요. 저희 아버지는 기쁜 마음으로 아저
씨의 공짜 항해를 도와주실 거예요. 일단 뉴욕에 가시면
틀림없이 크게 성공하실 거예요. 조상이 생기는 것이니
까 수십만 달러, 더욱이 유령이라면 그보다 훨씬 더 큰
돈을 낼 사람도 있을 거라고요."
유령: "난 미국을 좋아할 것 같지 않구나."
버지니아: "그러시겠죠. 우리나라엔 폐허도 없고 골동품도 없으니
까요." 그녀가 비꼬았다.
유령: "폐허도 없어! 골동품도 없다고!"(No Ruins! No Curiosities!)

오스카 와일드의 단편은 짧은 역사에 대한 열등감 때문에 오래된
전통이라면 열광적으로 수용하고 전통을 돈벌이에 이용하려는 당시
미국의 사회풍조를 미국인 소녀의 입을 통해 풍자한 것이었다. 이 작
품에서 오스카 와일드는 미국의 아픈 점만 찔러 댄 것이 아니라 미국
의 장점을 부각시켜 영국의 구태도 들춰낸다. 『캔터빌의 유령』은 우
리나라 서점에서는 어린이 동화로 분류되어 있지만 미국에서는 중고
등학생의 권장도서로 분류되어 있다. 오스카 와일드의 재치를 체험할
수 있는 이 작품은 작금의 성인이 읽어도 매우 유쾌한 감정을 느낄
수 있을 것이다. 유령조차 돈벌이에 이용하려는 미국적인 사고방식은
1988년에 상영된 팀 버튼(Timothy William Burton) 감독의 영화 ≪유
령수업 *Beetlejuice*≫에서도 중요한 테제로 다루어졌다.

미국의 자연을 있는 그대로 묘사한 허드슨 강 화파의 그림은 미국
적인 문화에 목말라 있던 미국사회에서 즉각적인 반응을 일으켰다.
그러나 '빨리 끓는 냄비가 빨리 식는 것'처럼 인상주의가 대두된
1875년을 즈음하여 급속히 사람들의 뇌리에서 잊혀 갔다. 사실주의적

---

34) 와일드(2008). 캔터빌의 유령. pp.52~53.

풍경화는 자취를 감췄지만 허드슨 강 화파가 남긴 영향력마저 식어 버린 것은 아니었다. 그동안 황량하고 음산한 공간에 불과했던 미국의 자연은 신이 주신 축복이므로 소중히 대해야 한다는 인식이 형성되기 시작했다. 미국인은 그림의 배경을 직접 보기 위해 자연으로 향하기 시작했다. 1826년에 발생한 윌리 가족의 비극의 현장인 화이트 산맥 일대는 사회 각계를 대표하는 저명인사뿐만 아니라 일반대중의 방문도 서서히 증가했다. 1851년에 철도노선이 개통되면서 화이트 산맥의 관광산업은 전환점을 맞게 되었고, 1869년에는 톱니 궤도철도(cog railway)가 부설되어 관광객은 기차를 타고 1,917m의 워싱턴 봉우리(Mount Washington)에 오를 수 있게 되었다. 화이트 산맥의 자연환경은 관광객이 증가할수록 훼손이 가속화되었다.

토마스 콜의 그림이 알려진 1825년 이후부터 미국인은 숭고한 아름다움을 느낄 수 있는 광활한 자연으로 눈을 돌렸다. 1825년에 이리 운하가 완공된 후 관광객들은 증기선을 타고 나이아가라 폭포에 도달할 수 있었다. 상상을 초월하는 엄청난 규모의 폭포가 미국과 캐나다 국경에 있음은 잘 알고 있었지만 당시의 열악하기 그지없는 도로는 관광객의 여행을 가로막았다. 또한 나이아가라 폭포로 향하는 도로 주변에 거주하는 있는 일부 호전적인 인디언 부족의 존재도 나이아가라 폭포 관광을 주저하게 만든 요인이었다. 그래서 이리 운하의 개통으로 안락하고 안전한 관광여정이 가능해짐에 따라 그동안 억눌려 왔던 관광욕구의 분출은 피할 수 없었다. 관광객이 급속히 증가하기 시작한 나이아가라 폭포의 운명은 화이트 산맥의 전철을 피하지는 못했다.

나이아가라 폭포를 찾는 관광객이 서서히 증가하면서 관광객을 대상으로 한 각종 시설물이 무계획적으로 들어섰다. 1831년에 미국 교도소 실태조사를 목적으로 미국을 방문한 토크빌은 나이아가라 폭포의 웅장함에 할 말을 잊었다. 토크빌이 방문한 시기의 나이아가라 폭포 주변에는 경관을 방해하는 시설물이 많지는 않았다. 그러나 토크빌은 직감적으로 나이아가라 폭포의 운명을 예감하여 다음과 같은 말을 남겼다.35)

> 미국인들이여, 앞으로도 이런 웅장한 경관을 계속 보길 원한다면 서두르시오. 당신들이 지체하면 나이아가라 폭포는 당신들을 위한 명분으로 당신들에 의해 망가지게 될 것이오. 폭포 주변의 숲이 이미 벌채된 것을 보시오. 로마시민들이 판테온에 철탑을 설치하는 우를 범하지 마시오. 폭포 하류에 제재소와 제분공장이 들어서는 시점은 길어야 10년도 걸리지 않을 거라고 장담하오.

1830년대 초에 나이아가라 폭포를 방문한 토크빌의 경고는 머지않아 현실화되었다. 나이아가라 폭포의 웅장한 경관을 조망할 수 있는 장소에는 관광객을 위한 숙박시설과 식당 등이 우후죽순처럼 자리를 잡았다. 폭포에서 쏟아지는 수력을 이용하기 위해 제재소와 제분공장 등이 여기저기에 들어섰다. 무계획적으로 들어선 인공적인 시설물은 나이아가라 폭포의 경관을 훼손하는 방해물이 되었다. 1835년에 너대니얼 호손도 안타까운 심정을 드러냈다.36)

> 예전의 방랑자들은 축복받은 행운아였다. 그들은 숲에서 발원한 물줄기가 그대로 폭포로 떨어지는 경이로운 장관을 볼 수 있었다. 그들은 지금은 경험할 수 없는 경외감을 체험할 수 있었다.

---

35) Irwin(1996). The New Niagara. p.19.

36) Irvin(1996). The New Niagara. p.18.

1854년에 나이아가라 폭포를 방문한 영국여성 이사벨라 버드(Isabella Lucy Bird, 1831~1904)는 아무런 제약 없이 폭포수를 사용하고 있는 제재소와 펄프공장은 특혜라고 생각했다. 그녀가 바라본 미국은 사적 이익을 위해 공유지의 훼손을 방치하는 이해하기 어려운 국가였다. 영국여성 이사벨라 버드는 세계 각지를 방문한 여행가이자 작가, 그리고 지리학자였다. 1894년부터 4년간 4차례에 걸쳐 당시 조선을 현지 답사한 그녀의 기록은 1898년에 『한국과 그 이웃 나라들 *Korea and Her Neighbours*』이라는 제목의 도서로 발간되었다. 이처럼 나이아가라 폭포를 찾는 관광객을 대상으로 건립된 각종 시설물들이 자연의 가치를 훼손하고 있다는 인식은 머지않아 국가의 개입을 요구하게 되었다.

미국 북동부의 최고봉인 워싱턴 봉우리와 윌리 가족의 비극으로 유명해진 화이트 산맥, 그리고 나이아가라 폭포의 훼손은 돌이킬 수 없는 것으로 생각되었다. 나이아가라 폭포의 경관을 훼손하고 있는 각종 관광시설물과 공장들을 허물 수는 있겠지만 예전의 원형으로 되돌아갈 수 없다는 생각이 지배적이었다. 태곳적 자연 상태를 유지하고 있었던 화이트 산맥과 나이아가라 폭포는 신이 빚은 작품이므로 인간의 개입은 제한될 수밖에 없었다. 창조의 능력이 없는 인간으로서는 한 번 훼손된 자연을 원상태로 되돌릴 능력이 없었기 때문이었다. 미국인에게 주어진 사명은 인간의 손길을 통제하는 것이지만 정부의 규제를 싫어하는 탓에 보전의 필요성은 공감하면서도 새로운 제도를 제정하려는 시도는 미적거렸다.

관광객을 대량으로 실어 나를 수 있는 기차와 증기선이 닿은 동북부의 자연이 황폐화되는 광경을 지켜본 미국인은 머지않아 서부도 인간의 손길에 피폐해질 운명이라는 것을 알았다. 대륙횡단철도는

1869년에 완공되었지만 1850년대 중반부터 서부의 요세미티(Yosemite)에는 관광시설물이 들어서고 있었다. 동부의 화이트 산맥과 나이아가라 폭포에서와 마찬가지로 요세미티에서도 관광객을 대상으로 설치된 시설물은 환경적으로 매우 취약한 장소를 선점하기 시작했다. 만약 요세미티의 절경을 한눈에 조망할 수 있는 계곡 일대에 집중된 관광시설물의 설치를 방치한다면 요세미티의 운명은 나이아가라 폭포를 답습하리라는 점은 확실해 보였다. 무분별한 관광 개발로 요세미티가 망가진다면 시간의 문제일 뿐 서부 전체의 훼손은 피할 수 없었다.

남북전쟁이 한창인 1864년에 캘리포니아 주 상원의원 존 콘네스(John Conness, 1821~1909)가 요세미티의 관할권한을 연방정부에서 캘리포니아로 이관하는 법안을 발의했다. 상하원을 통과한 법안은 링컨 대통령의 재가를 얻어 1864년 6월에 「요세미티법 *Yosemite Act*」이 발효되었다. 이 법안의 요지는 관광시설물이 밀집된 요세미티 계곡과 원시림이 우거진 마리포사 그로브(Mariposa Grove)의 관리권한을 캘리포니아 주정부로 양도한 것이었다. 그러나 연방정부가 요세미티를 캘리포니아 주정부에 조건 없이 양도한 것은 아니었다. 요세미티는 공유지로서 대중을 위한 휴양시설로 관리되어야 하며 관광사업자로부터 거둬들인 임차수익은 요세미티의 보존(preservation)과 접근성의 개선(improvement)에만 사용하도록 전제하고 있었다. 이 법안은 정부 소유의 국유지를 무단점유한 후 관광시설물을 지어 마치 본인의 사유지처럼 사용하던 잘못된 관행을 바로잡기 위해 10년마다 임차인의 계약을 갱신하도록 규정하고 있었다. 캘리포니아 주정부의 권한은 요세미티를 방문한 일반대중이 적절한 휴양활동을 할 수 있도록 자연환경의 질을 유지하는 선에서 관광편의시설물을 관리하는 것이었다.

1864년에 제정된 「요세미티법」의 구조는 연방정부 소유의 요세미티를 캘리포니아 주정부에게 양도한 것이었다. 다시 말해서 캘리포니아 주에 있는 요세미티는 주정부의 관할이 아니라 연방정부의 재산이었던 것이다. 이 법이 제정된 1860년대에는 캘리포니아 주뿐만 아니라 서부 전역에도 주정부의 토지보다는 연방정부가 관할하는 국유지의 비중이 높았기 때문이었다. 오늘날 미국 서부의 캘리포니아, 애리조나, 유타, 네바다 등은 1848년에 멕시코와의 전쟁에서 승리한 미국이 멕시코로부터 양도받았으므로 애초에는 국유지였다. 이처럼 외국으로부터 양도받은 토지는 완전한 자치권한이 없는 준주(territory)로 출발하여 주(state)의 지위를 얻어 연방에 편입되면 점증적으로 국유지가 주정부로 양도되었다. 캘리포니아는 1850년에 연방에 편입되었지만 요세미티법이 제정된 1864년에도 광활한 면적의 국유지가 남겨져 있었던 것이다.

연방정부로부터 요세미티를 양도받은 캘리포니아 주정부는 「요세미티법」의 제정취지에 부합하는 관리방안을 수립해야 했다. 이러한 법의 선례가 없었기에 캘리포니아 주정부는 1864년에 위원회를 설치하고 수장으로 경관계획 전문가인 프레더릭 옴스테드(Frederick Law Olmsted, 1822~1903)를 임명했다. 옴스테드는 1858년에 뉴욕의 센트럴 파크(Central Park)의 설계공모전에서 1등의 영예를 차지하여 1864년에는 미국 최고의 경관계획 전문가로 활동하고 있었다. 그는 1865년에 『요세미티와 마리포사 그로브의 예비보고서 Yosemite and the Mariposa Grove: A Preliminary Report, 1865』, 후대에 『옴스테드 보고서』라고 불리는 문서를 위원회에 제출했다. 결론부터 말하자면 옴스테드가 제출한 보고서는 채택되지 않고 창고에서 방치되고 있다가

1952년에서야 일반에 공개되었다.

옴스테드가 최우선적으로 고려한 요세미티의 관리방향은 공공성의 기조하에 관광객을 위한 편의시설을 최소화하는 것이었다. 요세미티의 매력은 그림처럼 아름다운 자연경관(scenery)이라고 생각한 옴스테드였기에 자연경관을 훼손하는 시설물은 절대로 용납할 수 없었다. 동부의 화이트 산맥과 나이아가라 폭포의 경관이 관광시설물로 인해 망가진 것을 잘 알고 있었던 옴스테드는 자연경관은 사유화될 수 없다고 선언했다. 그렇다고 옴스테드가 민간 관광시설물의 설치를 반대한 것은 아니었다. 관광객의 편의를 위해 최소한의 시설물은 반드시 필요하지만 자연경관의 가치를 훼손하는 지역에 들어선다든지 또는 자연경관의 조망을 가장 잘 볼 수 있는 지역을 독점하는 것은 반대했다. 1865년에 작성된 보고서에서 옴스테드는 요세미티를 방문하는 관광객은 연간 수백 명에 불과하지만 100년 후에는 수백만 명으로 증가할 것으로 전망하여 적절한 장소를 선정한 후 최소한의 범위 내에서 관광시설물이 설치되어야 한다고 제안했다. 현재의 요세미티를 찾는 방문객은 불과 수백 명에 불과하여 민간사업자의 시설만 통제하면 자연경관의 가치를 유지할 수 있지만 관광객이 증가하면 그중에는 나쁜 취향을 가지거나 주의를 기울이지 않는 관광객뿐만 아니라 의도적으로 잔혹한 파괴를 자행하는 관광객을 통제하기 위해서라도 적절한 관광시설물의 설치는 불가피하다고 생각했다.[37]

옴스테드의 보고서가 채택되지 않았던 이유는 막대한 소요경비였다. 요세미티를 공공의 자산으로 규정하여 민간 관광사업자의 개입을

37) Runte(1993), Yosemite: The Embattled Wilderness, pp.28~31.

최소화해야 한다는 전제는 곧 주정부의 예산투입을 요구했다. 당시만 해도 연간 관광객이 수백 명에 불과한 상황에서 관광시설물에 막대한 공공예산을 지출하는 것은 사회적 공감대를 얻기 어려울 수 있었다. 요세미티를 방문한 수백 명의 관광객 상당수는 경제적으로 여유가 있고 사회적인 지위도 높은, 소위 말하는 유력인사였기에 자칫하면 소수의 부자들을 위한 개인 휴양지를 조성해 준다는 비판이 제기될 수 있었다. 당시만 해도 가용한 예산이 넉넉지 않았던 캘리포니아 주정부로서는 민간사업자의 투자에 기대는 것이 여러모로 편리한 방안이라고 생각했던 것이다. 결국 위원회의 2명의 유력한 위원이 보고서에 거부감을 표명하자 옴스테드는 사직한 후 뉴욕으로 되돌아갔다.

1864년에 의회가 요세미티의 관할권을 주정부로 이양한 것은 이례적인 사건이었다. 연방정부의 자산인 국유지를 주정부에 불하하는 것은 어찌 보면 당연하지만 「요세미티법」의 사례처럼 조건이 붙은 국유지의 이양은 환영받지 못했다. 주정부로서는 개발이익을 기대할 수 없고 매년 관리비용만 지출해야 하는 국유지를 불하받을 필요성을 느끼지 못했다. 연방정부로부터 상당한 면적의 국유지를 불하받은 캘리포니아를 부러워하여 유사한 법률 제정을 요청하는 주정부는 없었던 것이다. 당시에는 잘 알려지지 않았지만 요세미티처럼 사람의 심금을 울리는 자연경관을 볼 수 있는 지역은 어떠한 형태의 보호도 받지 못하고 민간 관광사업자의 파괴적인 손길이 뻗히고 있었다.

남북전쟁이 발발한 어수선한 상황이지만 의회는 그림처럼 아름다운 요세미티는 반드시 보전되어야 한다는 인식에 공감했다. 허드슨강 화파의 그림에 마음을 뺏긴 미국인들은 앨버트 비어스타트가 묘사한 요세미티의 경관에 넋을 잃은 채 신이 주신 축복에 반하는 행위를 해서는 안 된다고 생각했다. 당시 서부에는 요세미티만 있는 것은 아니었지만 요세미티와 로키 산맥 일대를 제외하면 그림으로 그려진 곳은 거의 없었다. 앨버트 비어스타트가 서부로 간 이유는 아무도 전에 그리지 않았던 자연을 묘사하고 싶었기 때문이었다. 그는 대륙횡단철도가 완공되기 이전이라 접근성이 열악하고 도처에 호전적인 인디언 부족이 호시탐탐 백인을 공격하던 위험을 감수함으로써 서부를 묘사할 수 있었던 것이다. '보는 것이 믿는 것'이라는 말처럼 허드슨 강 화파의 화가에 의해 그려진 요세미티는 늦기 전에 보전해야 한다는 청원이 의회를 움직였기에 「요세미티법」이 제정될 수 있었다. 그러나 요세미티와는 달리 그림으로 그려지지 않은 서부의 자연을 보전해야 한다는 인식은 공감대를 얻지 못했다.

요세미티가 미국인들에게 알려지기 시작한 비슷한 시기에 옐로스톤이라는 진귀한 장소가 있다는 소문이 입에 오르기 시작했다. 1859년에 짐 브리저(Jim Bridger, 1804~1881)라는 사냥꾼은 옐로스톤이라는 지역에 팔팔 끓는 호수와 정기적으로 수십 미터 높이의 물을 뿜어내는 간헐천이 있다고 떠벌리고 다녔다. 평상시 좋은 평판을 얻지 못했던 탓에 브리저의 주장은 허황된 거짓이거나 과장된 허풍으로 여겨졌지만 옐로스톤의 존재 여부에 관심을 갖는 사람들이 나타났다. 옐로스톤으로 알려진 장소와 가까운 몬태나 준주(territory)의 사람들은 소문의 진상을 확인하기 위해 탐험대를 조직했다. 짐 브리저의 전철을 밟지 않기 위해서라도 탐험대원은 대중으로부터 신뢰받는 사람들로 구성되어야 했다. 남북전쟁에서 북군의 장군으로 활약했던 헨리 워쉬번(Henry Dana Washburn, 1832~1871)과 사업가 겸 공직자인 나다니엘 랭포드(Nathaniel Pitt Langford, 1832~1911)에게 지휘를 맡기고 안

전을 위해 군인인 구스타브스 도언(Gustavus Cheyney Doane, 1840~1892)
이 합류하여 후일에 '워쉬번-랭포드-도언' 탐험대라고 불리게 되었다.

옐로스톤에 도착한 탐험대는 짐 브리저가 주장한 간헐천과 가지각
색 온천들의 실체를 확인할 수 있었다. 짐 브리저는 허풍쟁이일지는
몰라도 거짓말쟁이는 아니었다는 점을 알 수 있었다. 탐험대는 강가
에 모닥불을 피운 후 자신들이 본 경이로운 자연의 미래에 대해 밤새
토론을 벌였다. 우선 옐로스톤에 묻혀 있을지 모르는 광물을 채굴하고
숲의 나무도 벌목하여 인간을 위해 유용하게 개발되어야 한다는 의견이
대세였지만 보전을 내세운 법률가 코넬리우스 헤지스(Cornelius Hedges,
1831~1907)의 의견에 동의했다. 몬태나 준주로 돌아온 탐험대는 대중
에게 옐로스톤이라는 자연의 존재를 알리면서 보전의 필요성을 역설
했다. 탐험에서 돌아온 직후인 1870년 12월 18일에 랭포드는 옐로스
톤의 가치를 알리기 위해 185쪽 분량의 원고를 준비하여 대중연설을
시작했다. 대중에게 옐로스톤을 홍보하여 보전의 공감대를 이끌어 내
고자 랭포드는 마을을 순회하는 대중연설을 마다하지 않았고 잡지에
도 장문의 기고문을 게재했다. 랭포드의 대중연설을 들은 사람 중에는
지질조사국의 헤이든(Ferdinand Vandeveer Hayden, 1829~1887) 박사도
있었다.38)

헤이든 박사 시절의 지질조사국의 임무는 주로 광물탐색과 철도부
설에 필요한 정확한 지형도를 작성하는 것이었다. 랭포드의 대중연설
에 흥미를 느낀 헤이든은 옐로스톤의 잠재적 가치에 흥미를 느끼고
옐로스톤을 조사하기로 마음먹었다. 헤이든이 신청한 조사비용은 의

---

38) Whittlesey(2007). Storytelling in Yellowstone. p.56.

회의 승인을 받았고 철도회사는 탐험대원이 무료로 기차를 이용할 수 있도록 지원했다. 헤이든의 탐험대에는 사진가인 윌리엄 잭슨(William Henry Jackson, 1843~1942)과 허드슨 강 화파의 화가인 토마스 모란이 합류했다. 당시의 흑백사진은 깊은 인상을 주지 못한다는 점을 알고 있었던 금융재벌 제이 쿡(Jay Cook, 1821~1905)의 주선으로 토마스 모란이 참여하게 된 것이었다. 노던 퍼시픽 철도회사의 후원자인 제이 쿡에게 옐로스톤은 새로운 사업기회가 될 수 있었다. 옐로스톤의 경이로운 자연경관이 미국인의 호기심을 자극하기 시작한 만큼 연방정부에 의해 공원으로 지정된다면 관광객이 물밀듯 방문할 것으로 생각했던 것이다. 제이 쿡은 옐로스톤을 경유하는 철도노선만 부설하면 상당한 수익을 거둘 수 있을 것으로 생각했다.

1871년에 옐로스톤을 조사하고 워싱턴으로 돌아온 헤이든은 이전의 탐험대와 마찬가지로 옐로스톤의 보전을 역설했다. 남북전쟁의 와중에도 요세미티의 보전을 위해 「요세미티법」을 제정한 전례와는 달리 의회는 적극적으로 나서지 않았다. 그러나 화산활동으로 생겨난 옐로스톤에는 유용한 광물자원이 매장될 확률이 낮고 숲의 면적도 미미하다는 평가는 서부 출신 상원의원의 거부감을 완화할 수 있었다. 당시 서부를 대변하는 상원의원의 상당수는 광산회사나 목재회사를 소유한 개발지상주의자였다. 엄청난 부를 소유한 제이 쿡은 막후에서 로비활동을 벌였고 윌리엄 잭슨의 사진과 특히 토마스 모란의 그림은 의원뿐만 아니라 미국인의 감성까지 움직였다.

© NPS Historic Photograph Collection

[사진 1] 윌리엄 잭슨이 촬영한 옐로스톤(1871년)

1872년에 의회는 옐로스톤을 대중을 위한 공원(public park)으로 제정하는 법률을 승인했다. 1864년에 연방정부 소유의 요세미티를 캘리포니아 주정부로 이양하는 것을 골자로 한 「요세미티법」과는 달리 1872년에 제정된 「옐로스톤법」은 주정부로 권한을 이양하지 않았다. 정확히 말하자면 국유지인 옐로스톤의 관리권한을 이양받을 주정부가 없었기에 연방정부가 옐로스톤 공원의 관리 주체가 될 수밖에 없었다. 「옐로스톤법」에서 명시한 공원의 위치는 와이오밍 준주(準州)와 몬태나 준주(territory)에 자리 잡고 있었으므로 연방정부를 대신할 주정부가 없었던 상황이었다. 그래서 「옐로스톤법」에서는 연방정부의 부서인 내무부(department of interior)를 공원의 관리 주체로 명시함으로써 옐로스톤은 미국 최초이자 세계 최초의 국립공원이 되었다.

1872년에 제정된 「옐로스톤법」의 전문에는 국립공원(national park)이라는 용어는 사용되지 않았고 공공공원(public park)이라는 용어가 사용되었다. 애초부터 국립공원을 만들고자 한 것이 아니라 관리권한을 이양받을 주정부의 부재로 인해 연방정부, 즉 국가가 관리하는 국립공원이 탄생한 것이었다. 만약 1872년에 와이오밍과 몬태나가 주(state)의 지위를 갖고 있었다면 옐로스톤은 국립이 아니라 주립공원이 되었을지도 모른다. 몬태나 준주와 와이오밍 준주가 주(state)의 지위를 얻어 연방에 편입된 시기는 각각 1889년과 1890년이었다.

「옐로스톤법」의 취지는 1864년에 제정된 「요세미티법」의 연장선상에서 볼 수 있다. 「요세미티법」은 1850년대 중반부터 아름다운 경관을 조망할 수 있는 최적의 장소를 선점하던 민간 사업자를 규제하기 위해 공용(public use)의 원칙을 내세웠다. 민간 사업주 소유의 인공 시설물이 전혀 없었던 옐로스톤은 공용의 의미를 구체화한 공공공원(public park)으로 규정되었다. 옐로스톤은 개인이 마음대로 남용할 수 있는 사유지가 아니라 제약이 가해지는 공유지로 규정되었다. 누구나 공공공원을 방문할 수 있지만 다른 방문객에게 누를 끼치는 행동, 예를 들어 자신을 위해 꽃을 꺾는다든지 또는 고성방가는 금지된다. 다시 말해서 옐로스톤은 대중의 복리와 즐거움을 위한 위락 공간(pleasing-ground for the benefit and enjoyment of the people)이어야 한다는 당위성이 전제된 것이었다.

1872년에 옐로스톤은 법률에 의해 공공공원으로 제정되어 연방부서인 내무부가 관리부서로 지정되었지만 예산은 일절 배정되지 않았다. 옐로스톤의 가치를 널리 홍보한 랭포드는 연방정부가 제의한 무임금의 조건을 받아들여 옐로스톤 국립공원의 초대 관리자로 임용되었다. 유능한 사업가였던 랭포드에게 무임금은 감내할 만한 조건이었지만 관리자로서의 열정은 내보이지 않았다. 1872년부터 5년간의 재임기간 중 랭포드가 옐로스톤을 방문한 횟수는 불과 두 차례였다. 국립공원으로 지정되었지만 연방정부의 재정지원을 받지 못한 옐로스톤 국립공원의 관리자 직위는 명예직으로 간주되었던 것이다. 연방정부는 애초 트루먼 에버츠(Truman Everts, 1816~1901)에게 무임금의 조건으로 옐로스톤 관리자 임용을 제안했지만 에버츠의 거절로 초대 관리자의 영예는 랭포드에게 돌아간 것이다. 1872년의 워쉬번-랭포드-도언 탐험대의 일원이었던 에버츠는 옐로스톤에서 길을 잃고 홀로 헤매다가 37일 후에 수색대에 의해 구조되었다. 그를 발견한 수색대원에 의하면 처음에는 두 발을 든 곰으로 착각하여 지나치려 했다고 한다. 근근이 풀만 씹으면서 37일을 버틴 에버츠의 몸무게는 34kg에 불과하여 살아 있다는 자체가 기적이었다. 건강을 회복한 에버츠가 자신의 생존경험을 담은 이야기를 월간지 『스크리브너스 먼슬리 Scribner's Monthly』에 투고하여 인기와 존경을 얻게 되었던 것이 옐로스톤의 초대 관리자 직위를 제의받게 된 배경이었다.39)

옐로스톤 국립공원의 초대 관리자인 랭포드의 뒤를 이어 1877년에 2대 관리자로 노리스(Philetus W. Norris, 1821~1885)가 임용되었다. 전임자처럼 무보수를 조건으로 임용되었지만 전임자와는 달리 옐로스톤에 거처를 마련하여 공원관리의 기반을 쌓았다. 1878년에 의회는

---

39) Lisagor & Hansen(2008), Disappearing Destinations, pp.108~109.

옐로스톤 국립공원에 최소한의 예산을 배정함에 따라 관리자인 노리스는 소정의 연봉을 받게 되었다. 그리고 적은 액수지만 기반시설 확충에 필요한 예산을 배정받은 노리스는 탐방로의 정비에 매진했다. 2대 관리자인 노리스는 또한 훌륭한 이야기꾼이기도 했다. 관광객을 대상으로 옐로스톤의 지질과 동식물, 역사를 한편으로는 부드러운 미풍이 부는 것처럼 이야기하다가 절정에 이르면 거센 폭풍우처럼 이야기를 쏟아 내는 말솜씨에 바람의 노리스(Windy Norris)라는 애칭을 얻었다.40) 초대 관리자인 나다니엘 피트 랭포드(Nathaniel Pitt Langford)는 이름의 이니셜(N. P. Langford)을 따서 국립공원 랭포드(National Park Langford)라는 애칭을 얻기도 했다.

2대 관리자인 노리스의 열정 덕분에 새로운 탐방로가 개설되고 곳곳에 안내표지판도 설치되었다. 그러나 대중의 복리와 즐거움을 제공하도록 명문화된 옐로스톤의 설립목적에는 부합하지 못하고 있었다. 1872년에 제정된 「옐로스톤법」의 막후 실력자인 제이 쿡이 계획한 철도노선이 1883년에 완공되었다. 옐로스톤 국립공원의 경계로부터 불과 6㎞ 남짓 북쪽의 작은 마을 리빙스턴(Livingstone)에 철도역이 완공되었다. 머지않아 노던 퍼시픽 철도회사의 제이 쿡의 계획대로 옐로스톤은 관광객들로 북적거릴 것이 확실했다. 그러나 1883년의 옐로스톤 국립공원은 곧 밀어닥칠 관광객에게 즐거움과 편익을 제공할 기반시설이 턱없이 부족한 상황이었으므로 신속한 대응조치가 요구되었다. 철도노선이 완공되기 직전인 1882년에 국립공원의 관리부서인 내무부는 관광객을 대상으로 한 민간 영리기업의 설립을 승인했

---

40) Whittlesey(2007). Storytelling in Yellowstone. p.110.

다. 옐로스톤 국립공원 개선 회사(Yellowstone Park Improvement Company)
라고 명명된 이 회사는 표면상 독립된 회사였지만 실상은 노던 퍼시
픽 철도회사에서 출자한 자회사였다. 옐로스톤 국립공원은 공공공원
이라기보다는 노던 퍼시픽 철도회사의 사유지처럼 되어 버린 것이었다.

옐로스톤 국립공원 개선 회사는 4,400에이커(약 18㎢)에 해당하는
토지를 불하받았다. 옐로스톤 국립공원의 전체 면적과 비교하면 18㎢
의 면적은 미미한 것처럼 보이지만 불하받은 토지의 위치를 고려하
면 엄청난 특혜였다. 민간회사의 마음대로 시설물을 설치할 수 있는
토지는 옐로스톤 국립공원에서 가장 매력적인 장소를 포함했기 때문
이었다. 가장 유명한 간헐천인 올드 페이스풀(Old Faithful), 맘모스 핫
스프링(Mammoth Hot Springs), 옐로스톤 호수(Yellowstone Lake), 옐로
스톤 대협곡(Grand Canyon of Yellowstone) 등이 모두 망라되어 있었
다. 최상의 토지를 불하받았을 뿐만 아니라 국립공원 내부에서 이동하
는 교통수단의 독점권과 아울러 필요하다면 경작과 사냥까지도 무한
정 허용되었다.[41] 이것은 옐로스톤을 공공공원으로 규정한 「옐로스톤
법」의 제정취지를 훼손하는 것이었지만 관광객에게 편익과 즐거움을
제공해야 한다는 논리로 합리화시켜 버렸다.

옐로스톤 국립공원은 스스로 민간사업자의 독점을 허용한 것이나
마찬가지였다. 민간 관광사업자에 의해 천혜의 자연경관이 망가진 화
이트 산맥과 나이아가라 폭포의 전례를 답습하지 않기 위해 남북전
쟁의 와중인 1864년에 민간 사업자를 규제할 수 있는 「요세미티법」
을 제정한 정신은 망각된 것처럼 보였다. 비록 제한된 면적에서만 상

---

41) Barker(2005), Scorched Earth, pp.51~52.

행위를 허용한 것이라고는 하지만 생태적으로 취약한 장소였기에 규모에 관계없이 인공시설물의 건축은 옐로스톤 국립공원의 생태계를 위협했다. 민간 사업자에게 엄청난 특혜를 준 것과는 달리 의회가 배정한 적은 예산으로 관리자가 할 수 있는 일은 현상유지에 불과했다. 더구나 국립공원 내에서 불법으로 동물을 사냥한 밀렵꾼을 발견해도 사법권한을 부여받지 못한 관리자는 밀렵꾼을 공원 밖으로 쫓아내는 것 이외는 할 수 있는 행동이 없었다.

1882년에 2대 관리자인 노리스가 불분명한 사유로 옐로스톤을 떠나게 된 후 새로 임용된 관리자인 패트릭 콘저(Patrick H. Conger)의 잘못된 행동을 문제 삼은 의회가 그나마 적은 예산 배정마저 거부한 1886년에 내무부에서는 육군에 공원관리를 위임하게 되었다. 1917년에 국립공원관리청(National Park Service)이 발족하기 전까지 국립공원의 관리는 미 육군의 몫이었다.

6. 국립공원관리청의 발족

1872년에 옐로스톤이 최초의 국립공원으로 지정된 지 18년 후에서야 새로운 국립공원이 지정되었다. 1890년 9월에 세쿼이아 국립공원(Sequoia National Park), 동년 10월에 킹스 캐니언 국립공원(Kings Canyon National Park)과 요세미티 국립공원(Yosemite National Park)이 새로운 국립공원으로 지정되었다. 요세미티는 1864년에 제정된 「요세미티법」에 의해 관할권한이 캘리포니아 주정부로 이양된 주립공원이었지만 존 뮤어(John Muir, 1838~1914)의 헌신적인 노력 덕분에 국립공원의 지위를 얻게 되었다. 국립공원이 된 요세미티의 관할권한은 연방부서인 내무부로 되돌아와야 하지만 캘리포니아 주정부에 관리를 위임했다. 의회의 예산 배정 거부로 1886년부터 육군에게 관리를 위임한 내무부로서는 요세미티의 관할권한을 캘리포니아 주정부에 위임하는 방안이 효율적이라고 판단했던 것이다.

미국 국립공원의 관리부서는 내무부(department of interior)이다. 우리나라에서는 환경부 산하의 국립공원관리공단이 국립공원을 관리하고 있고 캐나다에서는 국립공원 전담조직인 공원 캐나다(Park Canada), 그리고 호주의 공원 호주(Parks Australia)는 환경 관련 부서(department of sustainability, environment, water, population and communities)의 산하 조직이다. 국립공원을 관리하는 조직은 다소간의 차이는 있지만 환경 전담부서와 밀접한 관련성을 맺고 있다. 미국의 환경정책은 환경보호청(Environmental Protection Agency)이라는 독립조직에서 전담하고 있지만 여타 국가와는 달리 국립공원의 관리는 소관업무가 아니다. 미국의 국립공원은 1872년에 의회에서 내무부를 관리부서로 지정한 이후 현재까지도 내무부에서 관리하고 있다.

내무부(department of interior)라는 부서는 대체로 국내업무 중에서 치안과 행정을 전담하기 위해 조직된 부서이다. 국가에 따라서 내무(interior)라는 용어 대신에 국외업무인 외교(foreign affairs)와 구분하기 위해 국내업무(internal affairs/home affairs)라는 표현을 사용하기도 한다. 우리나라에서도 장기간 내무부로 통용되었지만 2008년부터 행정안전부(ministry of public administration and security)라는 새로운 명칭을 사용하고 있다. 국가에 따라 다소간의 차이는 있지만 내무부가 다루는 국내업무는 크게 치안과 중앙행정이지만 미국의 내무부는 그렇지 않다. 미국 내무부의 산하 기관인 국립공원관리청(National Park Service)이라든지 어류야생동식물 보호국(U.S. Fish and Wildlife Service), 그리고 지질조사국(U.S. Geological Survey)의 업무는 환경과 밀접하게 관련되어 있다. 또 다른 산하 기관인 국토개간국(Bureau of Reclamation)이라든지 광물관리국(Office of Surface Mining, Reclamation and Enforcement)은 환경보전과는 상당한 괴리가 있는 업무를 다루고 있다. 이 밖에도 인디언 담당국(Bureau of Indian Affairs) 등의 산하 기관도 있는 내무부의 업무성격을 규정하기는 매우 애매하지만 치안과 중앙행정업무와는 관련성이 거의 없다고 해도 무방하다.

미국의 내무부가 국립공원 업무를 전담하게 된 것은 딱히 마땅한 부서가 없었기 때문이기도 했지만 산하 기관인 토지관리국(General Land Office)의 업무성격과 유사한 점이 있었기 때문이었다. 토지관리국의 주요 업무는 연방정부 소유의 국유지를 관리하는 것이지만 실상은 국유지의 매각이 주요 업무였다. 국립공원은 연방정부가 소유한 국유지여야 하기에 1872년에 「옐로스톤법」을 제정한 의회는 내무부를 관리 주체로 지정한 것이었다. 숲의 나무나 광물자원을 원하는 기업과 농지를 원하던 자영농에게 무상이거나 매우 저렴한 가격으로 국유지를 매각하던 토지관리국에게 국립공원은 팔 수 없는 계륵이었던 것이다. 국립공원의 실질적인 관리부서인 토지관리국에게 환경보전은 극소수 이상주의자의 비현실적인 구호에 불과했다. 국립공원은 전혀 어울리지 않는 보금자리에서 간신히 생명의 끈을 이어 가고 있었다.

1870~90년대의 국립공원은 의회와 연방정부로부터 적절한 지원을 받지 못했다. 옐로스톤의 예산 배정을 거부한 의회의 결정은 국내업무에 군대를 동원하는 결과를 낳았다. 그런데 내무부로부터 국립공원의 관리를 위임받은 육군이 부지런히 순찰활동을 하면서 불법으로 동물을 사냥하던 밀렵꾼은 자취를 감추었다. 육군은 외부의 침입자만 감시한 것은 아니었다. 지질의 보고인 옐로스톤 국립공원에서는 종종 기념품을 챙기는 관광객의 동향에도 신경을 써야 했다. 육군의 기병대가 말을 타고 국립공원을 순찰하는 모습은 또 다른 관광매력으로 인기를 얻기도 했다. 결과적으로 미 육군에 의한 국립공원의 관리는 대성공이었다.

© NPS Historic Photograph Collection

[사진 2] 옐로스톤을 순찰하는 기병대(1903년경)

후대의 평가는 호의적이지만 국립공원의 관리를 육군에 위임한 내무부의 결정은 소관업무를 포기한 것이나 다름없었다. 의회에 의해 국립공원의 관리 주체로 지정된 연방부서가 예산 배정이 되지 않았다는 점을 들어 관리권한을 육군에 위임한 행위에 환경보전주의자는 실망을 감추지 못했다. 비록 낙심했지만 환경보전주의자는 관리 주체인 내무부와 국립공원의 설립권한을 가지고 있는 의회를 공개적으로 비난하는 행동은 삼갔다. 환경보전주의자는 더 늦기 전에 새로운 국립공원을 늘리는 것을 당면과제로 여겼기에 의회와 내무부를 자극하지 않았던 것이다. 1872년에 옐로스톤이 최초의 국립공원으로 지정된

80   미국 국립공원제도의 역사

지 18년 후인 1890년에서야 가까스로 3개의 새로운 국립공원이 지정된 추세대로라면 개발의 손길이 앞설 것이 확실해 보였다. 당장 조치를 취하지 않는다면 머지않은 장래에 국립공원의 조건에 부합되는 자연은 남아 있지 않을 터였다.

환경보전주의자는 국립공원에 대한 관리가 부실하다는 점에 대해서는 동의했지만 관리 주체의 변경에 대해서는 신중한 입장이었다. 내무부를 대신할 마땅한 연방부서를 찾을 수 없었던 상황에서 관리 주체의 변경을 공론화하면 내무부와 의회의 심기가 불편해질 수 있었다. 관광편의시설을 제외하면 사실상 개발이 금지된 국립공원을 소관업무로 두고자 할 연방부서는 사실상 없었다. 그나마 관심을 가진 연방부서는 농림부(department of agriculture)였지만 산악지형이 대세인 국립공원의 특성상 농지로 전환할 토지가 절대적으로 빈약한 국립공원은 여전히 계륵이나 마찬가지였다. 겉으로는 국립공원에 대한 관심이 없는 것처럼 행동했지만 농림부 산하의 산림국(Bureau of Forestry)은 국립공원에 포함된 숲의 벌채를 허용하는 법률 개정을 암암리에 모색하고 있었다.

국립공원의 관리 주체는 태동 당시부터 내무부로 일원화되어 오늘에 이르고 있지만 숲을 전담하는 부서는 통일되지 않았다. 농림부에서는 산림국(bureau of forestry)을 설치하여 숲을 관리하고 있었고 내무부에서는 산림부(forestry division)라는 조직에서 숲과 관련된 업무를 처리하고 있었다. 농림부 관할의 토지는 대부분 농사에 적합한 평지였지만 숲도 적지 않았기에 산림국을 운영했고 내무부 산하의 토지관리국에서는 숲이 포함된 방대한 국유지를 보유하고 있었기에 산림부라는 조직을 가동하고 있었다. 토지관리국에서는 국유지를 민간에 불하하는 업무에 초점을 맞춘 반면 국유지의 관리는 사실상 손을 놓고 있었다. 숲은 귀중한 자원이었지만 전담부서조차 없이 대기업과 자영농에게 넘겨지고 있었다.

숲의 나무는 미국이 보유한 가장 유용한 자원이었다. 미국의 나무는 버릴 것이 없이 다양한 용도로 사용되었는데 특히 튼튼하게 제작되어야 하는 군함의 재목으로 적격이었다. 미국이 독립하기 전에 영국은 엄청난 양의 나무를 벌채하여 군함제조뿐만 아니라 심지어는 카리브 해의 사탕수수 농장에 수출하기도 했다. 열대우림이 우거지던 카리브 해의 섬에는 사탕수수 플랜테이션 농장이 들어서면서 숲을 밀어 버렸기에 미국으로부터 나무를 수입해야만 했기 때문이었다.[42] 1620년에 미국 동부에 도착한 청교도가 본 빽빽하게 들어선 나무 사이로 빛조차 투과하기 어려운 원시림은 독립을 얻기 전까지는 영국에 의해서 남용되었고 독립 후에는 미국인에 의해 무차별적으로 벌목되었다. 지속가능성의 개념이 공감대를 얻기 전까지 미국인은 숲의 나무를 무한한 자원으로 간주한 탓에 동부의 원시림은 원형을 잃어 버렸다. 미국의 시인 월트 휘트먼(Walt Whitman, 1819~1892)은 「큰 도끼의 노래 *Song of the Broad−Axe*」에서 벌목공의 모습을 묘사했다.[43]

> 도끼를 치켜들어라!
> 꿈쩍도 않던 숲이 부드럽게 움직이기 시작한다.
> 그들은 앞으로 나아간다, 그들은 일어나서 만들어 낸다,
> 오두막을 짓고, 텐트를 치고, 물건을 내리고, 측량을 한다,
> 도리깨질, 쟁기질을 하고, 땅을 파고, 삽질을 한다,
> 지붕을 잇고, 레일을 깐다, 버팀목을 세우고, 널을 댄다, 문설주를

---

42) 아웃워터(2010). 물의 자연사. pp.70~71.
43) 폴란(2009). 세컨 네이처. p.241.

세우고, 윗가지를 엮는다, 벽널을 댄다, 박공을 만든다,
성채, 천정, 응접실, 학교, 풍금, 전시관, 도서관…
주도들 그리고 나라의 수도…
형체들이 그 모습을 드러낸다!

휘트먼이 바라본 숲의 나무는 유용한 자원이었지만 소로(Henry David Thoreau, 1817~1862)에게 숲은 인간 정신의 근원이었다. 에머슨(Ralph Waldo Emerson, 1803~1882)과 더불어 초월주의(transcendentalism) 운동을 주도한 소로는 매사추세츠 주 콩코드 인근의 월든 호숫가에 작은 오두막을 짓고 2년 2개월간 숲에서 생활했다. 에머슨과 소로의 시대에 들어서자 미국의 숲은 더 이상 사악한 기운이 깃든 황량한 공간이 아니었다. 초월주의 운동이 시작되기 전인 1780년에 필립 프레노(Philip Freneau, 1752~1832)는 스스로를 '숲의 철학자'라고 생각했고 1800년대 초에 필라델피아의 의사 벤저민 러시(Benjamin Rush, 1746~1813)도 원시적인 야생의 세계를 동경하면서 사람은 숲으로 돌아가야 한다는 주장을 펼쳤다. 1800년대 초부터 낭만주의의 영향을 받은 미국의 사상가들은 도시에서의 뒤틀린 삶은 숲에서 도덕적인 회복이 가능하다고 주장하고 있었다.44) 2년 2개월 간 숲의 오두막에 정착한 소로는 1851년 12월 30일에 작성한 「어느 나무의 죽음」이라는 제목의 일기에서 휘트먼과는 다른 관점에서 벌목공을 바라보았다.45)

200년이 걸려 하늘 높이까지 자랐던 나무가 오늘 오후 그 생을 마감했다. 올 1월 해빙기 때만 해도 어린 가지들은 날씨가 벌써 풀린 듯 한껏 가지를 펼쳤었는데, 마을에서는 왜 조종(弔鐘)을 울리지

---

44) 아마토(2006). 걷기, 인간과 세상의 대화. p.240.
45) 소로(2005). 산책. pp.122~125.

않는 것일까. 거리에도, 숲 속 오솔길에도 문상의 행렬은 보이지 않는다. 다람쥐는 다른 나무로 이사를 가고 독수리는 더 큰 원을 빙빙 돌다가 내려앉았다. 하지만 그 나무 옆에서는 나무꾼이 또다시 도끼날을 들이대려 하고 있다.

숲을 파괴하는 인간의 손길에 괴로워한 소로의 생각은 사후에서야 서서히 알려졌다. 생전의 소로는 무명에 가까웠던 반면 에머슨은 사상가뿐만 아니라 대중에게도 널리 알려진 유명 인사였다. 에머슨은 그의 저서『자연론 *Nature*』에서 낭만주의적 관점에서 자연을 재조명하기는 했지만 자연의 가치는 인간을 위한 유용함에 달려 있다고 생각했다. 숲을 잠식하려는 문명에 대항한 소로와는 달리 인간의 진보를 긍정적으로 생각한 에머슨에게 숲은 필요하다면 개발해야 할 자원이었다. 에머슨이 생각한 숲의 나무는 남용해서는 안 되지만 그렇다고 소로가 주장한 바처럼 손을 대지 못하는 터부의 대상은 더더욱 아니었다. 이러한 에머슨의 자연관은 초대 산림청장이 된 기포드 핀쇼(Gifford Pinchot, 1865~1946)의 사상에 지대한 영향을 미쳤다.

기포드 핀쇼는 미국 최초의 산림학 전문가였다. 당시만 해도 숲의 나무를 베는 벌목공만 존재하던 시절에 아버지의 권유로 과학적으로 숲을 관리하는 산림학자의 길을 개척한 핀쇼는 예일 대학교를 졸업한 후 프랑스의 국립산림학교(L'Ecole nationale forestiere)에서 수학했다. 프랑스계 이민자인 핀쇼의 할아버지가 미국에서 벌목과 부동산 사업으로 벌어들인 재산을 상속한 기포드 핀쇼의 가문은 그들이 정착한 펜실베이니아 주에서 손꼽히는 대부호였다. 기포드 핀쇼의 아버지는 벌목사업에서 손을 떼고 있었지만 숲의 나무를 남용하여 축적한 재산형성과정에 책임감을 느끼고 있었다. 그는 아들인 기포드 핀

쇼가 정치인이나 변호사로 성공하기보다는 미국 최초의 산림학 전문
가가 되길 원했고, 기포드 핀쇼는 기꺼이 새로운 영역을 개척하기로
마음먹었다.46)

　기퍼드 핀쇼에게 시급한 사안은 숲의 관리를 전담하는 단일부서를
만드는 것이었다. 핀쇼가 생각하기에 마구잡이로 귀중한 국유지를 대
기업에게 넘겨주던 토지관리국의 관할기관인 내무부는 적절한 연방
부서가 될 수 없었다. 그런데 작물재배에 적합한 농지 관리를 강조하
는 농림부에서 산림국은 개점휴업 상태나 마찬가지인 상황이었다. 결
국 기포드 핀쇼의 선택은 농림부였고 존재감이 미약한 산림국을 대
신하여 자율성이 보장된 독자적인 전담기구의 설립을 추진하기로 마
음먹었다. 핀쇼의 생각으로는 숲이 포함된 국립공원의 관리 주체도
내무부에서 농림부의 새로운 산림전담기구로 이전되어야 했다.

　기포드 핀쇼의 계획은 1905년에 농림부의 산하기구로 국립산림청
(National Forest Service)이 창설되면서 현실화되었다. 농림부에 소속
되었지만 농지와는 확연히 다른 관리를 필요로 하는 산림이기에 사
실상 독자적인 기구나 마찬가지였다. 더구나 초대 산림청장으로 임용
된 기포드 핀쇼의 배경에는 시어도어 루스벨트 대통령이 있었다.
1905년에 새로운 임기를 시작한 루스벨트 대통령이 가장 먼저 처리
한 업무목록에 산림청 창설이 있었다. 비록 6살 연하였지만 기포드
핀쇼는 루스벨트 대통령이 가장 신임한 각료이자 친구였기에 산림청
은 독자적인 영역을 개척할 수 있었다.

---

46) Egan(2009), Big Burn, pp.26~27.

1905년에 산림청장으로 임용되기 이전부터 기포드 핀쇼는 자신의 원대한 계획에 어긋나는 정책을 반대했다. 핀쇼는 국립공원의 관리를 전담하는 국립공원관리청의 신설에 적극적으로 반대했다. 1900년과 1902년, 그리고 1905년에 발의된 국립공원관리청의 신설법안은 기포드 핀쇼의 정치적 영향력에 의해 부결되었다. 국립산림청이 발족한 1905년까지 불과 7개가 지정된 국립공원을 관리하기 위해 새로운 전담기구를 설립하는 것은 비효율적이라는 논리를 내세웠다. 무엇보다도 국립공원에는 숲이 포함되어 있으므로 산림청의 소관업무라는 것이 핀쇼의 일관된 생각이었다. 그래서 핀쇼는 1906년과 1907년에 국립공원을 산림청으로 이관하는 법안이 상정되도록 영향력을 발휘했지만 존 레이시(John F. Lacey, 1841~1913)의 영향력에 의해 저지되었다. 레이시는 국립공원관리청의 신설운동을 진두지휘한 하원의원으로 1900년에 상정된 국립공원관리청의 신설법안은 그가 발의한 것이었다.47)

　　기포드 핀쇼가 산림청장으로 재직하고 있는 한 국립공원관리청의 신설은 불가능해 보였다. 동일한 맥락에서 국립공원의 관리 주체를 내무부에서 농림부의 산림청으로 이관하는 것도 불가능했다. 국립공원관리청의 신설을 청원한 환경보전주의자는 난처한 상황에 직면하게 된 것이었다. 국립공원의 효율적인 관리를 위해 국립공원관리청의 신설을 추진하면서 정치적 대치상황의 한가운데 빠져 버린 격이 된 것이었다. 환경보전주의자는 기포드 핀쇼가 산림청장에서 물러나더라도 그의 정치적 영향력이 남아 있는 한 국립공원관리청의 신설은 좌초될 것으로 믿었다. 인간을 위해 유용하게 사용하되 과학적인 관

---

47) Egan(2009). Big Burn. pp.23~24.

리로 지속 가능한 개발을 주장한 기포드 핀쇼의 생각은 광범위한 정치적인 지지를 얻었다. 반면에 관광 목적 이외의 이용을 제한하자는 국립공원의 정신을 내세운 환경보전주의자의 목소리는 공명을 일으키지 못했다.

시어도어 루스벨트 대통령이 퇴임한 지 1년 후인 1910년에 기포드 핀쇼는 신임 대통령인 윌리엄 태프트(William Howard Taft, 1857~1930)에 의해 해임되었다. 그러나 국립공원관리청의 신설에 앞장선 존 레이시가 정계를 은퇴한 후 그를 대신할 만한 영향력 있는 정치인은 즉각적으로 부상되지는 않았다. 비록 해임되었다고는 하지만 의회의 기류는 여전히 핀쇼의 생각에 동조하고 있었고 핀쇼 자신도 해임된 지 12년이 경과된 1922년에 펜실베이니아 주지사로 당선되었다. 핀쇼의 영향력은 여전했지만 국립공원관리청의 신설이 필요하다는 여론도 힘을 얻기 시작했다.

핀쇼의 해임 이후에 진행된 국립공원관리청의 신설운동은 여론지도층에 의해 점화된 후 광범위한 여론의 지지를 얻게 되었다. 당시 상당한 영향력을 인정받던 시민단체인 미국시민협회(American Civic Association)를 이끌던 호라스 맥팔랜드(Horace McFarland, 1859~1948)는 국립공원에 대한 연방정부의 무관심에 깜짝 놀랐다. 1910년에 국립공원에 대한 정보를 얻기 위해 직접 내무부를 방문한 맥팔랜드는 담당자조차 배정되지 않은 점에 놀라움을 금할 수 없었다. 맥팔랜드로부터 전후사정을 듣게 된 내무부 장관인 리처드 발린저(Richard Achilles Ballinger, 1858~1922)는 국립공원관리청의 신설에 힘을 보태기로 약속했고, 맥팔랜드가 협조를 요청한 프레더릭 옴스테드 2세(Frederick Law Olmsted, Jr. 1870~1957)는 흔쾌히 수락했다.48)

옴스테드 2세는 뉴욕 센트럴 파크를 설계한 옴스테드 1세의 아들이었다. 아버지의 가업을 물려받은 옴스테드 2세는 경관설계 전문가로서 평생 동안 국립공원제도의 정착에 혼신의 힘을 기울였다. 맥팔랜드가 국립공원관리청의 신설에 동조하는 정치인을 규합하는 동안 옴스테드 2세는 법안의 초안을 작성했다. 옴스테드 2세는 1872년에 제정된 「옐로스톤법」뿐만 아니라 1865년에 아버지인 옴스테드 1세가 제출한 『요세미티 보고서』를 토대로 국립공원관리청의 설립목적을 다음과 같이 명시했다.

> 국립공원관리청의 설립목적은 자연경관(scenery)과 자연물, 역사유물, 그리고 야생 생물을 보전(conserve)하여 국립공원을 찾을 후손이 향유해야 할 즐거움(enjoyment)을 손상(unimpaired)하지 않는 범위 내에서 방문객에게 즐거움을 제공하는 것이다.

옴스테드 2세가 작성한 국립공원관리청의 설치목적은 자연을 보전(conserve)하는 것이지 보존(preserve)하는 것이 아니었다. 보전(conservation)이란 최소한의 범위 내에서 인간이 개입하여 자연을 관리하는 방식인 반면, 보존(preservation)은 자연을 있는 그대로 관리하는 방식을 말한다. 1872년에 제정된 「옐로스톤법」에는 보존(preservation)만 언급되어 있고 1864년에 제정된 「요세미티법」에서도 보존, 그리고 1865년에 제출된 『요세미티 보고서』에서도 보존은 등장하지만 보전(conservation)은 전혀 언급되지 않았다. 비록 의회에서는 「요세미티법」과 「옐로스톤법」을 제정하면서 자연을 있는 그대로 관리하라는 보존을 역설했지만 실상은 필요 이상의 개발이 진행되었다. 옴스테드 2세의 판단으로는 이상적인 보존을 내

---

48) Righter(2006), Battle over Hetch Hetchy, p.193.

세우기보다는 현실을 반영하는 보전이 바람직했다. 그리고 기포드 핀쇼의 사상과 유사한 보전을 전제로 하는 것이 정치권의 지지를 얻기에도 용이했다.

국립공원관리청이 보전해야 할 첫 번째 대상은 자연경관(scenery)이고 뒤이어 자연물과 역사유물, 그리고 야생 생물이 명시되었다. 옴스테드 2세가 가장 중요한 보전대상으로 거론한 자연경관은 그의 아버지가 작성한 『요세미티 보고서』에서는 빈번히 언급되었지만 「요세미티법」과 「옐로스톤법」에서는 전혀 등장하지 않은 용어였다. 요세미티의 매력은 허드슨 강 화파의 그림에서 볼 수 있는 아름다운 자연경관이라고 생각한 옴스테드 1세의 생각을 계승하여 모든 국립공원에 확대 적용하고자 한 것이었다. 옴스테드 2세에 의해 우선순위가 매겨진 보전대상은 곧이어 발족한 국립공원관리청에 의해 충실히 지켜졌다. 자연경관을 방해하는 케이블카나 로프웨이 등은 어떠한 경우에서든지 용납되지 않고 있다. 그러나 중요도가 가장 뒤떨어진 보전대상인 야생 생물은 곰이나 미국들소, 엘크처럼 관광객에게 즐거움을 줄 수 있는 극소수의 동물만이 관심을 받는 대상이었다. 이러한 잘못된 관행은 심각한 부작용이 야기된 1960년대 이후에서야 개선되었다.

옴스테드 2세에게 자연의 보전이란 인간에게 즐거움을 주기 위한 것이지 자연의 내재적 가치를 인정한 것은 아니었다. 자연경관과 자연물, 역사유적, 그리고 야생 생물은 인간에게 즐거움을 주는 수단이 되어야만 보전의 대상이 된다는 것이었다. 그의 생각은 소로보다는 에머슨, 뮤어보다는 핀쇼의 이념에 가깝다. 옴스테드 2세는 자연환경을 인위적으로 재구성하는 경관설계 전문가이지 존 뮤어와 같은 환경보전주의자가 아니었다. 1910년에 국립공원관리청의 신설운동을 시작한 맥팔랜드가 환경보전주의자인 뮤어 대신에 옴스테드 2세를 선택한 것은 정치적인 고려도 작용했다. 당시 뮤어의 모든 관심은 요세미티 국립공원 내의 헤츠헤치(Hetch Hetchy) 계곡에 댐을 건설하려는 샌프란시스코 시의 계획을 저지하는 운동에 집중되어 있었다. 뮤어가 이끌던 시에라 클럽(Sierra Club)은 전국적인 조직으로 성장하기 이전인지라 댐 건설을 저지하는 운동을 결집하는 것조차 쉽지 않았던 상황이었다. 또한 뮤어가 댐 건설을 반대하면서 샌프란시스코 시뿐만 아니라 서부 전역에서 타도되어야 할 인물로 비쳐진 점도 맥팔랜드의 선택에 영향을 미쳤다.

옴스테드 2세는 현 세대의 즐거움은 미래세대의 가능성을 손상(impaired)시키지 않는 범위 내에서 행해져야 함을 명시했다. 이처럼 미래세대에게 잠재력을 남겨 주어야 한다는 생각은 현재 논의되고 있는 지속 가능한 개발(sustainable development)의 개념과 일치하고 있다. 1987년에 공개된 『우리 공동의 미래 *Our Common Future*』라는 제목의 보고서에서 지속 가능한 개발이란 "미래세대의 욕구충족을 훼손하지 않는 범위 내에서 현 세대의 욕구를 충족하는 것"으로 정의되어 있다. 그런데 미래세대의 가능성을 손상(impaired)시키지 않는 범위는 해석하기 나름으로 곧이어 설립된 국립공원관리청이 설정한 손상의 기준은 어찌 보면 개발과 다름없다는 평가도 나오게 되었다.

1910년에 내무부에서 찬밥신세인 국립공원의 위상에 놀란 맥팔랜드는 그가 이끌던 시민단체의 영향력을 십분 이용하여 정치권의 동조를 넓게 되었다. 센트럴 공원 설계자로서 명성과 존경을 얻은 옴스테드 1세의 뒤를 이은 옴스테드 2세의 적극적인 협조를 얻어낸 것도 「국립공원관리청 설치법」의 통과에 지대한 영향을 미쳤다. 이처럼 여론지도층의 노력 이외에도 국립공원을 바라보는 호의적인 여론도 무시할 수 없는 중요한 요인이었다. 1910년을 즈음하여 국립공원을 방문하는 관광객이 부쩍 증가했을 뿐만 아니라 국립공원의 자연경관을 미국인의 자부심 및 정체성과 결부하면서 국립공원의 위상정립은 시급한 과제로 대두되었다.

1910년을 기점으로 국립공원의 방문객이 증가한 요인은 철도회사에서 홍보한 슬로건이 지대한 영향을 미쳤다. 글레이서 국립공원(Glacier National Park)을 경유하는 노선을 운영하던 그레이트 노던 철도회사(Great Northern Railway)가 탑승객 증가를 기대하여 채택한 내 나라 먼저 보기(See America First)라는 슬로건이 대인기를 얻게 되었다. 당시만 해도 상류층은 자녀를 유럽의 학교로 유학을 보내거나 최소한 유럽여행은 통과의례처럼 준수하고 있었다. 여전히 유럽문화의 그늘에 안주하는 상류층에게 '내 나라 먼저 보기'라는 슬로건은 도덕적인 각성을 불러일으켰다. 대략 1825년부터 1875년까지 활동한 허드슨 강 화파가 묘사한 미국의 자연경관이야말로 유럽의 문화와 대항할 수 있다는 인식은 '내 나라 먼저 보기'라는 슬로건에 의해 공감대를 형성하게 되었다. 허드슨 강 화파의 그림은 매체의 특성상 간접경험이라는 한계에 봉착했지만 국립공원으로 지정된 자연경관을 직접 보게 된 미국인은 커다란 자부심을 지니게 되었다.[49]

'내 나라 먼저 보기'라는 슬로건은 곧이어 관광업계에서 광범위하게 활용되었다. 1914년에 유럽에서 1차 세계대전이 발발하여 유럽관광시장이 위축되면서 '내 나라 먼저 보기'는 더 이상 선택의 여지가

---

49) Shaffer(2001), Seeing America First, p.165.

없었다. 유럽의 유명한 관광명소인 로마의 콜로세움이나 그리스의 파르테논 신전과 비교해도 미국의 국립공원이 뒤쳐질 것이 없다는 인식이 확산되었다. 기차라는 편리하고 안전한 교통수단으로 국립공원에 도착한 관광객들은 더 이상 불편을 감수할 필요 없이 숭고한 아름다움에 빠질 수 있게 되었다. 그리고 기차뿐만 아니라 무서운 속도로 대중화되기 시작한 자동차의 등장으로 큰돈 들이지 않고서도 여행을 할 수 있게 되자 국립공원의 방문객은 급속히 증가했다. 국립공원의 방문객이 증가할수록 각종 편의시설의 설치를 요구하는 관광객의 목소리가 내무부와 의회를 쩌렁쩌렁하게 울리게 되었다. 미국인의 자부심과 정체성을 고양시키는 국립공원의 자연경관은 정치권으로서는 소중히 다뤄야 할 보물이었던 것이다.

옴스테드 2세가 초안을 작성한 「국립공원관리청 설치법 *National Park Service Organic Act*」은 대통령인 우드로 윌슨(Thomas Woodrow Wilson, 1856~1924)의 재가를 얻은 1916년 8월에 발효되었다. 마침내 미국은 내무부 산하 기관으로 국립공원의 관리를 전담하는 기구를 창설하게 되었다. 이로서 국립공원마저 산림청에서 관리하는 걸 꿈꾸던 기포드 핀쇼의 계획은 좌절되었다.

7. 국립공원관리청의 초창기 청장들

1917년에 발족한 국립공원관리청(National Park Service)의 초대 청장으로 스티븐 마더(Stephen Tyng Mather, 1867~1930)가 임용되었다. 맥팔랜드 및 옴스테드 2세와 더불어 스티븐 마더는 국립공원관리청의 창설을 이끌어 낸 장본인이라고 할 수 있다. 초대 국립공원관리청장으로 임용되기 전에 스티븐 마더는 국립공원의 관할부서인 내무부의 차관보(assistant secretary)였다. 스티븐 마더가 공직에 진출한 시기는 47세가 되던 1914년이었다. 그는 붕산(borax) 제조회사에서 마케팅 담당자로 근무하면서 대인기를 얻게 된 브랜드명을 개발하여 백만장자가 되었다. 당시 데스밸리(Death Valley)에서 채굴된 붕산은 가까운 기차역까지 노새가 끄는 마차에 실려 이동하다가 붕산광산까지 철도노선이 연장되면서 노새마차는 퇴역하게 된 시점이었다. 스티븐 마더에게 황량한 데스밸리에 어울리는 이미지는 철도가 아니라 노새마차였다. 그가 개발한 20마리 노새마차가 수송한 붕산(20 Mule Team Borax)이라는 브랜드 명칭과 로고를 사용한 붕산제품은 엄청난 판매고를 올렸다. 스티븐 마더의 마케팅 전략은 개척시대를 그리워하는 도시인의 향수를 자극하여 대성공을 거두었다.

도시인의 정서를 꿰뚫을 수 있었던 스티븐 마더는 샌프란시스코 출신으로 UC버클리에서 문학을 전공했다. 졸업 후 『뉴욕 선(*New York Sun*)』지에서 기자생활을 하다가 아버지가 임원으로 근무하던 붕산 제조회사에 입사한 그는 소비자에게 와 닿는 마케팅 전략을 개발한 덕택에 머지않아 백만장자가 될 수 있었다. 서부 출신으로 어렸을 적부터 자연에 대한 깊은 애정을 가지고 있었던 마더는 1905년에 시에라 클럽에 가입했고 요세미티의 헤츠헤치 댐 건설을 다룬 공청회에도 참석한 바 있었다. 1912년에 세쿼이아 국립공원(Sequoia National Park)에서 만난 시에라 클럽의 영적인 지도자인 뮤어로부터 깊은 감명을 받은 마더에게 국립공원은 소중히 지켜야 할 성스러운 공간이 되었다. 뮤어를 만난 지 2년 후인 1914년의 여름에 세쿼이아와 요세미티 국립공원을 방문한 마더는 국립공원의 열악한 실상을 접하고 놀라움을 금치 못했다.[50] 그가 곧바로 관할부서의 장관인 프랭클린 레인(Franklin Knight Lane, 1864~1921)에게 항의성 편지를 우송하자 레인 역시 일종의 도발성 답신으로 응수했다. 내무부 장관인 레인의 답신은 마더에게 국립공원의 문제점을 직접 해결해 볼 의향을 타진하는 내용이었다. 마더가 즉각 수락하면서 내무부 차관보로 임용되었다.

프랭클린 레인은 스티븐 마더의 대학 동문이었다. 내무부 장관인 레인은 공전의 히트를 기록한 마더가 개발한 브랜드 명칭에 대해 잘 알고 있었다. 프랭클린 레인은 신문기자 출신으로 소비자의 심리에

---

50) Albright & Schenck(1999), Creating the National Park Service, p.33.

정통한 스티븐 마더의 능력이 가세하면 국립공원관리청의 신설운동
이 탄력을 받게 되리라는 점을 알고 있었다. 내무부에 합류한 마더의
열정은 심지어 프랭클린 레인이 예상했던 수준보다 훨씬 높았다. 내
무부 차관보로 임용된 마더가 명목상 1달러의 연봉만 받기로 한 것은
이해할 만했다. 그런데 마더 자신도 홍보 전문가였지만 조직적인 홍
보마케팅을 구상한 마더는 로버트 야드(Robert Sterling Yard, 1861~1945)
를 영입했다.

　로버트 야드는 상당한 명성을 얻은 언론인으로 마더가 잠시 『뉴욕
선』 지의 기자로 재직하던 시절에 함께 근무한 경험이 있었다. 마더는
1달러의 연봉에 만족하면서 로버트 야드에게 지급한 5,000달러의 연봉
도 부담했다. 언론계 요지에 연줄이 있었던 로버트 야드는 곧바로 국
립공원의 가치와 국립공원관리청의 필요성을 제기하는 보도 자료를 쏟
아 내기 시작했다. 『내셔널 지오그래픽(National Geographic Magazine)』
지는 1916년 4월호를 국립공원 특집으로 발행했다. 국립공원관리청이
발족한 이후인 1917년부터 1919년까지 1,000건 이상의 보도 자료가 언
론에 의해 기사화되었다. 1916년에는 사진이 첨부된 최고급 안내서인
『국립공원 포트폴리오 National Park Portfolio』를 275,000부를 발행하
여 의회를 비롯한 여론지도층에게 무료로 발송했다. 그리고 일반대중
에게는 『우리 국립공원의 단면 Glimpses of Our National Parks』이라
고 명명된 수백만 부의 보급판을 배포했다. 안내서 발행에 소요된 비
용은 철도회사와 스티븐 마더가 공동으로 부담했다.51)

　국립공원을 향한 열정과 상당한 개인재산까지 지출한 스티븐 마더

---

51) Sutter(2004). Driven Wild. pp.102~104.

가 초대 국립공원관리청장으로 임용된 것은 당연한 수순이었다. 마더에게 국립공원관리청의 신설은 끝이 아니라 시작이었을 뿐이다. 미국 전역에 인간의 손길이 미치지 못하는 장소가 급속히 사라지면서 하루속히 조치를 취하지 않는다면 국립공원에 적합한 자연은 남아 있지 않을 터였다. 국립공원의 추가 지정이 이루어지려면 지정권한을 갖고 있는 의회를 움직여야 한다는 점을 인식한 마더의 전략은 대중의 공감대를 얻는 것이었다. 보다 많은 미국인들이 국립공원에서 만족스런 경험을 할 수 있다면 유권자의 청원에 민감한 의회 정치인의 설득이 용이해질 것으로 판단했다. 초대 국립공원관리청장으로 임용된 마더가 생각한 당면과제는 접근성의 개선이었다. 국립공원제도는 철도회사로부터 도움을 받았지만 철도회사의 독점구조를 해체하지 않고서는 관광객의 급속한 증가는 불가능해 보였다. 비록 안락한 여행이지만 철도요금은 적지 않은 부담이었고 무엇보다도 기차역 인근의 숙박시설을 선택할 수밖에 없는 구조도 저렴한 관광을 저해하는 요인이었다.

스티븐 마더에게 자동차 여행은 국립공원제도에도 부합되는 면이 있었다. 국립공원을 제대로 즐기려면 국립공원의 구석구석을 누비고 다녀야 한다고 생각한 마더로서는 기차역 인근의 숙박시설은 문명사회 그 자체였다. 요세미티를 대도시의 병폐를 치유할 수 있는 공간으로 여긴 옴스테드 1세의 생각을 공유한 마더였기에 가급적 국립공원 내에서 숙박하는 것이 바람직했다. 마더로서는 국립공원 내에 숙박시설을 증축하기보다는 야영장을 조성하는 것이 적절한 관리라고 생각했다. 갖가지 야영에 필요한 장비를 적재할 수 있는 자동차가 아니고선 야영장을 찾기도 불편할 수밖에 없는 점을 인식한 마더는 곧바로 자동차 여행을 장려하고 나섰다.

ⓒ NPS Historic Photograph Collection

[사진 3] 요세미티 계곡의 야영장(1920년경)

　자동차를 이용한 국립공원 방문이 활성화되려면 기반시설의 구축은 불가피했다. 도시로부터 국립공원 입구 바로 앞에 도착할 수 있도록 고속도로의 신설이 필요했다. 마더는 의회를 상대로 고속도로가 국립공원 경계를 경유하도록 로비를 벌였다. 그리고 국립공원 내의 원활한 통행을 위해 공원도로를 신설하고 기존 공원도로의 폭을 넓히는 사업에도 신경을 기울였다. 국립공원에서 도로 개설은 환경 훼손을 초래하지만 방문객의 편의를 최우선시한 마더에게 도로와 자동차는 국립공원의 이념과도 일치했다. 국립공원을 경유하는 철도노선의 독과점은 공유지의 정신에도 맞지 않았다. 국립공원은 모든 부류의 미국인들에게 열려 있어야 할 공유지가 되어야 하기에 국가에서 개설한 도로를 달리는 자동차 여행은 공공공원을 지향하는 국립공원의 이념에 부응하는 것으로 받아들여졌다.

스티븐 마더가 국립공원청장으로 취임한 1917년을 즈음하여 자동차는 중산계층의 필수품으로 자리 잡아 가고 있었다. 1900년에 등록된 자동차 대수는 8,000대 안팎이었지만 1913년에는 100만 대로 파악되었다. 1922년에는 1,000만 대를 돌파했고, 1929년에 등록된 자동차 대수는 2,200만 대였다. 국립공원으로 진입한 자동차 대수는 집계가 시작된 1918년에 54,000대에서 1925년에는 368,000대로 증가했다.[52]

가히 폭발적인 신장이라고 말해도 무방할 만큼 자동차의 급속한 보급의 배경에는 소득수준의 향상과 더불어 고속도로의 확충이 있었기에 가능했다. 미국의 경제성장은 대공황이 강타한 1929년이 오기 전까지 멈출 기미를 보이지 않았다. 눈부신 경제발전 덕분에 개인의 가처분 소득과 여유시간의 증가는 자동차의 구매 욕구를 자극했다. 그리고 1916년에 연방기금으로 고속도로 건설비용을 지원하는 「고속도로 건설을 위한 연방기금지원법 *Federal Aid Highway Act*」의 제정은 장거리 자동차 여행을 활성화시키게 되었다.[53]

1917년에 국립공원관리청이 창설되기 전부터 자동차의 진입은 이미 허용되어 있었다. 1908년에 레이니어 국립공원(Mount Rainer National Park)을 필두로 1913년에는 요세미티 국립공원, 그리고 1915년에는 옐로스톤 국립공원에서도 허용되었다. 국립공원의 관리자들은 자동차가 국립공원에 미치는 양면성을 충분히 이해하고 있었다. 그래서 가장 먼저 자동차의 진입을 허용한 레이니어 국립공원에서는 5달러의 비용을 청구하는 관리방식을 적용하기도 했다. 당시에 5달러의 주

---

52) Miles(2009), Wilderness in National Parks, p.34.
53) Sutter(2004), Driven Wild, p.24.

차요금은 예상을 웃도는 거액이었다.[54] 국립공원의 대중적인 지지기 반 확산에 전력을 다하던 존 뮤어로서도 자동차의 진입은 불가피한 것으로 받아들였다. 뮤어는 자동차에게 뭉툭한 코를 가진 기계 딱정벌레(blunt-nosed mechanical beetles)라는 이름을 붙여 주기도 했다.

국립공원관리청장으로 취임한 스티븐 마더는 시급한 당면과제였던 접근성이 해결의 실마리를 찾아가자 공원 내부로 눈길을 돌렸다. 그는 국립공원과는 멀리 떨어진 도시인을 보다 많이 유치하기 위해서는 레크리에이션 활동도 다변화되어야 한다고 생각했다. 국립공원

ⓒ NPS Historic Photograph Collection

[사진 4] 엘로스톤의 유료입장 스티커를 부착한 자동차(1922년경)

---

54) Sutter(2004). Driven Wild. p.106.

의 자연경관은 최상의 매력요인임에는 틀림없지만 능동적인 야외활
동을 선호하는 도시인을 유치하기는 어렵다고 판단했던 것이다. 스티
븐 마더는 천혜의 아름다운 자연경관을 눈으로 감상하는 관광과 아
울러 몸소 체험할 수 있는 스포츠관광의 활성화를 모색했다. 허드슨
강 화파의 그림뿐만 아니라 높은 화소를 자랑하는 사진이 등장한 마
당에 시선으로만 즐기는 활동으로는 관광객의 유치는 한계에 봉착할
것이 명확했다. 그래서 옐로스톤 국립공원에 골프장과 수영장을 조성
하려는 민간 사업자의 계획에 동조하기도 했다. 요세미티 국립공원에
도 골프장과 육상트랙을 조성하는 계획도 적극적으로 찬성했다. 뿐만
아니라 요세미티 국립공원을 찾는 관광객에게 야간 볼거리로 900m
높이의 절벽에서 불덩이를 떨어뜨리는 이벤트를 개발하기도 했다. 마
더가 제안한 야간 볼거리는 내무부 장관에 의해 금지된 1968년까지
인기 있는 이벤트였다.[55]

스티븐 마더는 국립공원의 방문객 숫자를 단기간에 늘리기 위해
공원 내외부의 접근성 개선과 아울러 레크리에이션의 다변화를 모색
했다. 여전히 스포츠사냥을 즐기는 미국인이 적지 않은 점에 착안한
마더는 동물사냥이 금지된 국립공원의 호수와 강에서 낚시를 허용하
기도 했다. 옐로스톤과 요세미티, 글레이셔 국립공원 등에는 인공부
화장을 운영하여 호수와 강을 찾은 강태공에게 실망을 안겨 주지 않
도록 배려했다. 이러한 인공부화장이 생태계를 교란할 수 있다는 점
을 알고 있었지만 마더의 보전대상 목록에서 야생생물은 가장 낮은
위치에 놓여 있었다. 마더는 옴스테드 2세가 작성한 「국립공원관리청

---

55) Pitcaithley(2001), A Dignified Exploitation, p.304.

설치법」의 정신을 충실히 실천하고 있었던 것이다. 마더에게 가장 중요한 보전대상은 자연경관의 원형을 유지하는 것이었다.

국립공원관리청의 부서 중에서 가장 영향력 있는 부서는 경관공학부(Landscape engineering department)였다. 1918년에 스티븐 마더의 지시에 의해 설치된 경관공학부는 사실상 국립공원관리청의 정체성을 상징하는 것이나 마찬가지였다. 그런데 국립공원에 골프장과 수영장, 육상트랙, 그리고 인공부화장의 설치도 반기던 마더에게도 용인할 수 없는 개발이 딱 하나 있었다. 스티븐 마더는 자연경관의 가치를 저감하는 어떠한 인공시설물의 설치도 허용하지 않았다. 1919년에 샌프란시스코의 조지 다볼(George Davol)이라는 공학자가 제안한 그랜드 캐니언의 케이블카 계획은 즉각 거부되었다. 옐로스톤 국립공원에는 폭포의 상단에 오를 수 있도록 높이 90m의 엘리베이터를 설치하려는 계획도 반려되었다. 요세미티 국립공원에서 경관이 가장 아름다운 장소인 요세미티 협곡과 글레이셔 포인트를 연결하는 트램웨이(tramway)의 설치도 거부되었다. 요세미티 국립공원의 트램웨이 설치계획은 후버(Herbert Hoover, 1874~1964) 대통령과 내무부 장관인 윌버(Ray Lyman Wilbur, 1875~1949)가 후원했지만 스티븐 마더의 분신으로 불리는 2대 청장인 호라스 올브라이트(Horace Marden Albright, 1890~1987)에 의해 무산되었다. 국립공원에 케이블카를 설치하려는 계획은 종종 재등장했지만 국립공원관리청에 의해 거부되었다.[56]

국립공원관리청의 초대 청장인 스티븐 마더의 열정은 건강에 치명적이었다. 내무부의 차관보로 근무하면서 1917년에 국립공원관리청

---

56) Pitcaithley(2001), A Dignified Exploitation, p.305.

을 발족시킨 직후에 마더는 심각한 신경쇠약 증세를 보여 업무를 맡을 수 없을 정도였다. 그래서 그가 요양을 취한 근 2년간 부청장으로 임용된 호라스 올브라이트가 업무를 대행했다. 1929년에 또다시 심각한 신경쇠약에 걸린 스티븐 마더를 대신하여 올브라이트가 2대 청장으로 취임했다. 스티븐 마더는 1930년에 그토록 사랑하던 국립공원을 남겨 두고 사망했다.

스티븐 마더의 사상을 계승한 올브라이트의 당면과제는 국립공원관리청의 권한을 강화하는 것이었다. 전임자인 마더와 함께 국립공원에 필요한 기반시설의 확충을 진두지휘한 올브라이트는 국립공원관리청의 관할범위를 확대할 계획을 세웠다. 그는 「국립공원관리청 설치법」에서 보전대상으로 언급된 자연경관, 자연물, 역사유적, 그리고 야생생물 중에서 역사유적에 초점을 맞추었다. 마더와 함께 자연경관과 자연물의 보호에 앞장선 올브라이트는 「유물보호법 *American Antiquities Act of 1906*」에 의해 제정된 국가기념물(national monument)의 관리권한을 국립공원관리청으로 이전하는 계획을 수립했다. 당시만 해도 국가기념물의 상당수는 국유림에 소재하고 있던 관계로 산림청에서 관리하고 있었다. 국립공원관리청이 국가기념물의 일원화된 관리 주체가 되어야 한다는 올브라이트의 계획은 1933년에 새로 취임한 프랭클린 루스벨트(Franklin Delano Roosevelt, 1882~1945) 대통령에 의해 성사되었다. 국립공원뿐만 아니라 국가기념물의 관리도 도맡게 된 국립공원관리청은 어느덧 국립산림청과 어깨를 나란히 할 수 있게 되었다.

2대 청장으로 취임한 호라스 올브라이트의 재임기간은 길지 않았다. 1933년에 국립공원관리청장직을 사임한 올브라이트의 뒤를 이어 아르노 캠머러(Arno Cammerer, 1883~1941)가 3대 청장으로 임용되었다. 1933년에 취임한 후 1940년에 사직한 캠머러의 재임기간은 대공황의 시기와 일치했다. 1929년 10월 24일에 뉴욕주식거래소의 주가가 대폭락하면서 시작된 대공황으로 기업은 줄도산하고 전대미문의 실업자들이 거리에 쏟아졌다. 프랭클린 루스벨트 대통령이 취임한 지 17일 후에 의회에 상정된 「긴급보전법 *Emergency Conservation Act*」은 10일 후에 승인되면서 민간자원보전단(Civilian Conservation Corps)이 창설되었다. 청년 실직자를 대상으로 일자리를 제공하는 것을 목적으로 창설된 민간자원보전단은 명칭에서 알 수 있듯이 보전(conservation)활동에 투입되었다. 그리고 보전활동의 대상지는 주로 국립산림청의 국유림이나 국립공원관리청의 관할구역인 국립공원과 국가기념물 대상지였다.

국유림과 국립공원에 투입된 민간자원보전단이 수행한 보전활동은 사실상 개발에 가까웠다. 미국 전역의 국립공원에 분산 배치된 민간자원보전단의 주요 활동은 도로와 하천정비에 집중되었다. 국립공원에서는 관광객의 편의를 위한 탐방로를 개설하고 국유림에서 임도를 개설하는 활동은 분명 보전과는 거리가 멀었다. 민간자원보전단이 창설된 1933년에 35,000명의 청년들은 국립공원에서 150건 이상의 프로젝트를 수행했다. 2억 에이커(약 81만㎢)의 방대한 면적의 국유림에는 200,000명이 투입되었다.[57] 1933년에 공공사업부(Public Works Administration)의 관리권한이 내무부로 이전되면서 국립공원은 민간자원보전단의 인력과 공공사업부로부터 예산을 지원받게 되었다. 국립공원에 이처럼 많은 인원과 예산이 한꺼번에 집행된 것은 전례가 없는 일이었다.

---

57) Sutter(2004). Driven Wild. p.48.

ⓒ NPS Historic Photograph Collection

[사진 5] 로키 마운틴 국립공원의 민간자원보전단(1933년경)

　3대 청장인 캠머러는 초대 청장인 스티븐 마더의 듬직한 조력자였기에 창설된 민간자원보전단을 적극적으로 활용했다. 창설된 지 9년 후인 1941년에 해체되기 전까지 민간자원보전단이 수행한 프로젝트는 가히 국립공원의 지형을 바꿀 정도에 이르렀다. 민간자원보전단의 활약으로 국립공원에서 인공적인 시설물의 흔적을 발견하기란 어렵지 않게 되었다. 민간자원보전단(Civilian Conservation Corps)은 국립공원관리청에 의해 민간자원개발단(Civilian Development Corps)으로 변질된 것이나 마찬가지였다. 대공황의 여파로 실직하거나 직장을 찾지 못해 자긍심을 잃은 청년들의 일자리를 국립공원에 마련한 것은 숭고한 아름다움이 느껴지는 광활한 자연에서 생활하다 보면 자부심과 정체성의 고양이 가능하다고 생각한 프랭클린 루스벨트의 의도는 빛나가고 있었다. 바야흐로 3대 청장 캠머러의 교체는 불가피했다.

3대 청장 캠머러의 빈자리를 채운 새로운 청장은 뉴턴 드루어리 (Newton Drury, 1889~1978)였다. 그런데 드루어리는 3대 청장으로 취임할 수도 있었다. 1933년에 국립공원관리청장의 임용권한을 갖고 있는 내무부에서는 호라스 올브라이트의 사직으로 공석이 된 3대 청장의 자리를 드루어리에게 제안했다. 그러나 드루어리가 정중히 사양하자 아르노 캠머러가 3대 청장으로 임용된 것이었다. 1940년에 내무부로부터 국립공원을 위해 일해 줄 것을 부탁받은 드루어리는 4대 청장으로 취임했다. 1917년에 창설된 국립공원관리청의 역대 청장이 모두 국립공원에서 경력을 쌓은 조직 구성원이라면, 1940년에 4대 청장으로 취임한 드루어리는 외부인이었다. 비록 국립공원관리청의 일원으로 근무한 경력은 없지만 개발의 손길로부터 미국삼나무를 보전한 그의 노력은 높이 평가받고 있었다.

뉴턴 드루어리와 초대 청장 스티븐 마더는 우연의 일치인지 다수의 공통점을 공유했다. 샌프란시스코를 고향으로 둔 점이라든지 UC 버클리에서 수학했고 무엇보다도 졸업 후 홍보전문가로 근무한 경력이 있다는 점이었다. 스티븐 마더는 뉴욕선紙에서 잠시 기자생활을 한 후 붕산제조회사의 홍보마케팅 전문가로 일했다. 1919년에 광고홍보회사를 설립한 드루어리는 막 발족한 미국삼나무보호연맹(Save-the-Redwood-League)의 실질적인 운영을 맡게 되면서 환경보전운동에 관여하게 되었다. 드루어리가 미국삼나무보호연맹에 관여하게 된 이유는 이 연맹을 발족한 발기인과는 대학 재학 시절부터 잘 알고 지내던 사이였기 때문이었다. 드루어리의 능력과 열정에 감탄한 유력 인사들은 보호기금을 아낌없이 기부했고 입법지원도 이끌어 낼 수 있었다. 이런 점에서 뉴턴 드루어리는 스티븐 마더를 닮았지만 보전의 개념을 해석하는 방식은 다소 달랐다.

뉴턴 드루어리는 스티븐 마더의 열정에 깊은 인상을 받았다. 국립공원관리청의 신설에 주도적인 역할을 했고 단기간에 국립공원의 지지기반을 넓힌 마더의 열정은 드루어리에게도 전달되었다. 1919년에 미국삼나무보호연맹의 운영을 맡게 된 드루어리에게 당시 초대 청장이었던 마더는 격려를 아끼지 않았다. 스티븐 마더는 막 자연보전에 뛰어든 드루어리에게 정신적 지주였던 것이다. 드루어리의 생각으로는 3대 청장으로 취임한 아르노 캠머러의 국립공원은 스티븐 마더의 정신을 왜곡하는 것이었다. 국립공원을 누구나 이용할 수 있는 공유지로 만들기 위해 도로를 정비하고 편의시설을 확충한 마더와는 달리 캠머러의 국립공원에서는 '공유지의 비극'이 일어나고 있다고 생각한 것이었다. 대공황에 시름하던 미국경제의 재건을 위해 창설된 민간자원보전단의 잠재력이 잘못된 방향으로 인도되었다는 생각은 드루어리뿐만 아니라 내무부 장관도 공유하고 있었다. 드루어리에게는 더 늦기 전에 국립공원의 원형훼손을 막아야 하는 막중한 사명이 기다리고 있었다.

드루어리가 4대 청장으로 취임한 지 1년 후에 민간자원보전단은 해체되었다. 더 이상 일자리를 제공할 필요성이 없어져서가 아니라 미국이 2차 세계대전의 회오리에 빠져들었기 때문이었다. 1941년 12월에 하와이 진주만이 기습공격을 받은 후 전시체제로 전환된 미국에서 중요도가 낮은 사업은 취소되거나 연기되었다. 국립공원에서 탐방로를 개설하고 각종 편의시설물을 확충하던 민간자원보전단의 프로젝트는 반드시 필요한 사업으로 여겨지지 않았다. 무엇보다도 신체

건강한 군인이 필요한 전시상황에서 젊은 청년들로 구성된 민간자원보전단이 향할 곳은 군대였다. 산악지형의 국립공원과 국유림에서 강인한 체력을 갖게 된 민간자원보전단은 곧바로 투입할 수 있는 예비전력이었다. 드루어리에게 고민을 안겨 주었던 민간자원보전단은 예기치 못한 전쟁의 발발로 해체되었다.

민간자원보전단의 해체가 개발의 종식으로 이어진 것은 아니었다. 오히려 보다 강력한 개발의 손길이 국립공원의 견고한 빗장을 흔들기 시작했다. 어떤 수단을 동원해서라도 군수물자의 조달이 허용된 전시체제에서는 국립공원이라고 예외가 될 수 없었다. 군대에서는 상당수의 국립공원에서 보호되고 있는 숲의 나무를 원했다. 특히 비행기의 경량화를 위해 가벼우면서도 튼튼한 목재인 가문비나무(Sitka Spruce)가 필요한 군대는 당연히 모든 국립공원의 이용권한을 주장했다. 4대 청장인 드루어리는 전례가 없는 개발압력에서 국립공원을 지키기 위해 혼신의 힘을 기울였다. 전시체제라는 특수성을 감안하여 가문비나무의 군락지인 올림픽 국립공원(Olympic National Park)에서의 부분적인 벌목은 허용했다. 그리고 요세미티 국립공원에서의 텅스텐 광산 운영과 데스밸리에서의 소금 채굴도 허용했다. 드루어리에게 이런 조치는 어쩔 수 없이 취해진 최소한의 예외였고 국립공원의 특수성이 반영되도록 최선을 다했다.[58]

드루어리의 선택은 전시체제를 부정하거나 거부한 것이 아니라 국립공원의 특수성이 반영된 협력방안의 모색이었다. 미군의 참전으로 전시체제로 전환된 사회에서 한가롭게 국립공원을 찾는 관광객의 급

---

58) Carr(2007), Mission 66, p.31.

감으로 개점휴업하게 된 숙박시설의 일부를 요양소로 활용하는 방안
이 실현되었다. 요세미티의 유서 깊은 아와니 호텔(Ahwahnee Hotel)
은 전장에서 트라우마(trauma)를 경험한 군인들을 위한 요양소로 운
영되었다. 드루어리의 노력 덕분에 전시체제에서도 국립공원은 대부
분 원형을 유지할 수 있었다.

   1945년에 2차 세계대전이 종식되면서 국립공원에도 더 이상 군대
의 압력은 미치지 않게 되었다. 드루어리는 민간자원보전단과 군대에
의해 훼손된 국립공원의 원형 회복을 꾀하는 프로젝트를 계획하여
정부에 제출했지만 전혀 받아들여지지 않았다. 새로 취임한 대통령인

ⓒ NPS Historic Photograph Collection

[사진 6] 요세미티에서 요양 중인 군인들(1943년경)

해리 트루먼(Harry S. Truman, 1884~1972)에게 국립공원의 보전에 투자할 예산이라고는 없었다. 트루먼 대통령의 유일한 관심은 전후복구와 경제성장에 국한되어 있었다. 경제성장에 필요하다면 국립공원도 예외가 될 수 없다는 인식을 갖고 있던 트루먼 대통령은 국립공원관리청에서 관리하고 있는 다이너소어 국립기념공원(Dinosaur National Monument)에 댐을 설치할 계획을 밀어붙였다. 경제발전을 위해 수자원이 필요하다면 국립공원과 국립기념공원에도 댐을 설치할 수 있다는 트루먼의 계획에 정면 반발한 드루어리는 사직을 강요받은 1951년에 국립공원관리청을 떠났다.

뉴턴 드루어리의 권고사직으로 국립공원관리청의 구성원들은 충격에 빠졌다. 관할부서인 내무부에서는 혼란에 빠진 조직을 추스르기 위해 5대 청장으로 은퇴를 목전에 두고 있던 아서 데마레이(Arthur E. Demaray, 1887~1958)를 임용했다. 1951년 4월에 취임한 데마레이는 9개월 후인 1951년 12월에 은퇴했다. 트루먼 행정부와 코드가 맞는 적격자가 있었지만 권고사직의 여파를 수습할 시간이 필요했던 것이다. 5대 청장으로 임용된 데마레이는 자신의 역할을 잘 알고 있었기에 조용히 처신한 후 은퇴하고 마침내 콘라드 워드(Conrad L. Wirth, 1889~1993)가 6대 청장으로 임용되었다.

8. 미션66(Mission Sixty – Six) 사업의 명암

　1951년 12월에 국립공원관리청의 6대 청장으로 취임한 콘라드 워드는 자신이 선택된 배경을 이해하고 있었다. 4대 청장으로 국립공원의 보전을 강조한 뉴턴 드루어리가 트루먼 행정부와 각을 세운 것과는 달리 콘라드 워드에게 보전과 개발은 동의어나 마찬가지였다. 1933년부터 1941년까지 국립공원에 투입된 민간자원보전단이 수행한 프로젝트의 최고 관리자를 역임한 콘라드 워드는 누가 봐도 개발지향적인 사람이었다. 보전 지향적인 드루어리와는 정반대의 생각을 갖고 있던 콘라드 워드에게 국립공원관리청장의 자리를 맡긴 트루먼 행정부는 다이너소어 국립기념공원에 댐을 설치하는 계획을 진행했다. 그런데 댐 건설을 반대하다가 사실상 파면된 드루어리의 후임으로 선택된 워드는 예상을 뒤엎고 반대진영에 합류했다. 개발 지향적인 정책의 대명사로 각인된 콘라드 워드였지만 그조차 댐은 허용할 수 없는 마지막 터부였다. 콘라드 워드의 처신에 따라 요세미티 국립공원의 헤츠헤치 댐 건설과정에서 불거진 갈등이 재연된다면 국립공원관리청의 이미지는 보전이 아니라 개발을 대행하는 기관으로 각인될 수 있었다. 그리고 다이너소어 국립기념공원의 사례가 댐의 건설을 합리화하는 도화선이 될 위험성도 고려할 수밖에 없었다.

트루먼 행정부에서 임용된 콘라드 워드는 일관되게 댐 건설을 반대하는 의견을 표명했다. 그러나 그는 적절한 어휘를 사용했고 구두연설보다는 기고문을 통해 자신의 견해를 밝혔다. 콘라드 워드는 정치권과 대립하는 것을 원하지 않았지만 그렇다고 원형 회복이 불가능한 댐 건설을 방관만 할 수도 없었다. 그는 비공개적으로 댐 건설을 반대하는 환경보전주의자에게 국립공원관리청이 동조하고 있음을 밝히기도 했다. 1953년에 트루먼 행정부가 물러나고 아이젠하워 내각이 들어서자 댐 건설은 새로운 국면을 맞게 되었다. 결국 1956년에 공식적으로 댐 건설계획이 폐기되어 다이너소어 국립기념공원은 그대로 남겨지게 되었다.

콘라드 워드는 댐 건설을 반대했지만 수위를 적절하게 조정하여 트루먼 행정부와 대립각을 세우지는 않았다. 그리고 국립공원에 대한 관심이 거의 없던 트루먼 행정부에 많은 예산이 소요되는 사업도 신청하지 않았다. 국립공원관리청은 트루먼 행정부가 출범한 1945년부터 줄곧 소외되다시피 했다. 일본의 진주만 기습공격으로 전시체제가 된 1942년에 시급성이 떨어진다는 이유로 국립공원관리청의 본부는 워싱턴 D.C.에서 시카고로 이전되었다. 그리고 전쟁이 종식된 지 2년 후인 1947년에서야 워싱턴 D.C.의 사무실로 되돌아온 국립공원관리청은 댐 건설에 반대한 드루어리의 영향으로 트루먼 행정부의 관심에서 멀어졌다. 전후사정을 꿰뚫고 있었던 콘라드 워드였기에 트루먼 행정부로부터 간섭을 받지 않는 편이 차라리 낫다고 생각했다. 그래서 행정부의 이목을 끄는 사업은 신청조차 하지 않았다.

콘라드 워드가 취임한 시기의 국립공원은 심각한 재정부족에 시달리고 있었다. 트루먼 행정부로부터 소외된 국립공원관리청으로 배정된 예산으로는 최소한의 관리조차 어려운 실정이었다. 1931년에 2,600만 달러의 예산을 배정받았지만 20여 년 후인 1955년의 예산은 3,200만 달러였다. 인플레이션을 감안하면 상당히 감소한 금액이었다. 이처럼 국립공원관리청이 홀대받은 이유는 국립공원에 대한 트루먼 대통령의 무관심뿐만 아니라 외부변수에도 있었다. 2차 세계대전이 종식된 후 마샬 플랜(Marshall Plan)으로 불리는 유럽재건프로그램에 막대한 예산이 소요되었다. 그리고 소련과의 관계가 급속히 악화되면서 찾아온 냉전(cold war)이 초래한 새로운 군비경쟁에 천문학적인 예산이 소요되었다. 1950년에 발발한 한국전쟁을 수행하는 비용도 미국의 재정상황을 악화시키고 있었다.[59]

국립공원관리청에 배정된 턱없이 부족한 예산으로는 현상유지조차 쉽지 않았다. 그런데 방문객은 매년 큰 폭으로 증가하면서 국립공원의 상태는 점점 더 악화일로의 길을 걷고 있었다. 1940년에 요세미티 국립공원의 방문객 수는 50만 명이었지만 1948년에는 100만 명이 방문했다. 2차 세계대전의 정점인 1944년에 86,000명 선으로 감소한 방문객 수와 비교하면 가히 폭발적인 증가추세였다. 국립공원을 방문한 전체 방문객 수는 1940년에는 1,750만 명이었지만 1955년에는 5,600만 명으로 증가했다. 1955년에 국립공원관리청에 배정된 예산규모는 인플레이션을 감안하면 1920년대로 축소된 반면 방문객은 최소

59) Carr(2007). Mission 66. p.34.

한 3배 이상 증가했다. 1933년부터 1941년까지 민간자원보전단이 설치한 편의시설은 예산부족으로 제대로 된 관리를 받지 못하는 상황에서 급증한 방문객의 과잉 이용으로 인해 최악의 상태로 치닫고 있었다. 이처럼 시설 자체가 턱없이 부족했을 뿐만 아니라 상태조차 최악인 관광편의시설물을 기피한 방문객들이 보전지역마저 헤집고 다니면서 자연환경의 질은 급속히 훼손되고 있었다.[60]

2차 세계대전이 종식된 후 국립공원을 찾는 방문객이 증가한 이유로 인구증가도 무시할 수 없는 요인이었다. 1940년의 미국 인구는 1억 3천만 명에서 1960년에는 1억 8천만 명으로 증가했다. 2차 세계대전이 종식된 1945년 이후에 태어난 베이비 붐(baby boom) 세대의 가정들이 어린 자녀를 데리고 국립공원의 야영장을 찾는 것은 새로운 문화로 자리 잡았다. 전쟁의 참사를 겪은 참전 군인들도 국립공원에서 마음의 안식을 얻었다. 인구증가뿐만 아니라 가처분 소득의 증가와 주5일 40시간 근무제도의 정착으로 국립공원을 찾는 방문객은 증가했다. 1940년에는 연간 평균소득이 1,300달러였지만 1960년에는 4,700달러로 증가했다. 동일기간 동안 여가활동에 지출한 비용은 2,700달러에서 5,200달러로 증가했다. 그리고 1940년에 등록된 2,700만 대의 자동차는 1955년에는 5,200만 대로 증가했다. 국립공원을 찾는 방문객의 급증을 부채질하는 사회적 여건이 조성되어 있었던 것이다.[61]

국립공원의 수용력이 한계에 봉착하면서 국립공원관리청과 내무부, 그리고 의회에는 항의편지가 수북이 쌓였다. 국립공원에 무관심

60) Carr(2007). Mission 66. pp.3~4.
61) Carr(2007). Mission 66. p.46.

한 트루먼 행정부는 대중의 관심을 냉전의 위험과 한국전쟁으로 돌렸다. 그러나 언론인 버나드 디보토(Bernard Augustine DeVoto, 1897~1955)가 국립공원의 개선을 요구하는 신랄한 기사를 연거푸 게재하면서 상황은 달라지기 시작했다. 하퍼스 잡지(Harper's Magazine)에 안락의자(Easy Chair)라는 고정칼럼을 게재하던 디보토는 1946년의 12월과 1947년의 1월호의 기사를 통해 정치권에서 나서 줄 것을 요청했다. 디보토는 하퍼스 잡지뿐만 아니라 새터데이 이브닝 포스트(Saturday Evening Post)라든지 콜리어스(Collier's)에도 국립공원의 열악한 실상을 고발하는 기사를 게재했다. 디보토는 국립공원관리청에 충분한 예산을 배정하지 않는 의회의 무책임을 다음과 같이 경고했다.[62]

> 국립공원의 규모는 의회가 배정한 예산이 허락하는 범위 내에서만 운영되어야 한다. 우선적으로 옐로스톤과 요세미티, 로키 마운틴, 그랜드 캐니언 국립공원은 완전 폐쇄한 후 군대에게 관리권한을 위임해야 한다. 그리고 의회에서 충분한 예산을 배정해야만 다시 대중에게 공개해야 한다.

디보토의 신랄한 칼럼을 접한 존 록펠러 2세(John Davison Rockefeller, Jr., 1874~1960)는 아이젠하워 대통령에게 보낸 서신을 통해 정부에서 조치를 취해 줄 것을 요청했다. 스탠더드 석유회사를 설립한 록펠러 1세의 아들인 그는 상속받은 막대한 재산을 자선사업을 통해 재분배하고 있었다. 록펠러 2세는 자신의 자선사업 중에서 특별한 관심을 둔 국립공원이 망가지고 있는 현실에 안타까움을 금할 수 없었다. 막강한 영향력을 갖고 있던 록펠러 2세의 요청에 아이젠하워 대통령도 가만히

---

62) Miles(2009), Wilderness in National Parks, pp.132~133.

있을 수만은 없다고 생각했다. 1954년 1월에 아이젠하워 대통령은 록펠러 2세에게 보낸 답신에서 재정여건이 허용하는 한도 내에서 국립공원관리청에 예산이 배정되도록 최선을 다할 것을 약속했다.[63]

전임자인 트루먼 대통령과 마찬가지로 아이젠하워도 국립공원에는 별다른 관심이 없었다. 트루먼처럼 아이젠하워의 최대 관심사는 경제발전이었다. 그런데 1953년에 한국전쟁의 휴전으로 전쟁특수의 거품이 걷힌 미국은 심각한 불경기를 맞이하기 시작했다. 불경기를 타개할 정책구상에 골몰하던 아이젠하워는 프랭클린 루스벨트 대통령의 뉴딜정책을 참고한 대규모 공공사업을 집행하기로 결정했다. 아이젠하워의 구상에는 국립공원의 면모를 일신하는 정책도 포함되어 있었다.[64]

1951년 12월부터 국립공원관리청장으로 재직하던 콘라드 워드는 과감한 계획을 준비해야 할 시점이 도래했음을 직감적으로 깨달았다. 아이젠하워 대통령이 심경변화를 일으키기 전에 새로운 계획이 준비되어야 했다. 방치되다시피 한 국립공원이 새로운 면모를 갖추기 위해서는 지속적인 투자가 보장되어야 했다. 1955년 초에 콘라드 워드는 자신의 구상을 구체화할 특별조직을 비밀리에 창설한 후 미션 66(Mission Sixty-Six)이라는 명칭을 부여했다. 숫자 66의 의미는 1966년인데, 1966년은 국립공원관리청이 창설된 지 50주년이 되는 해이다. 1955년의 가을에 윤곽을 드러낸 미션66계획은 사업기간이 이듬해인 1956년부터 시작하여 국립공원관리청의 창설 50주년이 되는 1966년까지 지속될 10년간의 프로젝트였다. 1년 단위 예산 배정도 힘겨워

---

63) Ernst(1991). Worthwhile Places. p.307.
64) Carr(2007). Mission 66. pp.58~59.

하던 국립공원관리청이 향후 10년간 수행할 프로젝트의 예산으로 7억 8,700달러를 산정했다. 연간 평균 7,900만 달러가 소요될 것으로 명시한 미션66계획이 수립된 1955년에 배정된 예산은 3,200만 달러였다.[65]

콘라드 워드는 미션66계획이 완성되기 전까지 철저히 비밀에 붙였다. 그가 미션66계획의 수립과정을 대외비로 한 것은 환경시민단체의 개입을 차단하기 위해서였다. 10년 동안 8억 달러에 가까운 예산의 대부분이 기반시설 정비에 투자되는 것을 골자로 한 미션66계획은 대규모 토목사업으로 비춰질 수 있었다. 콘라드 워드에게 미션66계획은 1933년부터 1941년까지 9년 동안 자신이 진두지휘한 민간자원보전단의 새로운 부활이었다. 청년 실직자에게 일자리를 마련해 주기 대규모 인원을 동원한 민간자원보전단과는 달리 미션66계획은 자체 인력과 해당 분야의 전문가 위주로 프로젝트를 진행한다는 점이 다소간의 차이점이었다.

1955년 가을에 대략적인 윤곽이 공개된 미션66계획을 접한 환경시민단체의 반응은 대체로 호의적이었다. 국립공원의 실상을 누구보다도 잘 알고 있었던 환경시민단체는 미션66계획에서 제안한 기반시설의 정비는 필요하다고 생각했다. 그러나 미션66계획이 진행되면서 환경시민단체의 반응은 호의에서 냉담, 그리고 적의로 바뀌게 되었다. 콘라드 워드가 구상한 미션66계획의 본질은 대규모 토목공사였지 보전을 위한 최소한의 정비가 아님을 깨닫게 된 것이었다. 환경시민단체가 등을 돌리게 된 결정적인 시점은 요세미티 국립공원에서 티오가 도로(Tioga Road)가 완공된 1961년이었다. 도로 개설의 최소화를

---

65) Carr(2007). Mission 66. p.110.

내건 환경시민단체가 본 티오가 도로의 개설은 최악의 환경파괴를 자행하는 것이었다. 티오가 도로는 생태적으로 취약한 지역을 보호하기 위해 어쩔 수 없이 개설한 우회도로가 아니라 경관조망을 위해 개설한 도로였기에 환경시민단체는 더더욱 참을 수 없었다. 더구나 티오가 도로는 요세미티 국립공원의 자랑인 화강암 지대를 관통하면서 화강암의 훼손이 불가피했다.

콘라드 워드에게 티오가 도로로 불거진 환경시민단체와의 갈등은 억울한 측면도 있었다. 미션66사업은 새로운 도로노선을 개설한 것이 아니라 기존 도로를 확장 정비한 것에 불과했기 때문이었다. 요세미티가 국립공원으로 지정되기 전에 민간 사업자에 의해 개설된 티오가 도로의 주변으로는 빼어난 자연경관을 감상할 수 있었지만 비포장인데다가 도로의 폭이 너무 협소해서 자동차의 운행이 불가능했다. 콘라드 워드의 생각으로는 환경시민단체에서 너무 민감하게 대응하는 것으로 간주하여 도로 개설을 밀어붙였다. 그러나 도로 개설의 중단을 요청한 안셀 애덤스(Ansel Easton Adams, 1902~1984)를 무시한 콘라드 워드는 값비싼 대가를 치르게 되었다. 1961년에 티오가 도로가 완공된 직후부터 저명한 사진가인 안셀 애덤스를 위시한 일군의 환경시민단체에서는 미션66사업의 폐기를 강력히 주장하면서 프로젝트의 정당성에 커다란 흠이 새겨지게 되었다.

미션66계획의 초안을 처음 보았을 때 환경시민단체의 반응은 긍정적이었다. 계획수립단계에서 배제된 점은 유감이었지만 크게 문제 삼지는 않았다. 환경시민단체는 절차상의 흠결을 지적하기보다는 위기에 봉착한 국립공원의 회생을 시급한 과제로 받아들였다. 미션66계획의 주요 사업으로 제시된 국립공원의 안팎을 연결하는 도로 개설 사업은 논란거리였지만 환경시민단체의 동의를 이끌어 냈다. 도로 개설은 최대한 억제되어야 한다는 원칙을 내세우던 환경시민단체가 도로 개설을 저지하지 않았던 이유는 국립공원에서 운영되던 숙박시설의 이전을 약속했기 때문이었다. 환경시민단체가 보기에 문명을 상징하는 숙박시설은 그 자체가 미국적인 자연의 이미지와는 어울리지 않았다. 인간의 손길이 미치지 않은 자연이 없어진 유럽과는 달리 너무나 황량하고 야생적인 미국의 자연이야말로 유럽의 역사유적지보다 우월하다는 인식을 기초로 국립공원제도가 탄생한 만큼 문명화의 상징인 숙박시설은 국립공원의 이념에 부합되지 않는다는 공감대가 형성되어 있었다. 환경시민단체가 미션66계획의 초안에 호의적인 태도를 보인 것은 바로 숙박시설의 이전이 포함되어 있었기 때문이었다.

국립공원 내의 숙박시설은 자연에 과부하를 가하는 종양이 될 수도 있었다. 식자재와 전기는 외부로부터 반입할 수 있지만 용수는 자체적으로 조달하는 경우가 많았다. 국립공원 내의 숙박시설의 위치가 공원경계 밖의 마을과 멀지 않다면 상하수도의 연결을 검토해 볼 수 있지만 지하터널의 매설은 환경적으로 바람직하지 않았다. 숙박시설이 문제가 되는 국립공원은 규정이 느슨한 시기에 허가받은 요세미티와 옐로스톤이 대표적이었다. 요세미티와 옐로스톤 국립공원 내의 숙박시설의 위치는 생태적으로 민감한 장소여서 환경시민단체에서는 오래전부터 숙박시설의 이전을 요구하고 있었다. 환경시민단체가 미션66계획을 승인한 이유는 요세미티와 옐로스톤 국립공원에서 운영되는 숙박시설의 이전이 명시되어 있었기 때문이었다.

국립공원관리청은 민간인이 운영하는 숙박시설의 이전을 강제할 직접적인 권한은 행사할 수 없었다. 그럼에도 불구하고 미션66계획의 주요 사업으로 숙박시설의 이전이 명시된 배경은 민간인의 권리가 제한되어 있었기 때문이었다. 국립공원 내의 숙박시설은 민간자본에 의해 건축되고 운영되고 있지만 소유권(possession right)은 법적으로 인정되지 않고 있었다. 숙박시설의 운영자가 갖고 있는 법적인 권리는 20년간 운영을 보장하는 임차권(lease right)에 불과했다. 20년 안에 투자금액을 회수하지 못하면 최악의 상황에서 아무런 보상도 받지 못하고 숙박시설을 포기해야 하는 위험을 감수해야 하는 상황에서 투자자를 물색하는 것은 매우 어려웠다. 그래서 초대 청장인 스티븐 마더와 그의 분신인 호라스 올브라이트가 재직하던 시절의 국립공원 관리청은 신의에 근거한 소유권을 보장함으로써 투자를 이끌어 낼 수 있었다. 만약 20년 후에 임차계약을 갱신하지 못하는 최악이 상황이 발생할 경우 숙박시설을 연방정부 재산으로 환원하는 대신 새로운 사업자에게 양도를 주선하는 것이 신의에 근거한 소유권의 보장이었다.

숙박시설의 이전을 계획한 콘라드 워드도 숙박시설 운영자와 맺은 전임자의 약속은 존중했다. 그런데 민간인 운영자에게 사실상의 소유권을 인정한다면 국립공원관리청에서 숙박시설의 이전을 명령할 아무런 근거도 없게 되는 셈이다. 국립공원에 새 옷을 입히고 싶었던 콘라드 워드는 민간인이 운영하는 숙박시설도 묵은 때를 벗어 내고 새 단장을 해야 한다고 생각했다. 막대한 비용지출이 선행되어야 하는 숙박시설의 이전을 이끌어 내기 위한 콘라드 워드의 복안은 소유권의 법적 근거를 마련해 주는 것이었다. 평소에도 사회 각계의 저명 인사 및 정치권과 정기적인 교류를 이어 가던 콘라드 워드에게 미션 66계획의 성공은 의회를 움직여서 법률을 제정할 수 있는지에 달려 있었다. 결국 콘라드 워드의 강력한 추진력은 민간인 운영자의 결심을 이끌어 냈다. 그러나 국립공원 경계 밖으로 이전하는 대신 생태적으로 덜 민감한 공원 내의 다른 장소로 이전하는 방안이었다. 숙박시설 운영자가 과감한 투자를 결정하자 콘라드 워드가 구상한 미션66 계획에 힘을 실어 주던 의회는 1965년에 민간사업자의 소유권을 인정하는 「양도권리정책에 관한 법 *Concession Policy Act*」을 제정했다.[66]

콘라드 워드는 옐로스톤 국립공원의 민간인 운영자는 설득하는 데 성공했다. 옐로스톤 국립공원에서 생태적으로 취약한 장소에 건립된 숙박시설은 공원 내의 다른 장소에서 새롭게 건축되었다. 그런데 새로운 숙박시설은 사실상 방문객으로부터 외면받았다. 옐로스톤의 대표적인 관광명소로부터 떨어진 장소에 건축되어 오고 가는 것이 번거롭게 된 점도 있었지만 방문객들은 새로운 건축양식을 좋아하지 않았다. 당시에 유행하던 모더니즘 양식으로 지어진 숙박시설은 옐로스톤의 자연과는 전혀 어울리지 않는다고 생각했던 것이다. 방문객들이 생각하던 국립공원의 숙박시설은 스위스의 별장을 연상시키는 구조로 지어져야 했다. 방문객들은 공원 내의 현대식 숙박시설을 이용하기보다는 번거롭지만 인접한 마을로 이동하여 목가적인 양식의 숙박시설을 이용했다. 막대한 투자에도 불구하고 방문객으로부터 외면받은 숙박시설의 운영자가 적자를 감당할 수 없게 되자 1979년에 의회에서 소유권을 매입하게 되었다. 옐로스톤의 사례와는 달리 요세미티 국립공원의 민간인 운영자는 별다른 어려움을 겪지 않았다. 요세미티에서는 숙박시설을 다른 장소로 이전하지 않고 구조변경사업만

---

66) Carr(2007), Mission 66, p.233.

진행했기 때문이었다.

미션66계획은 숙박시설 이전의 반대급부로 공원 안팎의 도로 개설을 합리화했다. 공원경계 밖으로 숙박시설이 이전되면 방문객은 밤이 찾아오기 전에 공원 밖으로 이동할 수밖에 없게 되었다. 방문객이 공원 입구에서 가장 먼 장소를 둘러보다가 어둠이 찾아오면 장거리 이동에 따른 사고 가능성이 제기되었다. 굳이 안전사고의 위험성뿐만 아니라 방문객은 공원을 자주 들락거려야 하는 불편을 감수하게 되었다. 만약 공원 내에서 숙박이 불가능하다면 최대한 신속하게 둘러볼 수 있도록 도로를 정비하는 것이 불편을 최소화하는 방안이었다. 공원 내부의 도로신설은 최대한 자제했지만 기존도로의 폭을 확충하고 구불구불거리는 도로를 곧게 펴는 직선화 사업이 진행되었다. 이처럼 도로 개설사업은 예정대로 진행되었지만 요세미티의 사례처럼 숙박시설의 이전사업은 당초의 원대한 계획에는 미치지 못했다. 공원 내의 인공적인 시설물을 이전하려는 당초의 취지와는 달리 미션66사업이 종료된 후 국립공원에는 새로운 관광편의시설물이 대폭 증가했다.[67]

콘라드 워드가 구상한 미션66계획의 초안은 공공공원을 지향하는 국립공원의 정신과 일맥상통하기도 했다. 민간인 운영자의 숙박시설과 편의시설물을 공원경계 밖으로 이전하려는 계획은 공유지의 복원으로 받아들여졌다. 민간인 운영자를 공원 밖으로 이전시킨다는 의미는 곧 국립공원관리청이 민간인 운영자를 대신한다는 것을 의미했다. 그런데 대중에게 편익과 즐거움을 제공하기 위해 설립된 공공공원의 관리를 위임받은 국립공원관리청의 입장에서 아무런 대책 없이 민간

---

67) Carr(2007), Mission 66, p.80.

시설물을 공원 밖으로 이전한다면 방문객의 불편은 불가피해진다. 미션66계획은 모든 민간 시설물을 대체하려고 하지는 않았다. 국립공원관리청은 스스로를 방문객을 대상으로 정확하고 풍부한 정보를 제공하는 역할의 적임자라고 생각했던 것이다.

국립공원을 찾은 방문객은 사전지식이 없더라도 국립공원의 자연경관을 감상하는 데 아무런 지장이 없었다. 그랜드 캐니언 국립공원처럼 인간의 손길이 전혀 미치지 않은 광활한 대지를 접하면 자연스럽게 숭고한 아름다움을 느낄 수 있었다. 또는 요세미티 국립공원처럼 마치 한 폭의 그림과 같은 절경을 접한 방문객은 자신도 모르게 연거푸 감탄사를 쏟아 낸다. 미국의 국립공원은 로마의 콜로세움이나 그리스의 파르테논 신전, 프랑스의 베르사유 궁전보다 어떤 면에서는 우월하다는 생각은 결코 과장이 아니었다. 인간에 의해 만들어진 유럽의 대성당은 종교적 신념에 따라서는 아름다움에 대한 해석이 달라질 수 있다. 그러나 유럽의 역사유적과는 달리 문화와 종교, 인종, 교육수준에 관계없이 누구든지 미국의 자연경관에서 동일한 아름다움을 느낄 수 있다고 생각했던 것이다. 국립공원관리청의 관점도 별반 다르지는 않았지만 자연경관에 역사를 가미하고자 했다. 미국인들은 표면상 미국의 자연경관은 유럽의 문화역사보다 우월하다고 자랑하지만 내심 유럽의 유구한 역사를 부러워해서 기회가 될 때마다 미국적인 역사를 창조하려고 했다.

국립공원의 자연경관에 역사를 결부하는 일은 신중한 조치가 필요했다. 국립공원으로 지정되기 전에 옐로스톤을 둘러싼 과장되거나 왜곡된 정보가 마치 사실처럼 통용되었다. 정확한 고증도 없이 구전에 의한 소문이 진실이 되거나, 간헐천을 무서워해서 얼씬도 하지 않는

다는 인디언에 대한 의도적인 왜곡이 마치 사실처럼 받아들여지기도
했다. 콘라드 워드가 미션66계획을 수립한 1955년에도 정도의 차이는
있지만 국립공원의 민간 운영자들은 잘못된 정보를 방문객에게 전달
하기도 했다. 1917년에 국립공원관리청이 창설된 이래 국립공원과 관
련된 정보는 공신력 있는 기관에서 전담해야 한다는 공감대는 형성
되었지만 현장에서는 국립공원관리청의 관계자와 민간인 운영자가
뒤죽박죽 뒤섞이는 형국이었다. 비록 국립공원관리청의 현장담당자
가 숙지한 정보는 사실에 근거했지만 방문객은 민간인 운영자의 스
토리텔링을 선호했다. 약간의 과장을 덧대고 다년간의 경험으로 훌륭
한 이야기꾼이 된 민간인 운영자와의 경쟁에서 국립공원관리청이 승
리하려면 효율적인 스토리텔링 기법도입이 요구되었다.

국립공원관리청에 적합한 스토리텔링 기법의 개발을 책임진 사람
은 프리만 틸든(Freeman Tilden, 1883~1980)이었다. 언론계를 거쳐 소
설과 수필을 쓰던 틸든은 국립공원을 주제로 글을 써 보라는 뉴턴 드
루어리의 제안을 받았다. 4대 청장인 드루어리가 해임된 1951년에 『우
리 모두의 국립공원 *The National Parks: What They Mean to You and
Me*』을 출판한 틸든은 국립공원관리청의 신뢰를 얻게 되었다. 콘라드
워드로부터 국립공원에서 적용할 수 있는 스토리텔링 기법의 원칙과
세부기법의 정립을 요청받은 틸든은 1957년에 『우리 유산의 해설
Interpreting Our National Heritage』이라는 도서를 출판했다. 틸든이 정
립한 해설(interpretation)의 개념은 지금껏 통용되고 있다. "해설이란
직접 체험에 근거한 교육적인 활동이며, '정보' 그 자체가 아니라 정
보를 토대로 한 단계 높은 새로운 가치의 발현"이다. 따라서 "정보
(information)가 있어야 해설(interpretation)이 가능하고, 해설이 행해져

야 진정으로 이해(appreciation)할 수 있게 되고, 이해하게 되면 자신이 본 자연경관을 보호(protection)하게 될 것"이라고 말했다.68)

　프리만 틸든에 의해 스토리텔링의 원칙과 세부기법이 완성되자 인력양성프로그램이 도입되었다. 1957년에 요세미티 국립공원에서 직원을 대상으로 자체적으로 교육을 실시하던 시설을 토대로 새로운 훈련기관이 세워졌다. 국립공원의 일선현장에서 근무하게 될 신입 직원은 이곳에서 3개월의 교육훈련을 이수하도록 의무화했다. 전문적인 해설능력을 배양한 직원들은 현장에서 방문객을 대상으로 사실에 근거한 역사를 흥미롭게 전달할 수 있게 된 것이었다. 전문성을 갖춘 해설가는 자신의 능력을 십분 발휘할 수 있는 보조수단인 각종 기자재를 필요로 했다. 새로운 지식으로 무장한 해설가들은 팸플릿뿐만 아니라 슬라이드를 보여 줄 수 있는 프로젝터, 디오라마(diorama) 등의 전시시설의 확충도 요구했다. 이런 기자재들은 한곳에서 활용되어야만 제 기능을 할 수 있기 때문에 새로운 건축물이 국립공원에 건립되기 시작했다. 콘라드 워드가 방문객센터(visitor center)라고 명명한 건축물들은 미션66사업을 상징하는 아이콘이 되었다.

---

68) Whittlesey(2007). Storytelling in Yellowstone. p.6.

ⓒ NPS Historic Photograph Collection

[사진 7] 에버글레이즈 플라밍고 방문객 센터(1958년경)

ⓒ NPS Historic Photograph Collection

[사진 8] 다이너소어 국립기념공원 방문객 센터(1958년경)

방문객센터는 국립공원과 국립기념공원의 특성에 맞게 설계되었다. 건축비용은 최저 10만 달러에서 최고금액은 200만 달러까지 다양했지만 평균적인 방문객센터는 40~50만 달러를 들여 건축되었다. 소요비용과 규모는 달랐지만 모두 모더니즘 양식의 설계를 적용하여 지어졌다. 옐로스톤 국립공원에서 모더니즘 양식으로 지어진 숙박시설은 원성이 자자했지만 동일한 양식으로 건축된 방문객센터의 평가는 무난했다. 방문객센터의 공통된 특징은 사람들의 눈에 잘 띄지 않도록 설계된 점이었다. 현대적인 모더니즘 양식의 건축물은 사람들의 시선을 끌기에 최대한 주변경관의 일부처럼 설계되었다. 그런데 가까이에 다가서야 볼 수 있는 방문객센터의 설계방식에 불편해하는 방문객들도 적지 않았다. 왜냐하면 모더니즘 양식의 건축물은 자연경관과는 전혀 어울리지 않는다고 생각했기 때문이었다. 그들이 생각하는 이상적인 양식은 목가적인 분위기를 자아내는 스위스 별장풍의 건축물이었다. 전형적인 목가적인 건축물은 1904년에 옐로스톤 국립공원에 지어진 올드 페이스풀 인(Old Faithful Inn)이었다. 올드 페이스풀 인을 배경으로 촬영된 수많은 사진들을 접했던 미국인들에게 목가적인 건축물은 자연경관을 완성하는 마지막 퍼즐조각이었다. 그들에게 모더니즘 양식의 방문객센터는 자연경관과 어울릴 수 없어 어쩔 수 없이 눈에 잘 띄지 않는 장소에 은닉한 것이라고 생각했다.

ⓒ NPS Historic Photograph Collection

[사진 9] 올드 페이스풀 인(1922년경)

1956년에 시작한 미션66사업은 전체 사업기간의 반환점인 1960년 이후로는 부정적인 평가를 받게 되었다. 1961년에 시에라 클럽과 저명한 사진가인 안셀 애덤스의 반대에도 불구하고 티오가 도로가 개통되자 환경시민단체는 완전히 등을 돌렸다. 콘라드 워드가 구상한 방문객센터는 계획대로 건축되고 있었지만 숙박시설의 이전계획은 용두사미로 변질되고 있었다. 공원 내 각종 시설물의 이전을 추진했지만 오히려 새로운 시설물이 들어서고 있었다. 공원 내의 도로가 직선화되면서 자동차의 이동속도는 빨라졌지만 체류시간이 줄어들면서 지역사회의 경제도 덩달아 침체되고 있었다. 1961년을 기점으로 미션66사업은 환경시민단체뿐만 아니라 지역사회로부터 차가운 반응을 받게 되었다. 그리고 1961년에 케네디 행정부가 출범하면서 미션66사업은 정치적인 지지도 상실하게 되었다.

1961년에 케네디 대통령은 내무부 장관에 스튜어트 유달(Stewart Lee Udall, 1920~2010)을 임용했다. 국립공원관리청의 상급기관인 내무부의 수장이 된 스튜어트 유달은 친환경적인 사고방식을 가지고 있었다. 1963년의 베스트셀러인 『조용한 위기 Quiet Crisis』의 작가이기도 한 스튜어트 유달은 보전을 우선시하는 친환경주의자였다. 유달이 보기에 국립공원관리청이 진행하고 있던 미션66사업은 환경에 과부하를 가하는 개발이었다. 유달은 당장이라도 미션66사업을 중단시키고 싶었지만 전임 행정부에서 10년간의 프로젝트를 승인한 점을 존중하기로 했다. 그러나 진행 중인 사업의 마무리에 초점을 두고 가급적 새로운 사업은 허가하지 않는 방식으로 미션66사업에 제동을 걸었다.

미션66사업을 탐탁지 않게 여기던 스튜어트 유달은 1961년에 콘라드 워드가 발언한 사냥허용 문제를 두고 대립하기 시작했다. 콘라드 워드는 사슴의 개체 수를 적정수준으로 유지하기 위한 방편으로 사냥을 검토할 수 있다는 취지의 발언을 한 것이었다. 미션66사업이 진척되면서 콘라드 워드로부터 등을 돌린 환경시민단체는 즉각 콘라드 워드의 발언을 문제 삼았다. 환경시민단체에서도 인위적인 개체 수의 조절이 불가피한 점은 인정했지만 국립공원관리청장이 할 말은 아니라고 생각했다. 환경시민단체뿐만 아니라 일반대중의 생각에도 국립공원에서의 사냥허용은 국립공원제도의 기본정신을 위배하는 것으로 생각했다. 만약 국립공원에서 사냥이 허용된다면 부분적으로 사냥이 허용된 국유림과의 차별화가 불가능해지면서 국립공원의 관리권한을 산림청으로 이전하려 했던 기포드 핀쇼의 계획이 부활할 수도 있었다. 내무부 장관인 스튜어트 유달은 즉각 발언의 배경을 조사하도록 명령했다.[69]

콘라드 워드도 국립공원에서의 사냥은 금기어라는 점을 잘 알고 있었지만 사냥허용을 거론할 수밖에 없었던 전후사정이 있었다. 일부 국립공원에서는 사슴의 개체 수가 수용력을 초과하여 심각한 환경파괴가 진행되고 있었다. 더 이상 방치하면 옐로스톤 국립공원의 식생이 황폐화질 것을 우려한 관리자는 과학계의 자문을 받아들여 인위적인 개체 수의 조절을 결정했다. 1961년에 옐로스톤 국립공원에서는 헬기까지 동원하여 4,000마리 이상의 사슴을 도살하거나 생포했다. 미국 최초의 국립공원인 옐로스톤에서 자행된 대학살의 광경을 뉴스로 접한 미국인은 충격에 빠졌다. 미국의 자부심과 정체성이 깃든 국립공원에서 대규모 동물학살이 벌어지리라고 상상조차 못 했던 대중은 분노했고 허탈해했다. 사태가 이 지경에 이르기까지 방치한 국립공원관리청은 대중의 신뢰를 잃어 가고 있었다.[70]

국립공원관리청의 이면을 확인한 스튜어트 유달은 특별위원회를 구성하고 외부전문기관에 조사를 의뢰했다. 그런데 옐로스톤 국립공원에서 자행된 동물학살의 책임은 전적으로 콘라드 워드에게 돌릴 수는 없었다. 왜냐하면 1917년에 국립공원관리청이 창설된 이래 생태계의 연구와 관리에 관심을 가진 청장은 없었던 것이다. 옴스테드 2세의 판단에 의존한 국립공원관리청에서는 그동안 자연경관과 자연물, 그리고 역사유적의 보전에는 관심을 두고 있었다. 그러나 옴스테

---

69) Miles(2009). Wilderness in National Parks. p.160.

70) Carr(2007). Mission 66. p.307.

드 2세가 마지막으로 거론한 야생생물의 보전에 관심을 둔 국립공원
관리청장은 없었다. 국립공원은 표면상 아름다운 자연경관이 유지되
고 있었지만 내부의 생태계는 곪아터지기 일보직전이었던 것이다.

1962년에 스튜어트 유달의 의뢰를 받은 국립과학아카데미(National
Academy of Sciences)는 동물학 전문가인 스타커 레오폴드(Aldo Starker
Leopold, 1913~1983)를 조사책임자로 임명했다. 당시 UC버클리 대학
교의 교수였던 스타커 레오폴드는 동물학의 권위자이기도 했지만 『모
래땅의 사계 *A Sand County Almanac*』로도 잘 알려진 알도 레오폴드
(Aldo Leopold, 1887~1948)의 장남이었다. 국립산림청에서 청춘을 불
사른 알도 레오폴드의 아들인 스타커 레오폴드가 국립공원의 실상을
조사하는 책임을 맡게 된 것은 국립공원관리청으로서는 부끄러운 일
이었다. 기포드 핀쇼가 국립공원관리청의 신설법안을 연거푸 저지한
이후로 양 기관은 서로를 경쟁상대로 여기고 있었기 때문이었다.

1963년에 제출된 보고서는 조사책임자의 이름을 따서 『레오폴드
보고서 *Leopold Report*』라고 불리게 되었다. 이 보고서는 그동안 생태
계의 관리에 손을 놓고 있었던 국립공원관리청으로 하여금 철학 변
화를 이끌어 내게 되었다. 국립공원은 자연경관(scenery)이 아니라 과
학(science)을 토대로 관리방향을 설정해야 하고 보전을 최우선시해야
하며 대중의 즐거움을 위해 보전원칙이 무시된 오래된 관행의 변화
를 요구했다. 1963년에 제출된 『레오폴드 보고서』의 원칙은 미션66사
업과는 정반대였기에 콘라드 워드의 사임은 기정사실이 되었다. 콘라
드 워드는 국립공원관리청의 창설 50주년이 되는 1966년을 2년 앞둔
1964년 1월에 사임했다.

10년간 진행된 미션66사업의 규모는 전례가 없었던 거대프로젝트

였다. 콘라드 워드가 신청한 예산은 7억 8,700만 달러였지만 최종예산은 10억 달러를 상회했다. 국립공원관리청의 인력은 10년간의 사업기간을 거치면서 8,061명에서 13,314명으로 증가했다. 방문객 현황도 6,150만 명에서 1억 2천4백10만 명으로 증가했다. 개발과 확장의 측면에서 보면 미션66사업은 대성공을 거두었지만 불필요하게 개설된 공원도로의 여파로 태곳적 자연환경의 소실이 가속화되었다는 비판이 우세하게 되었다. 개발지향적인 미션66사업의 반작용으로 국립공원관리청의 관리방향은 타의에 의해 보전우선주의로 전환될 기로에 놓이게 되었다.

9. 광야보호법(Wilderness Act)의 제정

2차 세계대전이 종식된 직후부터 국립공원의 방문객 수는 급증하기 시작했다. 예상을 뛰어넘는 수준의 방문객이 국립공원을 찾다 보니 환경은 점차 훼손되어 갔다. 방문객은 아우성이었지만 트루먼 행정부에서의 국립공원은 소외된 것이나 마찬가지였다. 출범 직후의 아이젠하워 행정부에서도 국립공원은 주목받지 못하다가 1950년대 중반에 티핑 포인트(tipping point)에 도달하게 되었다. 언론인 디보토(DeVoto)의 신랄한 칼럼은 정치권의 자세변화를 요구하고 있었고 막강한 영향력을 가진 존 록펠러 2세의 서신은 아이젠하워 행정부의 정책변화를 이끌어 내는 데 기여했다. 이러한 시점에 '미션66사업'이라고 이름 붙인 전례가 없는 대규모 프로젝트를 물밑에서 준비한 콘라드 워드는 아이젠하워 행정부와 의회로부터 전폭적인 지지를 얻고 국립공원을 개조하는 수준의 사업을 진행했다. 미션66사업의 결과로 그동안 편의시설을 대상으로 제기된 불만은 대부분 해소되었다. 그러나 일각에서는 국립공원이 마치 자신들이 거주하고 있는 대도시의 공원과 별반 다를 바 없다는 불평이 쏟아지고 있었다. 만약 인간의 손길에 의해 설계된 인공공원과 구분할 수 없다면 국립공원은 더 이상 자연공원으로 인식될 수 없게 될지도 몰랐다.

국립공원관리청은 설립 당시부터 자연의 수호자임을 자임하여 왔다. 동물사냥과 벌목이 엄격히 규제되는 국립공원은 태곳적 원시상태가 유지되는 반면 국립산림청에서 관리하는 국유림에서는 벌목이 자행되고 부분적으로 사냥도 허용되고 있음을 대비시켰다. 국립공원관리청의 이미지 전략은 대단한 성공을 거두었다. 1919년에 그랜드 캐니언 국가기념물(national monument)은 그랜드 캐니언 국립공원(national park)으로 명칭이 변경되었다. 명칭만 바뀐 것이 아니라 그랜드 캐니언의 관할권이 국립산림청으로부터 국립공원관리청으로 이전된 것이었다. 미국 본토에서 지정된 국립공원 중에서 세 번째로 넓은 그랜드 캐니언을 편입한 국립공원관리청의 외형은 커진 반면 국립산림청의 관할면적은 축소되었다. 국립공원관리청은 여론의 지지를 등에 업고 국립산림청에서 관할하는 토지를 야금야금 이전받고 있었다. 국립공원관리청의 파상공세에 밀린 국립산림청은 대책 마련에 고심하고 있었다.

1933년에 국립공원관리청은 올림포스 국가기념물(Olympus National Monument)의 관할권을 국립산림청으로부터 넘겨받았다. 국립산림청은 거세게 반대했지만 막 취임한 프랭클린 루스벨트 대통령은 직권명령을 발동하여 국립공원관리청의 손을 들어 주었다. 올림포스 국가기념물은 1909년 3월 3일에 시어도어 루스벨트 대통령에 의해 지정되었다. 1909년 3월 3일은 시어도어 루스벨트 대통령이 퇴임하기 바로 전날이었다. 시어도어 루스벨트 대통령은 퇴임 하루 전에 615,000에이커

(2,488㎢)의 원시림을 올림포스 국가기념물로 지정하고 백악관을 나섰지만 공원면적이 과도하다는 지적이 적지 않았다. 올림포스 국가기념물의 면적(2,488㎢)을 제주도 전체 면적(1,848㎢)과 비교해 보면 단일 숲의 규모가 얼마나 광대한지 파악할 수 있다. 그래서 1913년에 취임한 우드로 윌슨 대통령은 공원면적을 615,000에이커에서 300,000에이커로 조정하여 반 토막 내어 버렸다. 퇴임한 시어도어 루스벨트 대통령은 섭섭한 감정을 드러냈지만 어쩔 수 없었다.71)

1933년에 프랭클린 루스벨트 대통령이 취임하자 국립공원관리청에서는 윌슨 대통령에 의해 축소된 올림포스 국가기념물의 면적을 원상복구한 후 국립공원으로 전환할 계획을 진행했다. 올림포스 국가기념물을 지정한 시어도어 루스벨트와 프랭클린 루스벨트는 굳이 따지자면 12촌 사촌관계이다. 시어도어는 프랭클린보다 24살 연상이고 공화당 소속의 시어도어와는 달리 프랭클린은 민주당원으로 정치적 노선은 달랐다. 그러나 프랭클린의 부인인 엘리너 루스벨트(Anna Eleanor Roosevelt, 1884~1962)는 시어도어의 친동생 엘리엇 루스벨트(Elliot Roosevelt, 1860~1894)의 혈육이었다. 1902년에 백악관에서 열린 행사에서 당시 대통령인 시어도어 루스벨트가 조카인 엘리너 루스벨트를 프랭클린에게 소개해 준 것이 결혼으로 이어졌던 것이다. 이런 관계를 활용하기로 한 국립공원관리청은 시어도어 루스벨트 대통령에 의해 지정되었지만 민주당의 윌슨 대통령에 의해 면적이 절반으로 축소된 올림포스 국가기념물을 지렛대로 사용하기로 한 것이었다.

민주당 대통령인 프랭클린 루스벨트가 올림포스 국가기념물의 축

---

71) Brinkley(2010). The Wilderness Warrior. pp.810~811.

소된 면적을 지정 당시로 되돌린 것은 여러모로 관계가 얽혀 있는 시어도어 루스벨트를 고려해서만은 아니었다. 새로운 미국 대통령으로 취임한 프랭클린은 자연보전에 헌신적이었던 시어도어 루스벨트를 존경했다. 광활한 미국의 서부에서 심신을 단련한 후 위대한 대통령이 된 시어도어 루스벨트의 인생스토리는 미국인에게 깊은 감명을 주었다. 대공황의 절정기인 1933년에 대통령으로 취임한 프랭클린 루스벨트가 민간자원보전단을 결성한 것도 따지고 보면 시어도어 루스벨트의 영향을 받은 것이었다. 대공황의 여파로 자긍심과 정체성의 혼돈을 겪고 있던 청년들에게 국립공원과 국유림에서 일하도록 한 조치는 광활한 미국의 자연을 보고 느끼면 상실되었던 자존감과 정체성이 고양될 수 있다고 생각했기 때문이었다. 국립공원관리청은 올림포스 국가기념물을 시작으로 국립산림청 관할의 다른 국립기념공원의 이전도 서두르고 있었다. 바야흐로 국립공원관리청의 다음 목표는 국립산림청의 골격인 국유림마저 국립공원제도로 편입시키는 것이었다. 국립산림청의 초대 청장인 기포드 핀쇼가 국립공원을 편입하려고 했던 상황과는 정반대로 흘러가고 있었다.

자연의 수호자임을 자임하면서 국립공원제도의 외형을 확충하던 국립공원관리청의 행보는 거칠 것이 없었다. 1950년대에 국립공원관리청은 산악지형이 형성된 국유림을 국립공원으로 편입하려는 프로젝트에 시동을 걸었다. 국립공원관리청의 논리는 간단했다. 국립산림청 소관의 국유림이 무자비한 벌목에 의해 훼손되고 있음을 지적하면서 보전관리의 전담기구인 국립공원관리청의 이미지를 내세웠다. 1905년에 국립산림청이 설립된 이래 국유림에서의 벌목은 허용되어 왔지만 과학적 관리에 의해 부분적인 벌목만 이루어졌다. 그런데 2차 세계대전이 종식된 후 제대군인들에게 저렴한 보금자리를 마련해 주기 위해서는 국유림의 목재가 필요했다. 그리고 1950년에 발발한 한국전쟁과 아울러 소련과의 냉전으로 촉발된 군비경쟁으로 엄청난 양의 목재가 군수물자로 조달되었다. 1945년에 30억 보드피트(board feet)가 벌목되었지만 매년 큰 폭으로 증가하여 1970년에는 120억 보드피트의 나무가 국유림에서 베였다. 비록 공익목적으로 베였다고는 하지만 벌목을 허용하지 않는 국립공원과 대비되는 것은 어쩔 수 없었다.[72]

자연의 체계적 관리는 국립공원관리청에 맡겨야 한다는 여론형성에 주력하던 국립공원관리청의 원대한 계획은 1960년대에 무산되었다. 자연의 수호자임을 자임했던 국립공원관리청의 이미지는 한순간에 허물어졌던 것이다. 1956년부터 10년간의 프로젝트로 시작한 미션 66사업의 본질이 드러나면서 국립공원관리청의 이미지에 금이 가기 시작했다. 국립공원관리청은 요세미티 국립공원에 티오가 도로를 개통한 1961년 이후로는 환경시민단체로부터 호된 검증에 시달렸다. 그리고 1960년대 초에 옐로스톤 국립공원에서 자행된 대규모 사슴학살은 대중을 경악시켰다. 미국인은 국립공원관리청의 관리 철학을 냉정히 재평가해야 할 시점이라고 생각했다. 여론은 국립공원관리청에게 불리하게 조성되고 있었다.

1960년대는 현대적인 환경운동이 태동한 시기였다. 그동안의 환경운동은 자연경관을 보전하고 숲의 나무를 관리하는 자연보호활동이었다. 자연경관의 관리는 국립공원관리청의 몫이었고 국립산림청은 국유림의 관리에 힘썼다. 대다수의 미국인은 국립공원의 자연경관이

---

72) Sutter(2004), Driven Wild, p.259.

훼손되지 않는다면 미국은 여전히 오염으로부터 안전한 국가라고 생각했다. 미국인은 도시의 수질과 대기오염에는 크게 신경 쓰지 않았다. 그들은 주방세제와 세탁세제로 오염된 하천은 인간을 위한 자연의 희생으로 간주했다. 1960년대 초에 나이아가라 폭포의 아래쪽에는 변색된 세제거품이 2.4m 높이로 쌓이기도 했다.[73] 미국인은 자동차로 발생한 대기오염을 방지하기 위해 자동차의 이용을 자제할 생각은 전혀 없었다. 도시의 공해를 알고 있던 미국인은 오염을 떨쳐 버리기 위해 국립공원을 찾았다. 그렇다고 완전히 문명의 편리함을 포기한 것은 아니었다. 국립공원의 자연경관을 훼손하지 않는 한 도로와 주차장, 숙박시설, 캠핑장은 없어서는 안 될 기반시설이었다. 그래서 낡아서 제 기능을 상실한 기반시설에 새 옷을 입히는 미션66사업은 대중의 지지를 받고 출발했지만 헌옷을 교체하는 수준이 아니라 옷가지의 대상을 전면 개조하는 것으로 받아들여지면서 대중의 신뢰를 상실하게 되었다.

국립공원과 국유림의 보전에 편향된 미국인의 자연관이 도시의 일상생활을 아우르게 된 시기는 핵전쟁의 위기와 화학물질의 위험성을 자각하기 시작하면서부터였다. 2차 세계대전 직후에 소련이 핵무기의 개발에 성공하고 1957년에는 세계 최초의 인공위성인 스푸트니크(Sputnik)의 발사에 성공하면서 미국인은 핵전쟁의 위험을 감지했다. 대륙간탄도미사일에 탑재된 핵무기가 미국 본토에 떨어지면 설령 살아남는다고 해도 방사능으로부터 벗어날 수 없다는 점을 알게 되었던 것이다. 소련으로부터의 잠재적 위협과는 달리 미국 본토의 핵실

---

73) 아웃워터(2010). 물의 자연사. p.251.

험은 현존하는 명확한 위험이라는 점을 알게 된 미국인은 환경문제를 인식하게 되었다. 핵실험으로 방출되는 방사능은 통제 가능한 수치라는 정부의 발표를 곧이곧대로 믿는 미국인은 없었다. 눈에 보이지 않는 방사능의 위험으로 촉발된 환경문제는 레이첼 카슨(Rachel Louise Carson, 1907~1964)의 『침묵의 봄 *Silent Spring*』이 출판된 1962년을 기점으로 새로운 전환기를 맞게 되었다.

환경운동에 눈을 뜨게 된 미국인은 국립공원관리청도 변해야 한다고 생각했다. 국립공원관리청에서는 그동안 자연경관의 원형을 유지하는 활동을 보전으로 간주했다. 허드슨 강 화파의 그림에 등장하는 자연경관이 100년 후에도 변화가 없다면 국립공원관리청은 제 역할을 다한 것이라고 생각했던 것이다. 미국인도 그동안 국립공원관리청의 정책에 동조했지만 1960년대에 환경의 의미를 깨닫게 되자 방문객의 편익과 즐거움이 제한되더라도 생태계의 관리에 초점을 두어야 한다는 인식이 확산되었다. 1916년에 제정된 「국립공원관리청 설치법」의 법조항에 집착하는 한 국립공원관리청의 환골탈태는 기대하기 어렵다는 여론이 형성되었다. 국립공원관리청이 스스로 메스를 들 수 없다면 곪아터지기 전에 치료를 의무화하는 반강제적인 조치가 필요했다. 여론은 환경시민단체에서 청원한 「광야보호법 *Wilderness Act*」의 제정에 힘을 실어 주었다.

환경시민단체에서 초안을 작성한 「광야보호법」의 요지는 아직까지 태곳적 자연환경이 유지되고 있는 장소를 광야(wilderness)로 지정하여 최대한 인간의 손길로부터 보호하는 것이었다. 이 글에서는 광야(wilderness)라는 용어를 사용하지만 황야(荒野)라는 용어가 빈번히 사용되기도 한다. 월더니스(wilderness)라는 개념은 사실상 미국 이외에서는 적용하기가 매우 어려운 미국적인 문화 공간이기 때문에 전문 번역자에게도 고뇌를 안겨 주고 있는 것 같다. 표준국어대사전에 의하면 황야의 개념은 '버려 두어 거친 들판'으로, 주로 '인적 없는 삭막한 황야', '황야를 개척하다', '불모의 황야를 옥토로 바꾸다'라는 문장에서 사용된다. 황야는 삭막하고 불모의 땅으로 인간에 의해 개척되어야 할 대상이라는 것이다. 그러나 미국인이 생각하는 월더니스(wilderness)의 개념은 삭막한 불모의 황야는 아니다. 월더니스의 개념은 인간의 손길이 미치지 않은 광활한 대지이므로 쓸쓸한 공간일지라도 결코 삭막하다고 할 수는 없다. 또한 월더니스는 자연이 살아 숨 쉬는 공간이므로 불모의 황야라고 할 수 없다.

미국인이 생각하는 월더니스의 조건은 개발되지 않아 태곳적 자연환경이 유지되고 있는 광활한 공간이어야 한다. 외부의 개발로부터 자연환경을 보호하는 법제도는 웬만한 국가에서는 모두 채택하고 있다. 우리나라에서는 천연보호구역을 설정하고 있고 국제기구인 유네스코(UNESCO)에서는 생물권보전지역(Biosphere Reserve)을 지정하고 있다. 그러나 월더니스가 되기 위해서는 방대한 면적이 지정되어야 한다. 시어도어 루스벨트 대통령이 지정한 올림포스 국가기념물의 면적이 제주도 전체 면적보다 큰 것처럼 인간의 손길이 미치지 않는 광활한 면적이 확보되어야만 월더니스로 인식될 수 있다. 표준국어대사전에 의하면 광야란 '텅 비고 아득히 넓은 들'로서, 적절한 문장으로는 '끝없는 광야', '광야를 헤매다', '늑대가 광야에서 울부짖는다'가 제시되어 있다. 텅 비고 아득히 넓고 끝이 없다는 의미를 지닌 광야는 방대한 면적을 필요로 하는 월더니스의 조건과 부합한다. 비록 개발되지 않은 원시상태가 명확히 규정된 것은 아니지만 '늑대가 광야에서 울부짖는다'라는 문장에서 인간이 아닌 야생동물이 지배하는 공간임을 알 수 있다. 이 글에서는 광활한 야생이라는 의미를 부여한 광야(廣野)를 윌더니스(wilderness)의 번역어로 사용한다. 다른 글에서는 황야 이외에도 원생지, 야생지, 야생자연환경 등도 사용하고 있지만 아직까지는 합의된 용어가 없는 실정이다.

미국의 환경시민단체에서 「광야보호법」의 제정을 본격화한 시기는 1950년대 중반이었다. 환경시민단체는 국립공원관리청의 소관인 다이너소어 국립기념공원에 댐을 설치하려는 국토개간국(Bureau of Reclamation)의 시도를 성공적으로 저지하고 난 후 강력한 보전법안의 필요성을 인식했다. 당시 국립공원관리청장인 뉴턴 드루어리는 공개적으로 댐 건설을 반대하면서 트루먼 행정부로부터 권고사직을 당했다. 국립공원관리청에서 관리하는 국립기념공원에 댐을 설치하려던 국토개간국은 내무부의 산하 기관이다. 내무부에는 보전을 전담하는 국립공원관리청과 개발전담기구인 국토개간국이 어색한 동거를 하고 있는데 환경시민단체의 개입이 없으면 국토개간국의 입장이 수용되는 경우가 많았다. 국립공원에는 자연경관을 훼손하는 인공시설물의 도입이 금지되므로 조망을 방해하는 케이블카의 설치가 불가능한 것처럼 자연지형을 송두리째 바꾸어 버리는 댐 건설도 허용될 수 없었다. 그럼에도 불구하고 국토개간국이 기회가 될 때마다 국립공원과 국립기념공원에 댐 건설을 시도할 수 있었던 배경은 「수력발전법 *Water Power Act*」에 있었다.

1920년에 제정된 「수력발전법」은 국가 전체의 관점에서 편익이 비용을 상쇄한다면 국립공원의 수자원을 개발할 수 있는 근거조항을 담고 있었다. 국립공원관리청과 환경시민단체의 반발을 수용한 의회에서는 1920년 이전에 지정된 국립공원은 예외로 하는 「존스-에슈 수정법안 *Jones -Esch Bill*」을 1921년에 통과시켰다. 그렇다고 1920년 이전에 지정된 국립공원이 개발로부터 자유로운 에덴으로 남겨진 것도 아니었다. 행정부와 정치권에서는 국가 전체의 관점에서 필요하다면 언제든지 법안을 발의하여 국립공원에 댐을 설치할 용의가 있었다. 「존스-에슈 수정법안」의 통과에도 불구하고 당시 내무부 장관인 프랭클린 레인은 옐로스톤 국립공원에 댐을 설치하는 계획을 밀어붙였다. 프랭클린 레인은 옐로스톤 국립공원 내의 호수에 댐을 건설하여 인접한 아이다호 농가에 필요한 용수를 제공하는 것은 국가의 의무라고 주장했다. 이에 맞서 초대 국립공원관리청장인 스티븐 마더와 그의 분신인 호라스 올브라이트가 강력히 반발하자 직속상관인 프랭클린 레인은 해고를 심각히 검토했다. 다행히 프랭클린 레인이 민간 석유회사로 자리를 옮기면서 댐 건설의 추진력은 상실되었다.[74]

국토개간국은 서부 출신 정치인의 요청을 받아들여 콜로라도 강 수계를 따라 10개의 댐을 건설하는 콜로라도 강 저수 프로젝트(Colorado River Storage Project)를 수립했다. 이 계획에 의해서 다이너소어 국립기념공원에도 댐 건설이 이루어질 예정이었다. 국토개간국에서는 다이너소어 국립기념공원의 관할부서인 국립공원관리청에 댐 건설계획을 통보하고 기관의견을 제출해 줄 것을 요청했다. 국립공원관리청의 요청으로 콘라드 워드와 함께 공동조사책임자가 된 옴스테드 2세는 1941년에 조사를 개시하여 1946년에 최종보고서를 제출했다. 보고서의 핵심은 댐 건설을 반대하는 내용이었지만 국가 전체의 관점에

---

74) Sutter(2004). Driven Wild. p.115.

서 편익이 크다면 국립공원관리청으로서는 수용할 수밖에 없을 것으로 전망했다. 트루먼 행정부의 의지에 따라 댐 건설계획이 승인되면서 4대 청장인 뉴턴 드루어리는 사실상 해임되어 국립공원관리청을 떠났다.75)

댐 건설을 반대하다 수장이 교체된 국립공원관리청의 역할은 제한될 수밖에 없었다. 그러나 서부 출신 정치인의 지지를 얻은 트루먼 행정부의 질주는 제동이 걸리기 시작했다. 환경시민단체의 조직적인 댐 건설 반대운동은 서서히 여론의 지지를 얻기 시작했던 것이다. 반대운동을 주도한 단체는 시에라 클럽이었다. 뮤어가 설립한 시에라 클럽은 요세미티 국립공원 내의 헤츠헤치 계곡의 댐은 저지하지 못했다. 1913년의 쓰라린 패배에 와신상담하던 시에라 클럽은 국립기념공원에 댐이 건설되는 것을 방조할 수는 없었다. 데이비드 브라우어 (David Ross Brower, 1912~2000)가 이끌던 시에라 클럽은 여론의 지지를 얻는 것만이 댐 건설을 저지할 수 있다고 믿었다. 그래서 저명한 사진가인 안셀 애덤스와 엘리엇 포터(Eliot Furness Porter, 1901~1990), 소설가인 월러스 스테그너와 출판 사업가인 알프레드 크노프(Alfred Abraham Knopf, 1982~1984)를 끌어들인 브라우어는 멋진 사진과 문장을 곁들인 홍보책자를 발간했다. 1955년에 발행된 『이것이 다이너소어 국립기념공원이다 *This is Dinosaur: Echo Park Country and Its Magic Rivers*』를 접한 미국인들은 댐이 들어설 장소의 아름다움을 알게 되었다. 데이비드 브라우어의 전략은 성공적인 것으로 판명되었다.76)

---

75) Carr(2007). Mission 66. pp.36~37.
76) Wehr(2004). America's Fight over Water. pp.197~198.

© Dinosaur National Monument

[사진 10] 수몰예정지 전경

    시에라 클럽의 댐 건설 저지운동이 대중의 지지를 얻게 되자 서부 지역 정치인들은 서둘러 사태를 봉합하길 원했다. 1개의 댐 건설을 둘러싼 반대운동의 불씨가 모든 댐의 건설을 반대하는 사태로 확산 되길 원치 않았던 정치인들은 국립기념공원의 댐은 포기하기로 했다. 그러나 국립기념공원에 댐을 설치하지 않는 대신 다른 곳에 댐을 건설하는 대안을 제시했다. 시에라 클럽이 콜로라도 강 수계의 글렌 캐니언(Glen Canyon)에 댐을 설치하는 조건을 수용한 1956년에 다이너 소어 국립기념공원의 댐 건설계획은 공식적으로 폐기되었다. 댐 건설을 저지한 환경시민단체는 승리를 자축했지만 이러한 분위기가 오래 가지는 못했다. 대안으로 건설을 수용한 글렌 캐니언 댐이 완공되면 콜로라도 강의 생태계가 교란될 것이라는 점을 뒤늦게 파악한 브라우어는 자신의 결정을 번복하려 했지만 받아들여지지 않았다. 결국 글렌 캐니언 댐 건설을 저지하는 소송을 제기했지만 패소했다. 데이비드 브라우어에게 글렌 캐니언 댐 건설을 묵인한 행동은 인생에서 가장 뼈아픈 실수였다.

다이너소어 국립기념공원에 계획된 댐 건설을 저지한 환경시민단체에서는 후속조치가 필요하다는 인식에 도달했다. 앞으로도 정치권이 요구하면 국토개간국은 언제든지 국립공원과 국립기념공원에 댐을 건설할 것이 자명했다. 그래서 국토개간국의 손길로부터 국립공원을 보호하기 위한 새로운 법률제정이 필요하다는 공감대가 형성되었다. 정치권의 개발요구를 거절하기 위해서는 의회가 나서서 개발을 엄격히 규제하는 법률을 제정하는 것이 최선의 방안이었다. 더 늦기 전에 국립공원과 국유림에서 태곳적 자연환경이 보전된 장소만이라도 개발금지구역으로 지정하려는 운동은 윌더니스 소사이어티(The Wilderness Society)가 주도하고 있었다. 시에라 클럽이 주도한 댐 건설 저지운동은 곧 윌더니스 협회를 전면에 내세운 「광야보호법」의 제정운동으로 전환되었다.

1935년에 설립된 윌더니스 협회의 창립 발기인으로는 로버트 야드, 벤튼 맥케이(Benton MacKaye, 1879~1975), 로버트 마샬(Robert Marshall, 1901~1939), 그리고 알도 레오폴드가 참여하고 있었다. 윌더니스 협회의 창립회원은 로버트 야드를 제외하면 사실상 산림학자라고 해도 과언이 아니었다. 벤튼 맥케이는 하버드 대학 산림학부의 첫 번째 졸업생으로 애팔래치아 탐방로(The Appalachian Trail)를 구상한 산림학자였다. 존스 홉킨스 대학교에서 식물 생리학으로 박사학위를 받은 로버트 마샬의 연구대상지는 국유림이었다. 예일 대학교 산림학부 출신인 알도 레오폴드는 국립산림청에서 경력을 쌓은 후 위스콘신 대학교의 교수가 된 인물이었다. 로버트 야드를 제외하면 월더니스 협회를 창립한 핵심 회원의 배경은 국립산림청이었다.

로버트 야드는 국립공원관리청의 창립에 기여한 인물이었다. 언론계에서 잔뼈가 굵은 로버트 야드는 스티븐 마더에 의해 국립공원과 인연을 맺게 되었다. 당시 내무부의 특별 차관보로 임용된 스티븐 마더는 언론홍보업무를 전담할 인물로 로버트 야드를 고용했다. 명목상의 연봉을 받는 조건으로 차관보로 임용된 스티븐 마더는 정식 공무원이 아니었기에 사비를 털어 로버트 야드를 채용했다. 국립공원관리청의 초대 청장으로 임용된 스티븐 마더는 정식 공무원이 되었지만 로버트 야드의 신분은 애매모호했다. 로버트 야드는 국립공원 교육위원회의 책임자가 되었지만 그에게는 한 명의 비서만이 배정되었다. 당시에 국립공원관리청에 배정된 예산으로는 도저히 로버트 야드를 고용할 수 없는 처지였다. 1915년에 로버트 야드에게 6,000달러의 연봉을 지불한 스티븐 마더가 국립공원관리청장으로 받은 연봉은 4,500달러였고 부청장인 호라스 올브라이트의 연봉은 2,500달러에 불과했다. 1918년에 연방공무원이 사비를 들여 민간인을 고용하는 관행이 금지되면서 로버트 야드는 국립공원관리청을 떠날 수밖에 없게 되었다. 국립공원의 보전활동에 남은 인생을 헌신하기로 맹세한 로버트 야드는 1919년에 국립공원협회(National Park Association)를 창설했다.[77]

홍보전문가인 로버트 야드를 고용할 예산도 배정받지 못한 점에서

---

77) Sutter(2004). Driven Wild. p.105.

알 수 있듯이 출범 당시의 국립공원관리청의 위상은 불안했다. 그래서 스티븐 마더가 인식한 당면과제는 지지기반의 확충이었다. 국립공원관리청의 필요성이 제대로 인식되지 않는다면 호시탐탐 기회를 엿보는 국립산림청으로 흡수될 가능성도 없지 않았다. 스티븐 마더는 지지기반을 넓히기 위한 수단으로 접근성의 개선과 편의시설의 확충에 매진했다. 스티븐 마더의 정책으로 국립공원을 찾는 방문객은 빠르게 증가했지만 로버트 야드의 생각으로는 골프장과 수영장, 육상트랙, 심지어는 낚시꾼을 위해 인공부화장까지 설치하는 조치는 과도했다. 스티븐 마더는 국립공원의 외형확장에도 공을 들였다. 스티븐 마더에게 국립공원은 많이 지정될수록 좋다고 생각했다. 그러나 국립공원관리청을 떠나 국립공원협회를 창설한 로버트 야드는 곧이어 스티븐 마더의 정책을 비판하면서 사실상 결별을 선언했다.

로버트 야드에게 국립공원이란 인간의 손길이 미치지 않은 광활한 대지, 즉 광야(wilderness)였다. 비록 자연경관을 훼손하는 인공시설물의 설치는 엄격히 금지되었지만 방문객에게 즐거움을 제공한다는 명분으로 설치된 각종 시설물은 광야의 가치를 훼손하고 있었다. 국립공원에서의 시설물 설치는 의지만 있다면 언제든지 규제할 수 있다고 생각했다. 그러나 인간이 정주한 흔적이 남겨진 자연은 광야가 될 수 없다고 생각했다. 그래서 셰넌도어(Shenandoah)와 그레이트스모키산맥(Great Smoky Mountains)을 새로운 국립공원으로 지정하려는 국립공원관리청의 계획에 반대했다. 로버트 야드는 이곳뿐만 아니라 동부의 자연은 이미 인디언과 초기 정착민에 의해 훼손되었기 때문에 국립공원으로 지정해서는 안 된다고 주장했다. 로버트 야드의 생각으로는 새로운 국립공원으로 지정될 수 있는 광야는 오직 서부에서만

찾을 수 있었다. 그러나 서부라 할지라도 태곳적 원시상태로 남겨진 장소는 급속히 줄어들고 있었다. 로버트 야드는 옐로스톤 국립공원과 인접한 티톤(Teton) 일원을 국립공원으로 지정해서는 안 된다고 주장했다. 로버트 야드는 인공저수지인 잭슨 호수(Jackson Lake)를 제외하지 않는다면 티톤은 국립공원이 될 수 없다고 주장했다. 그래서 2대 청장인 호라스 올브라이트는 로버트 야드를 순수주의자(purist)라고 불렀다.[78]

로버트 야드는 공개적으로 국립산림청의 정책을 칭찬하여 사실상 국립공원관리청과의 결별을 선언했다. 그래서 로버트 야드는 산림학 전공자가 주도한 윌더니스 협회의 창립 발기인이 되었다. 1935년에 창설된 윌더니스 협회의 목표는 국유림과 국립공원 내에서 개발을 엄격히 규제하는 「광야보호법」을 제정하는 것이었다. 그러나 1939년에 로버트 마샬이 불의의 사고로 사망하고 1945년에는 로버트 야드가 세상을 떠났다. 그리고 1948년에 알도 레오폴드 역시 뜻하지 않은 사고를 당해 사망했다. 대중의 존경을 받던 인물들을 잃고 해체의 위기에 직면한 윌더니스 협회를 구한 인물은 하워드 자니저(Howard Zahniser, 1906~1964)였다. 1945년에 윌더니스 협회에 합류한 하워드 자니저는 다이너소어 국립기념공원에 댐을 설치하려는 계획이 폐기된 1956년에 「광야보호법」의 초안을 작성했다. 시에라 클럽을 위시한 환경시민단체와 연합전선을 구축한 윌더니스 협회는 1964년에 「광야보호법」의 제정을 이끌어 냈다.

1956년부터 「광야보호법」의 제정운동이 본격화되자 국립공원관리

---

78) Sutter(2004), Driven Wild, p.137.

청장인 콘라드 워드는 저지운동에 나섰다. 국립공원관리청에서 광야(wilderness)라는 용어는 일종의 금기어나 마찬가지였다. 광야는 인간의 손길이 미치지 않는 광활한 자연을 의미하기에 법률에 의해 광야라고 구획된 장소는 개발할 수 없게 된다. 국립공원관리청은 자신들이 관할하고 있는 국립공원과 국립기념공원은 그 자체가 광야이기 때문에 법률로 지정할 필요가 없다고 주장했다. 국립공원관리청은 설립 당시부터 개발을 규제하는 법률이 제정되는 것을 막아 왔다. 2대 청장인 호라스 올브라이트는 개발되지 않은 모든 지역이 곧 광야(all that is not developed is wilderness)라고 주장했다. 국립공원의 90%가 개발되지 않은 광야이기 때문에 굳이 법률로 지정할 필요조차 없다는 것이었다.[79]

국립공원관리청에서는 어쩔 수 없는 상황에서만 광야라는 용어를 사용하고 내부적으로는 백컨트리(backcountry)라는 용어를 사용했다. 국립공원관리청에서는 개발되지 않은 90%의 장소를 오지라고 부르고 개발된 10%의 장소는 프런트 컨트리(front country)라고 표현했다. 방문객의 편의와 즐거움을 위해 각종 편의시설이 들어선 장소가 프런트 컨트리이고 방문객의 접근이 허용되지 않은 지역이 백컨트리, 즉 오지였다. 이처럼 방문객의 접근을 허용하는 장소를 전면(front)으로 부르고 접근이 불허되는 장소를 후면(back)으로 분류하는 방식은 어빙 고프먼(Erving Goffman, 1922~1982)의 이론을 차용한 것이다. 연극무대를 사례로 든 어빙 고프먼의 전면-후면의 이분법은 숙박산업에서도 찾아볼 수 있다. 호텔에서 서비스를 제공하는 종사자는 고객

---

79) Miles(2009), Wilderness in National Parks, p.65.

과의 접촉 여부에 따라 프론트 오피스(front office)와 백오피스(back office) 소속으로 구분하고 있다. 국립공원관리청에서 광야라는 용어의 대체어로 사용하는 백컨트리는 숙박시설의 백오피스 개념을 응용한 것이었다.

국립공원관리청은 1872년에 제정된 「옐로스톤법」과 1916년의 「국립공원관리청 설치법」의 조문을 있는 그대로 해석했다. 방문객에게 편익과 즐거움을 제공하라는 국립공원의 설립목적을 준수하기 위해 국립공원관리청이 창설되었다는 신념은 인간 중심적인 사고를 낳았다. 국립공원관리청이 관리하는 국립공원은 곳간이나 마찬가지였다. 곳간에서 가져온 10%만으로도 방문객에게 즐거움을 줄 수 있지만 방문객의 욕구가 다양화해지면 새로운 매력이 필요해진다. 국립공원관리청은 언젠가는 곳간을 활짝 열게 되리라는 점을 알고 있었다. 그래서 그들은 곳간의 열쇠를 외부인에게 넘길 의향은 전혀 없었다. 만약 「광야보호법」이 제정되어 곳간이 단단한 사슬로 봉해지면 국립공원관리청은 관리권한을 상실한 것이나 마찬가지가 될 터였다. 그래서 국립공원관리청은 「광야보호법」의 제정을 결사적으로 반대했다.

1956년에 윌더니스 협회의 하워드 자니저가 초안을 작성한 「광야보호법」은 즉각 상원에 상정되었다. 하원에서도 5건의 유사법안이 발의되었다. 금방이라도 통과될 분위기였지만 국립공원관리청의 반대와 국유림의 나무를 탐내던 대기업의 로비는 상정된 법안을 폐기시켰다. 「광야보호법」이 제정되기까지는 9년이라는 시간이 필요했다. 그동안 65건의 법안이 상정과 폐기를 반복했고 18건의 공청회가 개최되었고 수천 쪽의 회의록이 작성되었다. 국립공원관리청은 은밀히 법안저지에 나섰지만 내무부 장관인 스튜어트 유달은 법안통과에 전

력을 기울였다. 상급자는 법안제정에 찬성했지만 직속부하는 반대한 격이었다.[80)

1964년 9월에 「광야보호법」은 린든 존슨(Lyndon Baines Johnson, 1908~1973) 대통령의 재가를 받아 발효되었다. 1956년에 「광야보호법」의 초안을 작성하고 법안통과에 전력을 기울인 하워드 자니저는 1964년 5월에 사망했다. 비록 법안이 통과되는 순간을 목격하지는 못했지만 사망 직전에 법안통과는 기정사실화되었다. 하워드 자니저는 「광야보호법」에서 광야의 개념을 다음과 같이 규정했다.

> 인간과 인간에 의해 만들어진 시설들이 자연경관을 지배하는 지역과는 정반대로 인간의 속박에서 벗어난 생명 공동체가 지배하는 지역이 광야(wilderness)이다. 고로 광야에서 인간은 정주할 수 없고 잠시 스쳐 가는 나그네이다.

1964년에 제정된 「광야보호법」에 의거하여 국립공원관리청과 국립산림청은 자신들이 관할하고 있는 국립공원과 국유림의 보전상태를 조사한 보고서를 10년 이내에 의회에 제출해야 하는 의무가 부가되었다. 광야로 지정할지는 의회의 권한으로 규정되었다. 국립공원관리청과 국립산림청은 실태조사를 할 수 있을 뿐 아무런 권한도 부여받지 못했다. 국립공원과 국유림의 방대한 면적을 감안하면 조사보고서의 제출 시한인 10년은 결코 충분한 시간이 아니었다. 서두르지 않는다면 예산권을 갖고 있는 의회의 분노를 자초할 것임을 잘 알고 있던 국립산림청에서는 차근차근 조사를 진행했지만 국립공원관리청에서는 여전히 미적거리고 있었다.

---

80) Miles(2009), Wilderness in National Parks, p.143.

의회에서 설정한 조사완료 시한인 1974년까지 광야로 지정된 1,260만 에이커(50,990km²)의 대부분은 국유림이었다. 광야로 지정된 국유림의 면적은 1,190만 에이커인 반면 국립공원에 지정된 광야의 면적은 201,000에이커에 불과했다. 그리고 야생생물 보호구역에는 563,000에이커의 광야가 지정되었다. 국유림의 비율이 압도적으로 높았던 이유는 1964년에 「광야보호법」이 효력을 발휘하면서 국립산림청 관할의 901만 에이커(37,000km²)의 국유림이 자동적으로 광야로 지정되었기 때문이었다. 다시 말해서 「광야보호법」이 제정되기 전에 이미 901만 에이커의 국유림은 국립산림청에 의해 사실상 광야로 지정·관리되어 있었기에 의회에서는 별도의 조사 없이 광야로 지정했던 것이다. 이처럼 「광야보호법」에 의해 자동적으로 901만 에이커가 광야로 지정된 국유림과는 달리 국립공원을 대상으로 지정된 면적은 전혀 없었다. 광야로 지정된 국유림의 면적은 1964년에 901만 에이커에서 1974년에는 289만 에이커가 증가한 1,190만 에이커가 되었다. 국립공원인 경우 1964년에는 전무하다가 1974년에는 201,000에이커가 지정되었다. 국립공원관리청의 증가율은 국립산림청의 10%에도 미치지 못했다.[81]

1964년에 「광야보호법」이 제정될 당시에 의회에 의해 901만 에이커의 국유림이 자동적으로 광야로 지정된 것과는 달리 국립공원에는 광야로 지정된 면적이 전무했다. 의회에서 설정한 조사보고서의 제출 시한인 1974년까지 광야로 지정된 국립공원의 면적은 겨우 201,000에이커에 불과했다. 벌목을 허용하고 부분적으로 가축방목과 광물채굴까지도 허용되는 국유림과는 달리 국립공원에서는 관광편의시설의

---

81) Miles(2009), Wilderness in National Parks, p.203.

설치를 제외한 개발은 거의 이루어지지 않았다. 국립공원의 보전상태는 국유림보다 우수했지만 광야로 지정된 면적은 언급하기조차 민망한 수준에 불과했다. 국립공원관리청은 「광야보호법」의 제정에도 불구하고 갖가지 이유를 들어 실태조사보고서의 제출을 연기했다. 뿐만 아니라 국립공원에서 광야로 지정될 면적을 최소화하기 위해 의도적으로 훼손된 면적을 과장했다. 광야는 인간의 손길이 미치지 않는 장소이어야 하기에 도로와 탐방로에서 멀리 떨어져서 구획되어야 한다는 국립공원관리청의 주장은 사실상 광야를 반대하는 것이었다. 왜냐하면 국립공원관리청이 설립된 이래 방문객에게 편의를 제공한다는 명분으로 개설된 자동차 도로와 탐방로가 국립공원의 구석구석을 관통하고 있었기 때문이었다. 이처럼 국립공원관리청의 소극적인 자세에 분노한 내무부 장관은 1972년에 7대 청장인 조지 하트조그(George B. Hartzog, Jr., 1920~2008)를 해임했다.[82]

1974년에 지정된 광야의 총 면적은 1,260만 에이커였고 대부분은 국립산림청이 관할하던 토지였다. 2011년 현재 광야로 지정된 총 면적은 1억 에이커(443,183㎢)를 조금 상회하고 있다. 광야로 지정된 총 면적의 33%는 국립산림청의 국유림이고 19%는 내무부 산하 기관인 어류 및 야생동물 관리국(Fish and Wildlife Service), 8%는 내무부 산하 기관인 국토관리국(Bureau of Land Management), 그리고 40%는 국립공원관리청의 관할구역에 지정되어 있다. 국립공원관리청은 「광야보호법」의 제정에 반대했고 의회에서 의무화한 조사보고서의 작성에도 소극적이었지만 시간이 흐르면서 광야의 개념을 폭넓게 수용하기 시작했다.

---

82) Miles(2009). Wilderness in National Parks. pp.199~201.

10. 국립산림청과 광야의 개념화

   1964년에 제정된 「광야보호법」은 추가조사 없이 901만 에이커의 국유림을 광야로 지정했다. 그런데 인간의 손길이 미치지 않은 장소가 국유림에 존재한다는 사실은 세간의 상식과는 맞지 않았다. 국유림을 관리하는 국립산림청은 1905년에 설립된 이래 벌목을 허용했기 때문에 인간의 손길이 미치지 않은 장소가 있을 리 만무했다. 국립산림청의 초대 청장인 기포드 핀쇼는 과학적 관리를 적용하는 조건으로 벌목뿐만 아니라 가축의 방목과 광물의 채굴도 허용되어야 한다고 주장했다. 최대다수를 위한 최대행복의 달성을 목표로 설정한 기포드 핀쇼이기에 자원의 이용을 단일용도로 한정하는 것은 바보 같은 짓이었다. 그가 보기에 휴양과 단순한 레크리에이션 활동만 허용되는 국립공원은 특정인만을 위한 특혜에 불과했다. 당시만 해도 서부의 국립공원에서 휴양을 할 수 있는 계층은 제한적이었기에 기포드 핀쇼의 생각이 편협했던 것은 아니었다. 기포드 핀쇼가 보기에 국립공원의 운영은 극히 비효율적이었기에 다양한 용도로 자원을 관리하는 국립산림청에서 국립공원을 운영해야 한다고 주장했다. 그에게 자연을 최상으로 이용하는 방법(highest use)은 다양한 계층을 위해서 다양하게 사용하는 것이었다.

자원을 다양한 용도로 이용해야 한다는 기포드 핀쇼의 생각은 곧 국립산림청의 철학이 되었다. 미국 전역의 국유림에는 벌목에 필요한 임도가 개설되었고 국유림의 특성에 맞게 가축의 방목과 광물의 채굴도 허용되었다. 국립산림청은 최대 자산인 숲을 화재로부터 보호하기 위해 산불감시용 도로를 개설했다. 1905년에 국립산림청이 창립된 이래 국유림에서 인간의 흔적을 발견할 수 없는 공간은 점점 사라져 가고 있었다. 그래서 1964년에 「광야보호법」에 의거하여 901만 에이커의 국유림이 자동적으로 광야로 지정되자 대중은 놀라지 않을 수 없었다. 자연의 수호자임을 자임하던 국립공원관리청이 「광야보호법」의 제정에 거부하는 것을 본 미국인은 국립산림청의 이미지를 다시 그리게 되었다.

국립산림청이 기포드 핀쇼의 사상을 가감 없이 신봉했다면 1964년 이전에 광야로 지정될 면적은 남아 있지 않았을 것이다. 1910년에 기포드 핀쇼는 해임된 후 국립산림청을 떠났지만 그의 영향력은 여전했다. 국립산림청에서 기포드 핀쇼의 사상을 다른 관점으로 보게 된 계기는 국립공원관리청의 창설이었다. 휴양이라는 단일용도로 자연을 이용하는 국립공원은 비효율의 극치였기에 국립산림청이 국립공원의 관할권을 이전받아야 한다고 기포드 핀쇼는 주장했다. 그러나 1917년에 국립공원관리청이 발족하면서 기포드 핀쇼의 공격적인 계획은 무산되었다. 오히려 국유림을 호시탐탐 노리는 국립공원관리청의 공세를 막아 내야 하는 방어자의 입장이 된 국립산림청은 새로운 전략을 모색해야 했다. 적을 알아야 승리할 수 있다고 판단한 국립산림청은 그동안 무시해 왔던 휴양과 레크리에이션의 가능성을 연구해야 할 시점이라고 생각했다.

기포드 핀쇼의 친구이자 2대 청장이 된 헨리 그레이브스(Henry Solon Graves, 1871~1951)는 1917년에 경관설계 전문가인 프랭크 워(Frank Albert Waugh, 1869~1943)에게 국유림의 실태조사를 의뢰했다. 헨리 그레이브스는 자신들이 상대해야 할 국립공원관리청의 관점을 이해하고 싶었기에 경관설계 전문가를 고용했던 것이다. 조사를 의뢰받은 프랭크 워는 1918년에 『국유림에서의 레크리에이션 활용 *Recreation Use on the National Forests*』이라는 제목을 단 보고서를 제출했다. 프랭크 워는 국유림에서도 부분적으로 레크리에이션이 이루어지고 있음을 환기시킨 후 국유림을 3개의 구역으로 구분할 것을 제안했다. 국유림에서 벌목 등의 용도가 모두 충족된 후 레크리에이션의 기회를 제공하는 구역이 일회적 공간(Incidental Use)이다. 정반대로 국유림의 용도를 오로지 레크리에이션으로 한정하는 구역이 독점 공간(Exclusive Use)이다. 그리고 상황에 따라 절충할 수 있는 구역은 부차적 공간(Paramount Use)으로 명명했다. 국립산림청의 운영철학을 이해하고 있던 프랭크 워는 국유림에서 레크리에이션 전용공간을 설정하는 것은 반발을 불러일으킬 것으로 생각했다. 그래서 명확한 수치를 제시하지는 않았지만 국유림의 대부분은 일회적 공간으로 지정하고 레크리에이션만을 위한 전용공간은 극히 예외로 설정할 것을 제안했다.[83]

기포드 핀쇼는 휴양과 레크리에이션 활동 자체를 반대한 것은 아

---

83) Miles(2009), Wilderness in National Parks, p.39.

니었다. 국립공원에서 휴양과 레크리에이션 활동만 허용된 것은 자원의 가치를 제대로 이용하지 못하는 비효율의 극치로 생각했던 것이다. 기포드 핀쇼에게 국유림의 자원을 효율적으로 이용하는 방안은 벌목이었고 다음으로 방목과 채굴, 그리고 휴양은 맨 마지막이었다. 그러나 국유림에서 여름휴가를 보내길 원하는 미국인의 요구에 의회는 「유효기한법 *Term Permit Act*」을 통과시켰다. 1915년에 제정된 「유효기간법」은 국유림에 무단으로 지어진 자그마한 여름별장을 양성화하고 새로운 별장이 들어서면 30년간 사용할 수 있도록 보장했다. 여름별장은 주로 아름다운 호수를 끼고 있고 도시와 가까운 일부 국유림에 주로 들어섰다. 의회에서 30년간 여름별장의 사용을 허용한 만큼 국립산림청에서도 여름별장의 주변은 벌목하지 않고 그대로 남겨줄 수밖에 없었다. 아름다운 호숫가에 지어진 여름별장의 주위에 나무가 전혀 없다면 별장 소유주의 항의에 시달릴 것을 알고 있었기 때문이었다.[84]

2대 산림청장인 헨리 그레이브스는 프랭크 워가 제출한 보고서의 제안을 일부 수용하기로 결정했다. 그래서 국립산림청에서는 경관설계 전문가인 아서 커하트(Arthur Hawthorne Carhart, 1892~1978)에게 후속조사를 맡겼다. 1918년부터 1922년까지 근무한 아서 커하트는 국립산림청이 정식으로 채용한 최초의 경관설계 전문가였다. 국립산림청의 동료로부터 미용공학자(beauty engineer)라는 애칭을 얻은 아서 커하트는 콜로라도의 화이트리버 국유림(White River National Forest)에서 조사를 진행했다. 그림처럼 아름다운 트래퍼스 호수(Trappers Lake)를 끼고 있는 화이

---

84) Sutter(2004). Driven Wild. p.60.

트리버 국유림에는 여름별장이 우후죽순 들어서고 있었다.

호수 주변에 들어선 여름별장들이 호수의 조망을 해치고 호수를 오염시키고 있음을 확인한 아서 커하트는 도로의 기능에 주목했다. 도로가 개설되지 않은 장소는 천혜의 아름다운 자연경관에도 불구하고 인간의 손길이 미치지 않고 있었다. 도로를 적절히 활용하면 보전해야 할 장소와 레크리에이션을 활성화할 장소를 구분할 수 있다고 생각한 아서 커하트는 넓은 면적의 국유림에서 레크리에이션이 활성화되어야 한다고 제안했다. 그는 벌목과 산불감시용 임도가 개설된 장소를 선정하여 레크리에이션을 허용하면 자원을 다양한 용도로 활용하는 국립산림청의 정책과도 크게 배치되지 않는다고 생각했다. 물론 레크리에이션이 허용된 주변의 벌목은 제한되어야 하지만 레크리에이션이 파생할 경제적 가치는 벌목과 대등한 수준이라고 판단했다.

국유림에서 레크리에이션의 활성화를 주장한 아서 커하트의 제안은 거의 수용되지 않았다. 1922년 12월에 아서 커하트는 국립산림청을 떠났지만 그의 제안은 국립산림청에서 조용하지만 묵직한 반향을 불러일으켰다. 특히 도로를 이용한 국유림의 활용방안은 당시 애리조나와 뉴멕시코의 국유림을 관할하던 3구역(District 3)의 부책임자로 근무하던 알도 레오폴드의 관심을 끌었다. 1919년에 아서 커하트를 직접 만난 레오폴드는 곧이어 국유림에서 도로가 없는 지역을 광야(wilderness)로 지정한 후 레크리에이션 활동만 허용하는 방안을 제안했다. 광야에서의 레크리에이션 활동은 사냥과 트래킹만 허용하자는 레오폴드의 제안은 레크리에이션의 다양화를 주장한 아서 커하트와 다른 점이었다. 국유림에 광야를 도입해야 한다는 레오폴드의 제안은 국립산림청의 정책에 지대한 영향을 미치게 되었다.

아서 커하트와 알도 레오폴드는 모두 국유림에 레크리에이션만을 위한 전용공간을 지정해야 한다고 제안했다. 경관설계 전문가인 아서 커하트가 자연경관이 수려한 국유림의 일부를 전용공간으로 지정하고자 한 것과는 달리 알도 레오폴드에게 자연경관은 별다른 의미가 없었다. 자연경관을 배경으로 한 레크리에이션은 일정한 거리를 두고 감상에 치중하는 활동인 반면 알도 레오폴드의 레크리에이션은 광활한 자연에 파묻혀서 있는 그대로의 자연과 대면하는 활동이었다. 알도 레오폴드가 구상한 레크리에이션은 자연에서 오감을 느끼는 활동인 반면 아서 커하트의 제안과 국립공원에서 행해지는 레크리에이션은 시각에 의존하는 활동이었다. 알도 레오폴드의 레크리에이션 개념은 국립공원의 레크리에이션과는 확연히 달랐다. 만약 레오폴드의 레크리에이션 개념이 국립공원의 개념을 답습했다면 국립산림청에서는 그의 제안을 검토조차 하지 않았을 것이다. 적을 알아야 승리할 수 있다는 판단에 따라 레크리에이션의 연구를 허용한 국립산림청장에게 국립공원을 모방하는 레크리에이션 정책은 수용될 여지가 없었기 때문이었다.

알도 레오폴드의 레크리에이션 개념은 "국유림의 위락정책에서 광야의 위치 *The Wilderness and Its Place in Forest Recreational Policy*"라고 명명된 논문을 통해 빛을 보게 되었다. 그는 1921년에 산림학회지(Journal of Forestry)에 게재된 논문에서 레크리에이션을 위한 전용공간이 국유림에 지정되어야 한다고 제안했다. 국유림에 레크리에이션 전용공간을 배정하는 것 자체도 환영받을 수 없는 주장이었지만 레오폴드는 한발 더 나가서 도로가 없는 광활한 면적이 광야로 지정되어야 한다고 강조했다. 추후에 레오폴드가 제안한 레크리에이션을 위한 전용공간의 적절한 면적인 250,000에이커(1,011km²)는 제주도 전체 면적(1,848㎢)의 절반으로 엄청난 규모였다. 이처럼 방대한 면적에는 자동차 전용도로뿐만 아니라 인위적으로 개설된 탐방로도 허용되지 않는다. 다만 산불감시를 위한 감시초소와 연계도로는 허용되어야 하고 임도가 개설되지 않는다면 지역사회의 자급자족에 필요한 벌목과 목축은 허용되어야 한다고 주장했다. 레크리에이션을 위해 지정된 광야에서 허용되는 활동은 사냥과 낚시, 그리고 트래킹으로 제한되었다.[85]

국유림에 방대한 면적의 광야를 지정하고 이곳에서는 트래킹처럼 문명과는 동떨어진 레크리에이션 활동만 허용하자는 레오폴드의 주장은 받아들여지기 어려웠다. 국립산림청의 임원진은 국립공원관리청의 공세를 견제할 목적으로 부분적으로 레크리에이션을 허용할 의향은 있었지만 레오폴드의 주장처럼 레크리에이션만을 위한 방대한 면적을 광야를 지정할 생각은 전혀 없었다. 인간의 손길이 미치지 않는 광야의 지정은 자원의 효율적인 이용을 강조하는 국립산림청의 철학과는 대치되는 개념이었다. 국유림의 특성에 맞게 최대한 다양한 용도로 자원을 활용하는 것이 최상의 이용방식(highest use)이라는 기포드 핀쇼의 철학을 모를 리 없었던 레오폴드는 핀쇼의 철학을 되받아쳤다. "최상의 이용은 보존을 요구한다(Highest use demands its preservation)."[86]

알도 레오폴드가 구상한 광야의 개념은 상충되는 부분이 있었다. 인위적으로 개설된 도로를 배제하고 문명의 이기(利己)가 최소화된 레크리에이션 활동이 가능하도록 방대한 면적을 지정해야 한다는 레오폴드의 구상은 현재에도 부합되는 개념이다. 그러나 광야에서 사냥을 허용하자는 주장은 인간의 손길을 배제하는 광야의 기본전제와

---

85) Sutter(2004), Driven Wild, p.70.
86) Oelschlaeger(1992), The Wilderness Condition, p.150.

맞지 않았다. 그러나 레오폴드는 자신의 주장에 집착하지 않았고 개선의 여지가 있다면 주저하지 않고 다른 관점을 받아들였다. 레오폴드가 광야에서의 사냥을 옹호한 배경에는 그의 취미가 스포츠사냥이라는 점도 영향을 미쳤다. 그리고 레오폴드는 예일 대학교 산림학과에서 야생동물관리를 전공으로 석사학위를 받았다. 당시에 국유림 내의 야생동물의 관리는 인간에게 상해를 끼칠 수 있는 육식동물을 통제하는 것이었다. 곰이라든지 늑대, 코요테, 쿠거 등의 육식동물은 벌목공의 안전을 위협하고 방목된 가축을 먹이로 삼기 때문에 박멸의 대상이었다. 그는 유작으로 남겨진 『모래땅의 사계』에서 청년시절에 늑대와 대면한 경험을 담담하게 회고했다.[87]

> 이런 좋은 기회를 그냥 지나친다는 것은 당시로서는 상상도 할 수 없는 일이었다. 흥분한 우리는 제대로 조준도 않고 순식간에 총알을 퍼부었다. 가파른 절벽 위에서 정확한 겨냥을 하기는 어려운 일이다. 라이플총에서 마지막 총알이 발사된 후 늙은 늑대가 털썩 쓰러졌다. 새끼 한 마리는 다리를 질질 끌면서 어차피 오르지 못할 비탈길 바위 쪽으로 달아났다.
> 우리는 늙은 늑대에게 다가가 그 눈에서 푸른 불꽃이 사그라지는 것을 보았다. 나는 그 늑대의 눈 속에 무언가 내가 모르는 새로운 것, 늑대와 저 산만이 알고 있는 것이 있다는 걸 순간 깨달았고, 그 이후 단 한 번도 그걸 잊은 적이 없다. 그때 나는 젊었고 그저 방아쇠를 당기고 싶어 몸이 근질거릴 때였다. 늑대 수가 적어지면 사슴 수가 늘어나고, 늑대가 모두 사라지고 나면 세상은 사냥꾼의 낙원이 될 것이라고 단순하게 생각할 때였다. 그러나 푸른 불꽃이 사라지는 모습을 본 이후, 나도 늑대도 산도 그런 생각에는 동의하지 않는다는 것을 알게 되었다.

---

87) 레오폴드(1999). 모래땅의 사계. p.158.

1921년에 광야의 개념을 세상에 공개할 당시 레오폴드는 24살이었다. 당시는 1차 세계대전이 종식된 후 시어도어 루스벨트 대통령의 강인한 삶(strenuous life)이 각광받던 시기였다. 강력한 군대를 갖춘 유럽의 열강들이 대립한 1차 세계대전에 뒤늦게 참전한 미국은 국력에 부응하는 군대를 육성해야 함을 깨달았다. 모병제를 채택한 만큼 전쟁이 발발하면 자원병으로 충원될 미국의 군대가 강해지기 위한 조건은 자원병의 자질에 달려 있었다. 미국의 청년들이 평상시에 강인한 체력을 갖추고 기본적으로 총을 다룰 수 있다면 자원입대하자마자 별다른 훈련 없이 실전에 투입할 수 있었다. 그래서 미국의 지도층에서는 젊은 이들이 야외에서 말을 타고 사냥을 하고 나침반으로 원하는 방향을 찾을 수 있는 독도법의 교육을 강조했다. 알도 레오폴드가 대학을 막 졸업한 시기는 1919년에 사망한 시어도어 루스벨트의 인생 스토리가 미국의 청년을 매료시키고 있었다. 알도 레오폴드도 시어도어 루스벨트의 길을 따르던 미국의 청년들 중 한 명이었다.[88]

알도 레오폴드의 인간 중심적인 사상은 다른 관점을 수용하면서 서서히 생태 중심적인 사고로 바뀌어 가고 있었다. 국립산림청에서 은퇴하고 위스콘신 대학교에서 야생동물관리학의 토대를 쌓은 레오폴드는 육식동물의 무차별적인 도태가 초래할 부작용을 이해하게 되었다. 그동안 늑대 등의 육식동물은 사람과 가축을 해친다는 이유로 국유림에서 추방되었다. 국립공원에서 방문객에게 즐거움을 줄 수 있는 동물은 살아남았다. 위험한 육식동물이지만 쓰레기통에 남겨진 음식물을 게걸스럽게 먹는 곰은 국립공원을 찾는 방문객에게 즐거움을

---

88) Sutter(2004). Driven Wild. p.42.

준다는 이유로 포획되지 않았다. 그러나 늑대와 쿠거 등의 육식동물은 이미 1920년대 중반에 국립공원에서 자취를 감추었다. 육식동물이 사라지자 사슴 등의 초식동물이 급속히 증가하면서 생태계에 과부하를 주고 있었다.

1943년에 레오폴드는 옐로스톤 국립공원 내의 사슴무리의 실태를 조사하기 위해 국립공원관리청에 조사협조를 요청했지만 거부당했다. 급속히 증가한 사슴무리가 초래할 생태적 부작용을 이해하고 있었던

ⓒ NPS Historic Photograph Collection

[사진 11] 세쿼이아 국립공원에서 쓰레기통을 뒤지는 곰(1930년경)

레오폴드는 대처방안을 마련하기 위해 조사를 신청한 터였다. 알도 레오폴드의 조사가 거부된 지 20년이 채 경과되지 않은 1960년대 초에 옐로스톤 국립공원의 관리자는 4,000마리의 사슴을 도태시켰다. 이 사건을 계기로 국립공원의 운영철학에 지대한 영향을 미친 조사보고서를 작성한 책임자는 레오폴드의 장남인 스타커 레오폴드였다.[89]

1921년에 공개된 레오폴드의 구상은 자체모순도 있었지만 점차 통합적인 사상으로 발전해 나갔다. 애당초 자연경관의 가치에는 별다른 관심을 두지 않았기에 광야의 개념을 확장하는 데 무리가 없었다. 그에게 광야의 조건은 하늘을 찌를 듯 치솟은 나무들이 우거진 숲이라든지 요세미티 국립공원처럼 그림처럼 아름다운 자연경관만 해당되는 것은 아니었다. 모기와 파충류가 득실거리는 습지라든지 풀 한 포기 보기 어려운 사막도 광야가 될 수 있었다. 당시에 습지는 매립하여 농지와 주거용지로 개발하지 못하면 쓸모없는 땅에 불과했다. 습지와 사막은 보전의 대상이 아니라 개발을 할 수 없어 버려 둔 땅이었다. 레오폴드는 세간의 인식과는 달리 습지와 사막을 자체적인 생명공동체로 생각했다. 그는 생명에 대한 경외감이 있다면 미국인들이 습지와 사막을 다른 시선으로 보는 것은 어렵지 않다고 생각했다.『모래땅의 사계』에 반영된 그의 생각은 다음과 같다.

> 우리는 대지를 남용하고 있다. 왜냐하면 대지를 우리가 가진 상품으로 간주하기 때문이다. 만약 대지를 우리에게 귀속된 공동체로 인식하면 우리는 대지를 이용할 때 애정과 존경을 담을 것이다.[90]

---

89) Miles(2009). Wilderness in National Parks. p.189.

90) We abuse land because we regard it as a commodity belonging to us. When we see land as a community to which we belonging, we may begin to use it with love and respect.

알도 레오폴드의 사상은 추후에 '대지윤리(Land Ethic)'라고 불리게 된다. 그의 사상은 천재적인 영감에 의해 탄생한 것이 아니라 다른 관점을 수용하는 데 주저함이 없는 열린 마음에 의해 만들어진 것이다. 레오폴드는 자연을 있는 그대로 보존하자는 자연주의자는 아니었다. 그가 선택한 보전방식은 광범위한 면적을 광야로 지정하여 인위적인 개발을 최소화하는 것이었다. 그에게 광야는 인간의 접근을 원천봉쇄하는 천연보호구역이 아니었다. 인간의 방문을 허용하지만 자연에 과부하를 주는 소지품은 버려 둔 채 오직 두 발을 이용하여 자연을 체험하는 공간이 광야였다. 1924년에 레오폴드는 자신이 부책임자로 근무하고 있는 구역3의 본부가 위치한 길라 국유림(Gila National Forest)에서 574,000에이커(2,322㎢)를 광야로 지정하는 데 성공했다. 국립산림청이 창설된 이래 최초로 임도개설과 벌목이 금지된 광야지역이 지정된 것이었다.

국유림에서 벌목을 금지하고 레크리에이션 활동만 허용하자는 레오폴드의 구상은 조직 내부의 반발을 불러일으켰다. 무엇보다도 레크리에이션 활동만 가능한 광야의 개념은 기포드 핀쇼가 내세운 최상의 이용(highest use)과는 대치된다는 주장이 제기되었다. 레오폴드의 구상처럼 광야의 가치를 이해할 수 있는 유일한 방안인 트래킹은 엘리트적인 발상이라는 비판이 제기되었다. 자연경관은 도로에서 멀리 떨어진 장소에서도 누구든지 감상할 수 있지만 강인한 체력을 갖추지 못하면 도로가 개설되지 않은 광야를 체험할 수 없다는 비판이 제기되었다. 레오폴드와 로버트 마샬은 광야로 지정된 지역은 자동차를 배제하기 위함이지 결코 이용자를 배제하려는 지역이 아님을 강조했다. 그들은 자동차를 타고 도착한 장소에서 즐길 수 있는 레크리에이션과 광야에서

가능한 레크리에이션은 다른 유형의 활동이라고 반박했다.91)

알도 레오폴드가 구상한 광야의 개념을 두고 조직 내부의 격론이 심화되자 3대 청장인 윌리엄 그릴리(William Greeley, 1879~1955)는 임원회의를 소집했다. 최고위층의 판단으로는 레오폴드가 제안한 광야의 개념은 위험하기 그지없었다. 만약 국유림에서 트래킹 등의 레크리에이션 활동만 허용하는 광야지역을 설정하게 되면 국립공원과의 차별화가 불가능해질 것으로 판단했다. 국립공원관리청에서 언제든지 광야로 지정된 국유림의 관할권을 넘겨 달라고 의회를 설득할 수 있다고 판단했던 것이다. 그래서 1926년에 국립산림청은 레오폴드의 제안을 거부하기로 결정했지만 완전히 포기한 것은 아니었다.92)

레오폴드의 제안을 거부한 국립산림청장인 윌리엄 그릴리는 원래 기포드 핀쇼의 후계자라고 불렸다. 그는 예일 대학교 산림학과에 재학하던 시절부터 기포드 핀쇼의 대저택에서 동일한 비전을 갖고 있는 사람들과 친분을 쌓았다. 예일 대학교의 산림학과는 기포드 핀쇼의 가문에서 기부한 150,000달러를 토대로 개설되었다. 이런 점에서 윌리엄 그릴리는 기포드 핀쇼로부터 장학금을 받은 것이나 마찬가지였다. 초대 산림청장인 핀쇼의 총애를 받던 그릴리는 1910년에 발생한 대화재를 직접 경험한 사람이었다. 당시에 산불을 진화하다가 80여 명이 사망했고 수백 명이 평생 동안 화상의 고통을 겪었다. 그릴리는 대화재의 진압과 사후조치를 무난히 처리한 공로를 인정받아 1920년에 3대 청장으로 임용되었다. 새로운 청장이 된 그릴리는 그동안 따랐던 기포드 핀쇼의 가르침을 버렸다. 그릴리는 대기업의 마수

---

91) Sutter(2004), Driven Wild, p.243.

92) Miles(2009), Wilderness in National Parks, pp.46~47.

로부터 국유림을 보전한 기포드 핀쇼와는 정반대의 행보를 보였다. 기회가 될 때마다 국유림의 나무를 대기업에게 넘겨주려는 그릴리의 행동에 기포드 핀쇼는 배신감에 치를 떨었다. 그릴리에게 나무는 돈벌이의 대상에 불과했다(land is ripe for ax). 다행인지 1928년에 그릴리는 자진 사직하고 목재회사로 이직했다.93)

3대 청장인 윌리엄 그릴리에게 벌목을 금지하고 레크리에이션 활동만 허용하자는 레오폴드의 구상은 수용될 여지가 없었다. 1928년에 그릴리가 떠나자 레오폴드의 제안은 재검토되었다. 우선적으로 레크리에이션의 개념이 확장되었다. 레크리에이션이라는 용어 대신에 과학 및 교육목적에 적합한 활동이라는 다소 애매모호한 표현을 사용했다. 그리고 광야지역(wilderness area)은 원시지역(primitive area)이라는 새로운 용어로 대체되었다. 이미 국유림의 태반에 임도와 탐방로가 개설된 만큼 인간의 손길이 미치지 않은 순수한 광야는 존재할 수 없다는 것이 원시지역이라는 용어를 채택한 배경이었다. 1929년에 국립산림청은 L-20규칙(L-20 Regulation)을 제정하여 각 구역의 책임자에게 원시지역의 지정권한을 부여했다. 10년 후인 1939년까지 75개의 원시지역에 1,420만 에이커(57,465㎢)의 면적이 지정되었다.

1929년에 제정된 L-20규칙에는 레오폴드의 제안이 상당 부분 반영되었다. 레오폴드의 제안과 L-20규칙의 차이점은 지정권한의 주체에 있었다. 레오폴드는 국립산림청장이 광야를 지정해야 한다고 생각했다. 그러나 L-20규칙은 각 구역의 책임자에게 원시지역의 지정권한을 부여했다. L-20규칙은 원시지역의 지정조건을 명시하지 않고

---

93) Egan(2009). Big Burn. p.270.

각 구역 책임자의 판단에 맡겼다. 통일된 지정기준이 없다 보니 원시지역으로 지정된 면적은 구역에 따라 편차가 심해졌다. 이런 문제점을 해소하기 위해 마련된 새로운 제도가 U규칙(U Regulations)이었다.

1939년에 도입된 U규칙의 특징은 지정기준을 명시한 것이었다. U규칙에서는 지정면적의 규모에 따라 U-1, U-2, U-2A라는 3개의 유형으로 구분했다. 첫째, U-1은 100,000에이커 이상의 면적이 지정될 때 적용되었다. 둘째, U-2는 5,000~100,000에이커 이하의 면적에 적용되었다. 그리고 U-2A는 5,000에이커 이하의 면적에 적용되었다. U-1에 의해 지정된 국유림을 부르는 용어는 광야지역(wilderness area), U-2에 해당되는 국유림은 야생지역(wild area), 그리고 U-2A는 주로 카누지역(canoe area)이라고 불렸다. U-1의 지정권한은 농림부 장관이 행사하고 U-2의 지정권한은 국립산림청장, 그리고 U-2A의 지정권한은 각 구역 책임자에게 부여되었다.94)

U규칙은 1956년에 「광야보호법」의 초안을 작성한 하워드 자니저에게 영향을 주었다. 「광야보호법」에 의하면 광야로 지정될 수 있는 최소한의 면적은 5,000에이커 이상으로 U규칙에서 정한 최소한의 기준을 적용한 것이었다. 1964년에 「광야보호법」이 제정되면서 자동적으로 광야로 지정된 901만 에이커의 국유림은 U규칙으로 지정된 면적이었다. 국립산림청은 숲의 나무를 베어 내고 가축의 방목을 허용하고 종종 광물채굴도 허용했지만 L-20규칙과 U규칙이라는 정책을 도입하여 국유림의 일정면적을 보호했다. 반면에 자연보전의 수호자임을 자임하던 국립공원관리청은 광야라는 개념 자체를 반대했다. 국

---

94) Sutter(2004), Driven Wild, pp.252~253.

립공원관리청의 일관된 정책은 규제를 만들지 않는 것이었다. 국립공원에서 개발되지 않은 장소는 방문객의 편익과 즐거움을 위해 필요하다면 언제든지 개발될 수 있도록 유보된 공간이었다. 그래서 국립공원관리청은 「광야보호법」의 제정에 반대했고 법률제정 이후에는 의회에서 10년 이내에 제출을 의무화한 조사보고서의 작성에도 미적거렸던 것이다.

요세미티 국립공원은 전체 면적의 89%가 광야로 지정되었다. 국립공원에서 개발된 면적은 10%에 불과하고 90%는 미개발 상태라고 공언한 호라스 올브라이트의 말은 옳았다. 그러나 미국 최초의 국립공원인 옐로스톤에는 광야로 지정된 면적이 전무하다. 그리고 그랜드 캐니언에도 광야로 지정된 면적이 없다. 개발된 면적이 극히 미미하고 대부분이 미개발 상태로 남아 있는 그랜드 캐니언 국립공원에 광야로 지정된 면적인 전무한 이유는 모터보트에 있었다. 전장 277마일의 콜로라도 강이 관통하고 있는 그랜드 캐니언 국립공원에는 다수의 래프팅 업체가 운영 중이다. 콜로라도 강의 물결을 따라 고무보트를 타는 래프팅은 육상의 광야에서 즐기는 트래킹과 비슷하다. 래프팅과 트래킹은 모두 동력을 이용하지 않고 자신의 신체에 의존하는 대표적인 레크리에이션 활동이다. 콜로라도 강에서 문제가 된 레크리에이션은 모터보트를 이용하는 활동이다. 광야는 문명과는 동떨어진 장소인 만큼 자동차의 접근을 배제하기 위해 도로를 개설하지 않는 것처럼 수상에서도 모터를 이용한 교통수단은 불허되어야만 한다.

1974년까지 국립공원의 보전실태를 조사한 보고서를 의회에 제출해야 했던 국립공원관리청에서는 1970년에 그랜드 캐니언을 조사한 후 1972년에 조사보고서를 완성했다. 광야의 지정조건을 알고 있었기에 국립공원관리청에서는 1977년까지 모터보트의 사용을 금지하는 내용을 보고서에 포함했다. 그러자 모터보트 운영업체는 소송을 제기했고 지역 정치인으로 하여금 국립공원관리청에 압력을 놓도록 조치했다. 결국 1972년에 완성된 조사보고서를 사실상 사장시킨 국립공원관리청은 환경시민단체의 반발에 부딪혔다. 그래서 1980년에 새로운 보고서를 작성한 국립공원관리청은 향후 5년 이내에 모터보트의 운영을 금지할 것을 명시했다. 그러자 또다시 소송이 제기되자 모터보터의 운행금지는 명시하되 기한을 설정하지 않는 조건으로 소송을 무마했다. 2000년에는 국립공원관리청의 소극적인 태도를 보다 못한 개인보트소유주협회(Grand Canyon Private Boaters Association)가 국립공원관리청을 상대로 소송을 제기하자 금지기한을 설정하는 연구를 진행하는 조건으로 소송을 무마시켰다.[95]

광야의 개념은 알도 레오폴드에 의해 윤곽이 만들어졌고 국유림에서 다듬어졌다. 그리고 1964년에 제정된 「광야보호법」은 안전한 갑옷을 마련해 주었다. 광야가 미국적인 문화로 발전할 수 있었던 것은 국립산림청에서 경력을 쌓은 산림학자의 제안과 자체적인 정책이 뒷받침되었기에 가능했다. 인간중심적인 사고방식을 가진 기관은 국립산림청이 아니라 광야의 지정을 극구 반대한 국립공원관리청이었던 것이다.

---

95) Miles(2009), Wilderness in National Parks, pp.262~265.

11. 시에라 클럽과 헤츠헤치 댐 건설

1956년에 다이너소어 국립기념공원에 댐을 설치하려는 계획을 저지한 환경시민단체에서는 개발을 엄격히 규제하는 제도가 있어야 함을 깨달았다. 국립공원을 개발하려는 계획이 공개될 때마다 반대운동을 결집하는 작금의 상황은 지루한 소모전이었다. 개발계획을 막아내는 수세적 입장에 머물고 있는 한 국립공원의 빈틈을 노리는 공세는 계속될 터였다. 의회를 설득하여 「광야보호법」을 제정해야 한다는 새로운 목표를 설정한 환경시민단체의 노력은 1964년에 「광야보호법」의 제정으로 결실을 맺게 되었다. 국립공원관리청과 국립산림청은 환경시민단체의 편에 서지 않았다. 오히려 국립공원관리청은 「광야보호법」이 폐기되도록 로비를 벌였다. 자체적으로 U규칙을 제정하여 광야지역을 지정한 국립산림청은 환경시민단체의 친구도, 적도 아니었다. 다행히 환경시민단체는 내무부 장관인 스튜어트 유달과 연합전선을 형성할 수 있었다. 1960년대에 환경을 새로운 시선으로 보게 된 일반대중의 지지를 얻어낸 환경시민단체와 스튜어트 유달은 연거푸 새로운 보전법안을 통과시켰다. 1964년에는 「광야보호법」뿐만 아니라 「토지 및 용수 보전 기금법 *Land and Water Conservation Fund Act*」이 제정되었다. 1966년에는 「국가 역사유적 보존법 *National Historic Preservation Act*」, 1968년에는 「야생 및 경관 하천법 *Wild and Scenic River Act*」이 제정되었다. 1960년대는 자연보전의 패러다임이 전환된 의미 있는 시기였다.

패러다임의 전환을 불러온 결정적인 계기는 다이너소어 국립기념공원에 댐 건설을 저지한 환경운동이었다. 댐 건설계획의 저지운동을 진두지휘한 단체는 시에라 클럽이었다. 당시만 해도 시에라 클럽의 본거지는 캘리포니아였지만 다이너소어 국립기념공원의 댐 건설 반대운동을 이끌면서 전국적인 단체로 부상하게 되었다. 1892년에 존 뮤어에 의해 설립된 시에라 클럽은 반세기만에 미국뿐만 아니라 세계에도 널리 알려진 자연보전단체로 성장했다. 시에라 클럽이 댐 건설 반대운동에 앞장선 것은 명성을 얻기 위해서가 아니라 1913년에 경험한 쓰라린 패배를 다시는 반복할 수 없다는 결연한 의지 때문이었다. 요세미티 국립공원 내의 헤츠헤치 계곡에 댐을 설치하려는 샌프란시스코 시에 맞선 시에라 클럽은 댐 건설을 저지하지 못했을 뿐만 아니라 조직 내부에 심각한 갈등이 발생하여 상당수의 회원이 단체를 탈퇴했다. 그리고 자연보전의 관리에 기여할 목적으로 설립된 조직의 이미지도 심각하게 훼손되었다.

헤츠헤치 댐 건설을 둘러싼 공방은 인간중심주의와 생태중심주의 중에서 양자택일해야 했던 문제가 아니었다. 시에라 클럽이 자연의 내재적 가치를 존중해서 댐 건설을 반대한 것은 아니었다. 시에라 클럽은 댐을 건설하는 대신에 헤츠헤치 계곡으로 접근할 수 있는 도로를 개설하고 숙박시설과 각종 편의시설을 설치하여 관광지로 조성해야 한다고 주장했다. 시에라 클럽에서 내세운 댐 건설의 반대논리는 관광수익이 용수개발로 벌어들이는 이익보다 높다는 것이었다. 댐 건설계획을 수립한 샌프란시스코 시의 편에 선 영향력 있는 정치인들은 경제적 효과에는 별반 관심이 없었다. 댐 건설에 찬성한 정치인들은 민간회사가 독점적 지배권을 행사하던 샌프란시스코의 용수공급체계를 공영화하겠다는 샌프란시스코 시의 계획을 지지한 것이었다. 그래서 샌프란시스코와는 인연이 없던 국립산림청장인 기포드 핀쇼가 댐 건설을 찬성하면서 시에라 클럽의 존 뮤어와 대립하게 되었다. 결과적으로 기포드 핀쇼의 승리로 끝난 듯 보였지만 그에게 등을 돌린 시에라 클럽은 국립공원의 관할권을 이전하려던 기포드 핀쇼의 계획을 저지했다.

샌프란시스코 시가 댐 건설을 추진한 헤츠헤치 계곡은 요세미티 국립공원의 일부였다. 1890년에 국립공원으로 지정된 요세미티에 헤츠헤치 계곡이 편입되도록 힘을 쓴 장본인은 존 뮤어였다. 존 뮤어에게 헤츠헤치 계곡은 화강암 절벽과 폭포가 있는 요세미티 계곡의 아름다움에 비견할 만하다고 생각했다. 1850년대 중반부터 도로가 개설되고 숙박시설이 들어선 요세미티 계곡과는 달리 헤츠헤치 계곡에는 문명의 손길이 거의 닿지 않았다. 헤츠헤치 계곡으로 가는 길은 자연적으로 만들어진 오솔길이었다. 당연히 헤츠헤치 계곡을 찾는 방문객은 거의 없었기에 인위적인 개발은 전혀 이루어지지 않았다. 존 뮤어는 이곳을 있는 그대로 보존하길 원했지만 댐 건설을 저지하기 위해 관광지로 조성할 것을 제안했다. 그러나 무분별한 관광 개발로 자연경관이 망가진 나이아가라 폭포와 요세미티 계곡의 전철을 밟지 않기 위해 사전에 철저히 조성계획을 세울 것을 제안했다. 존 뮤어에게 헤츠헤치 계곡은 비밀의 화원이나 마찬가지였다.

샌프란시스코는 서부에서 가장 먼저 성장한 대표적인 도시이다. 1848년에 캘리포니아 준주(territory)에 대규모 금광이 발견되면서 일확천금을 꿈꾼 미국인들이 캘리포니아로 몰려왔다. 금을 캐려는 사람들이 몰려온 캘리포니아에는 광물채굴에 필요한 물건을 공급하는 상인과 금을 거래하는 상인들이 뒤를 따랐다. 금으로 일거에 백만장자가 된 전직 광부들의 재산을 관리하는 은행이 설립되었고 술집과 각종 유흥시설에 종사할 사람들이 캘리포니아로 몰려왔다. 이처럼 인구가 급증한 캘리포니아 준주는 1850년에 캘리포니아 주(state)가 되어

ⓒ Sierra Club

[사진 12] 댐 건설 이전의 헤츠헤치 계곡의 전경

미연방의 일원이 되었다. 캘리포니아에서 금광으로 번영을 누린 도시가 샌프란시스코였다.

샌프란시스코는 갑작스럽게 성장한 도시였다. 금광이 발견된 1848년의 인구는 850명이었지만 2년 후인 1850년에는 21,000명으로 증가했다. 1852년에는 36,000명으로 증가했고, 인구가 233,000명으로 증가한 1880년에는 미국에서 9번째로 인구가 밀집된 대도시로 성장했다. 청교도가 정착한 1600년대 초부터 서서히 성장해 간 동부의 뉴욕과 보스턴, 필라델피아와는 달리 서부의 샌프란시스코는 자고 나면 조잡한 가건물이 새로 만들어졌다. 도시계획은 전혀 수립되지 않은 채 인구가 폭발적으로 증가한 샌프란시스코는 모든 것이 부족했다. 주거는 가건물로 임시변통할 수 있었지만 가장 시급한 문제는 마실 수 있는 물의 공급이었다. 당시의 샌프란시스코 시의 열악한 재정으로는 상수도 시스템을 구축할 수 없었다. 그래서 민간회사가 상수원을 개발하고 도시 전역에 상수도관을 매설하여 샌프란시스코에 깨끗한 음용수를 공급하고 있었다.

1848년에 발견된 금광의 배후도시로 성장한 샌프란시스코는 캘리포니아의 중심도시가 되었다. 금광의 열기는 수그러들었지만 태평양을 가로질러 아시아로 진출하는 관문도시의 기능이 추가되면서 도시는 성장을 멈추지 않았다. 미국인뿐만 아니라 아시아의 이민자들도 대거 유입되기 시작한 도시에는 정비된 주거단지와 상수도 시설이 마련되어야 했다. 그러나 민간회사가 상수도 시스템을 통제하는 한 샌프란시스코 시의 계획은 반쪽이 찢긴 문서나 마찬가지였다. 1870년대가 되자 공영 상수도 시스템의 구축을 위해 민간회사의 권리를 매입하는 방안이 논의되었다. 1872년에 샌프란시스코 시는 민간회사와 협상을 벌였지만 매입가격에 대한 이견으로 협상은 결렬되었다. 스프링 밸리 용수회사(Spring Valley Water Company)에서 요구한 금액과 샌프란시스코 시에서 제시한 가격의 차이는 500만 달러였다.

당시의 샌프란시스코 시의 재정으로는 500만 달러의 차이는 수용하기 어려운 수준이었다. 그렇다고 공영 상수도 시스템을 포기할 수는 없었다. 민간회사와의 협상이 결렬되자 지역신문에서는 샌프란시스코 시가 자체적으로 공영 시스템을 구축해야 한다고 부추겼다. 민간회사의 권리를 매입하는 가격에 조금만 더 보태면 새로운 상수원을 개발하고 상수도관의 매설 비용도 충당할 수 있을 것으로 제안했다. 이처럼 자체적인 공영 시스템을 부추긴 대표적인 언론사는 윌리엄 랜돌프 허스트(William Randolph Hearst, 1863~1951)가 사주인 샌프란시스코 이그재미너(San Francisco Examiner)였다. 윌리엄 허스트의 신문사는 대중의 말초신경을 자극하는 가십성 기사를 양산하여 황색 저널리즘(yellow journalism)이라는 불명예를 얻었다. 이런 신문사에서 자체적인 공영 시스템의 추진을 여론화하자 샌프란시스코 시의 관료들도 2개의 대안을 신중히 검토하게 되었다.[96]

샌프란시스코 시의 자체적인 공영 상수도 시스템은 성공한 사업가인 제임스 펠란(James Duval Phelan, 1861~1930)의 관심을 끌었다. 샌프란시스코 시의 독자적인 시스템의 성공 여부는 상수원의 확보에 달려 있었다. 상수원의 입지는 샌프란시스코에서 적당한 거리에 떨어진 곳에서 선정이 가능해야 했고 상수원의 용량은 도시성장의 추세에 부응할 수 있어야 했다. 이런 조건을 모두 만족시키는 장소가 헤

---

96) Righter(2006), The Battle over Hetch Hetchy, p.43.

츠헤치 계곡이었다. 제임스 펠란은 헤츠헤치 계곡에서 샌프란시스코의 미래를 구상했다. 그에게 헤츠헤치 계곡에 댐을 설치한 후 샌프란시스코까지 상수도관을 매설하는 계획은 로마의 수도교(aqueduct)를 복원하는 것이나 마찬가지였다. 깨끗한 물이 공급된 로마가 번영을 구사한 것처럼 샌프란시스코의 미래도 물의 공급에 달려 있다고 생각했다.

제임스 펠란과 뜻을 같이하는 여론지도층에게 헤츠헤치 계곡은 깨끗하고 풍부한 상수원인 동시에 수력발전의 최적지였다. 당시에 막 선을 보인 전기는 도시의 밤을 밝혀 주던 가스등을 대체하던 수준이었지만 머지않아 석탄을 대체할 새로운 자원이었다. 전기의 무한한 잠재가치를 이해한 여론지도층에서는 공용 상수도시스템과 동시에 공용 전력시스템을 구축할 수 있다고 믿게 되었다. 용수공급의 측면에서 보면 약간의 가격 차이만 조정하여 민간회사의 권리를 매입하면 해소할 수 있었다. 그러나 전기의 가능성을 알게 되자 민간회사와의 협상은 무의미해졌다. 새로운 상수원의 후보지로는 헤츠헤치 계곡이외에도 찾을 수 있었지만 수력발전을 결부할 수 있는 최적지는 역시 헤츠헤치 계곡밖에 없었다.

1897년에 시장에 당선된 제임스 펠란에게 시급한 당면과제는 정치개혁이었다. 당시에는 샌프란시스코의 공직사회와 정치계는 모두 부정부패의 온상이었다. 공영 상수도 시스템의 구축이 성공하려면 먼저 공직사회의 개혁이 선행되어야 했다. 1901년이 되자 제임스 펠란은 드디어 헤츠헤치 계곡에 눈을 돌릴 수 있게 되었다. 1901년 6월에 헤츠헤치 계곡과 바로 인접한 엘리너 호수(Lake Eleanor)에 댐을 건설할 수 있는 권리를 내무부에 신청했다. 요세미티 국립공원의 일부인 헤츠헤치 계곡의 관리권한을 가지고 있던 내무부에서는 전례가 없는 일이라면서 샌프란시스코의 신청을 반려했다. 당시만 해도 국립공원의 보전관리에는 별다른 관심이 없던 내무부였지만 논란을 자초하고 싶지는 않았다. 그리고 국립공원으로 지정된 요세미티는 더 이상 캘리포니아 주정부의 관할이 아니었기에 연방정부의 자산을 특정 도시를 위해 넘겨줄 수도 없었다.

제임스 펠란은 시장의 직위에서 물러났지만 새로 선출된 시장도 헤츠헤치 계곡을 포기하지 않았다. 1903년 1월에 샌프란시스코 시는 또다시 헤츠헤치 계곡과 엘리너 호수를 이용할 수 있는 권리를 내무부에 신청했다. 국립공원에 댐을 설치하는 계획은 여전히 난관에 부딪혔지만 불가능한 것은 아니었다. 1901년에 제정된 「통행보장에 관한 법 *Right-of-Way Act*」은 공익적인 목적이라면 전신주와 송전선, 송수관 등이 공유지를 가로지를 수 있는 권리를 보장했다. 국립공원은 연방정부가 소유한 공유지이므로 공익을 내세우면 시설물이 설치될 수 있었다. 샌프란시스코 시는 깨끗한 음용수를 시민에게 공급할 목적의 댐 건설은 당연히 공익에 부응한다는 논리를 내세웠다. 그러나 샌프란시스코의 논리는 연방정부를 설득하지는 못했다. 시민에게 깨끗한 물을 공급하는 사업은 공익적이지만 개발을 엄격히 규제하는 국립공원에 댐을 건설하는 사업은 공익적이라고 할 수 없었다. 만약 헤츠헤치 계곡이 유일한 상수원 후보지라는 점을 증명할 수 있다면 연방정부에서도 검토해 볼 수 있었다. 그러나 다른 입지는 얼마든지 있었기에 내무부 장관은 샌프란시스코 시의 신청을 기각했다. 샌프란시스코 시는 즉각 항소장을 제출했지만 받아들여지지 않았다. 1903년에 항소장을 작성한 시청 소속의 변호사는 후일에 내무부 장관이 될 프랭클린 레인이었다.

샌프란시스코가 요세미티 국립공원 내의 헤츠헤치 계곡을 고집한 이유는 수력발전의 최적지였기 때문이었다. 용수의 관점에서 보면 헤츠헤치 계곡이 아니더라도 다른 상수원을 찾는 것은 어렵지 않았다. 연방정부에서는 대안입지가 있는 상황에서 헤츠헤치 계곡에 댐을 설치하려는 샌프란시스코의 계획을 승인할 수 없었다. 그러나 완강한 연방정부의 입장은 샌프란시스코에 대지진이 발생한 이후에 변하게 되었다. 1906년 4월 18일 새벽 5시 12분에 발생한 진도 7.9~8.3으로 추정되는 지진은 28초간 샌프란시스코의 대지를 흔들었다. 당시에도 가건물이 적지 않았던 터라 상당수의 건물들이 무너져 내렸다. 그리고 지진의 여파로 발생한 화재로 샌프란시스코는 4일간 화염에 휩싸였다. 대지진으로 송수관이 파괴되어 화재를 진압할 물을 공급받지 못한 시민들은 상수도의 관리 주체인 스프링 밸리 용수회사의 무능력에 분노를 표출했다. 샌프란시스코 시가 추진하던 독자적인 공영 시스템은 대지진을 계기로 여론의 전폭적인 지지를 받게 되었다. 그리고 대재앙을 겪은 샌프란시스코를 동정한 연방정부도 유연한 입장으로 돌아서게 되었다.[97]

대지진으로 파괴된 도시복구사업이 마무리될 기미가 보이자 샌프란시스코 시는 자신들의 계획에 우호적인 저명한 외부인을 물색했다. 당시 시어도어 루스벨트 행정부에서 막강한 영향력을 갖고 있던 산림청장인 기포드 핀쇼가 샌프란시스코 시의 입장에 동조했다. 국립공원마저 국립산림청에서 관리해야 한다고 주장해 오던 기포드 핀쇼에

---

97) Righter(2006), The Battle over Hetch Hetchy, pp.56~59.

게 국립공원이라는 이유만으로 댐 건설을 불허하는 것은 옳지 않았다. 기포드 핀쇼는 대지진으로 깊은 시름에 빠진 샌프란시스코 시민에게 깨끗한 용수를 공급하는 것은 공공기관의 의무라고 생각했다. 그는 댐이 건설되면 헤츠헤치 계곡은 인공 저수지가 되겠지만 요세미티 국립공원의 대부분은 영향을 받지 않는다고 생각했다. 기포드 핀쇼는 연간 수백 명에 불과한 방문객을 위해 헤츠헤치 계곡을 있는 그대로 남겨 두는 것은 특혜라고 생각했다.

샌프란시스코 시의 계획을 적극적으로 지지하기로 결심한 기포드 핀쇼는 내무부 장관이던 제임스 가필드(James Rudolph Garfield, 1865~1950)를 설득하기 시작했다. 내무부 장관인 가필드는 미국의 20대 대통령인 제임스 아브람 가필드(James Abram Garfield, 1831~1881)의 아들이기도 했다. 농림부 산하의 국립산림청장인 기포드 핀쇼가 내무부 장관에게 협조를 요청하는 모습은 월권행위처럼 보이기도 하지만 핀쇼의 공리주의에 근거한 보전철학은 시어도어 루스벨트 행정부의 기류를 장악하고 있었다. 1908년에 장고를 거듭한 가필드는 헤츠헤치 계곡이 필요하다는 샌프란시스코 시의 계획을 조건을 달아 승인했다. 가필드는 헤츠헤치 계곡의 이용 권한을 주장한 샌프란시스코 시의 신청서를 받아들였다. 그러나 샌프란시스코의 수자원 현황을 면밀히 검토한 가필드는 가용한 수자원의 공급범위를 초과하는 시점에서 헤츠헤치 계곡에 댐을 설치하는 조건을 달았다. 조사보고서에 의하면 향후 50년 이내에는 헤츠헤치 계곡에 댐이 건설될 여지가 없었다.[98]

헤츠헤치 계곡에 댐을 설치하는 내용을 골자로 한 샌프란시스코

---

98) Righter(2006), The Battle over Hetch Hetchy, p.70.

시의 계획을 내무부에서 승인한 것을 알게 된 존 뮤어는 실망감을 감추지 못했다. 그러나 당장 건설되는 것은 아니고 빨라야 50년 후에서야 댐 건설이 가능하다는 점에 위안을 삼았다. 뮤어는 머지않은 장래에 국립공원의 가치는 재평가되어 50년이 가기 전에 댐 건설계획은 폐기될 수 있다고 생각했다. 그런데 샌프란시스코 시는 내무부 장관과의 합의를 깨고 헤츠헤치 계곡에 당장 댐을 건설해야 한다고 주장했다. 1908년 12월에 하원에서 개최된 공청회에서 샌프란시스코 시가 합의를 파기하자 상황은 원점으로 되돌아갔다. 연방정부와의 합의를 무산시킨 샌프란시스코 시는 헤츠헤치 계곡을 얻기 위해 주사위를 던진 격이었다. 샌프란시스코 시는 자칫하면 모든 것을 잃을 수 있는 위험한 도박판을 시작한 것이었다.

샌프란시스코 시의 숨겨진 의도가 드러나자 존 뮤어가 이끄는 시에라 클럽도 행동에 나서야 했다. 1907년에 시에라 클럽은 헤츠헤치 계곡에 댐을 설치하려는 샌프란시스코 시의 계획에 반대하는 결의안을 통과시킨 바 있었다. 그러나 샌프란시스코와 직간접적인 연관이 있는 회원들은 이사회의 결정에 반발했다. 시에라 클럽의 창립회원이자 영향력 있는 정치인인 워런 올니(Warren Olney, 1841~1921)가 샌프란시스코 시의 계획에 동조하자 조직의 분열은 심해지기 시작했다. 당시만 해도 소규모 단체에 불과했던 시에라 클럽은 일부 회원들이 샌프란시스코 시의 편에 서자 성명서조차 발표하기 어려운 지경이 되었다. 결국 1909년 12월 18일에 이사회는 모든 회원을 대상으로 찬반투표를 진행한 결과 샌프란시스코 시를 지지한 회원은 161명이었고 댐 건설을 반대한 회원은 589명이었다. 찬반투표의 결과에 불복한 50명의 회원들이 단체를 탈퇴했고 남기로 결정한 회원들은 시에라

클럽이 통일된 의견을 모으는 것을 방해했다. 시에라 클럽은 심각한 내홍에 시달렸던 것이다.99)

조직 내부의 역량조차 결집하지 못한 시에라 클럽에게 샌프란시스코 시는 버거운 상대였다. 그래서 시에라 클럽은 샌프란시스코에서 용수와 전기를 공급하던 민간회사와 연합전선을 형성했다. 샌프란시스코에 용수를 독점 공급하던 스프링 밸리 용수회사의 입장에서 독자적인 공영 상수도시스템은 생존의 문제였다. 민간 용수공급회사는 시에라 클럽의 반대운동에 재정지원을 아끼지 않았다. 동일한 맥락에서 민간 전기회사도 시에라 클럽의 반대운동을 지지하고 나섰다. 이처럼 시에라 클럽이 민간회사들과 손을 잡는 형국이 되자 지역 언론은 비난을 퍼붓기 시작했다. 시에라 클럽은 국립공원의 보전을 위해서가 아니라 대기업의 영리를 보전할 의도로 샌프란시스코 시의 계획을 반대하고 있다는 것이 비난의 요지였다. 이해당사자인 민간회사와의 연합전선을 형성한 시에라 클럽의 이미지는 급속히 악화되었다.100)

지역 언론의 혹독한 비난에 시달리던 시에라 클럽은 반전의 계기를 찾았다. 1909년 10월에 요세미티 국립공원을 방문한 태프트 대통령은 존 뮤어의 안내를 받길 원했다. 전임자인 시어도어 루스벨트와 뮤어의 만남을 재연하고 싶었던 태프트는 짧은 시간이었지만 깊은 감명을 받았다. 태프트 대통령은 사실상 뮤어를 지지하기로 하고 내무부 장관인 리처드 발린저에게 후속조치를 맡겼다. 한편 상원의 요청에 의해 구성된 대통령 직속 특별위원회는 샌프란시스코 시에 불리한 보고서를 작성했다. 1909년 12월에 제출된 보고서의 요지는 가

---

99) Righter(2006), The Battle over Hetch Hetchy, pp.83~85.
100) Righter(2006), The Battle over Hetch Hetchy, p.69.

필드가 의뢰한 조사결과와 동일했다. 샌프란시스코 시는 향후 50년 이내에 헤츠헤치 계곡에 댐을 설치하지 않더라도 충분한 용수를 확보할 수 있다는 보고서가 내무부 장관에게 제출되었다. 태프트 대통령으로부터 언질을 받았기에 과학적인 조사보고서를 입수한 발린저의 선택은 명백했다.

1910년 1월에 발린저는 샌프란시스코 시에 공문을 보내 헤츠헤치 계곡의 용수가 당장 필요하다는 과학적인 근거를 제출할 것을 요구했다. 발린저가 1910년 3월 18일에 공청회를 개최할 것이라고 발표하자 시에라 클럽을 포함한 환경시민단체는 승리를 확신했다. 그런데 1910년 1월에 전격적으로 단행된 기포드 핀쇼의 해임으로 상황은 복잡해지기 시작했다. 샌프란시스코의 계획을 지지한 기포드 핀쇼의 해임은 일견 시에라 클럽에게는 득이 되는 것처럼 보였다. 그러나 시어도어 루스벨트의 총애를 한 몸에 받던 기포드 핀쇼를 해임한 태프트 대통령의 결정은 곧 전임 대통령과의 결별을 의미했다. 시어도어 루스벨트의 후계자로 지명되어 대통령에 당선된 태프트가 대중의 지지와 존경을 받는 시어도어 루스벨트와 결별을 선언한 것은 커다란 실수였다. 여론의 향방은 샌프란시스코의 계획에 찬성한 기포드 핀쇼에게 넘어갔다. 기포드 핀쇼에 의해 대기업의 이익 반영에만 관심이 있다는 비판을 받은 발린저는 난처한 입장에 몰렸다. 결국 1911년 3월에 발린저가 사임하자 벼랑 끝까지 몰렸던 샌프란시스코 시는 기사회생하게 되었다.

기포드 핀쇼는 해임되었지만 결과적으로 발린저의 사임을 이끌어 냈다. 시어도어 루스벨트의 후계자임을 포기한 태프트 대통령은 임기 초부터 심각한 레임덕에 시달렸다. 발린저의 사임으로 난처해진 태프트 대통령은 은근슬쩍 샌프란시스코 시의 계획을 지지하기 시작했다. 요세미티 국립공원에서 존 뮤어를 만났던 태프트 대통령은 시에라 클럽의 입장에 힘을 실어 주었지만 발린저의 사임으로 태프트는 심경의 변화를 느꼈다. 태프트 대통령은 당시에 최고의 수리공학자인 존 프리만(John Ripley Freeman, 1855~1932)의 조력을 받으라고 샌프란시스코 시에 추천했다. 샌프란시스코 시는 프리만을 특별컨설턴트로 임용하고 그에게 댐 건설을 합리화할 수 있는 기술적 및 사회적인 논리개발을 요청했다. 수리공학자인 프리만은 샌프란시스코 시의 기대를 저버리지 않았다.

1912년 초에 프리만은 401쪽의 방대한 보고서를 샌프란시스코 시에 제출했다. 당대 최고의 전문가가 작성한 보고서인 만큼 공학기술의 비중이 높았지만 상세한 설명을 덧붙여 일반인도 무난히 이해할 수 있었다. 프리만은 헤츠헤치 계곡의 물을 당장 이용하려는 샌프란시스코 시의 계획에 새로운 논리를 제공했다. 샌프란시스코 시는 가용한 수자원으로도 향후 50년 이내에는 헤츠헤치 계곡의 물이 필요하지 않다는 조사보고서로 인해 타격을 받고 있었다. 프리만은 이전에 작성된 조사보고서의 내용을 인정했다. 그러나 그는 샌프란시스코 시뿐만 아니라 인접한 오클랜드(Oakland), 리치몬드(Richmond), 버클리(Berkeley)를 묶는 공동 시스템의 개발을 제안했다. 샌프란시스코 시와 인접한 3개의 도시가 공동으로 상수도 시스템을 구축하려면 인구에 상응하는 상수원이 확보되어야 했다. 프리만의 보고서는 충분한 용량의 상수원을 확보하는 방안은 헤츠헤치 계곡에 댐을 설치하는 방안 이외에는 대안이 없을 것으로 평가했다.

프리만의 보고서는 시에라 클럽이 댐 건설의 반대논리로 내세운 자연관광의 실현가능성에 의문을 제기했다. 1850년대부터 민간자본에 의해 기반시설이 구축된 요세미티 계곡과는 달리 헤츠헤치 계곡으로는 도로조차 변변치 않아 경제적 여유가 없는 사람은 방문할 수조차 없었다. 이런 점을 알고 있었던 시에라 클럽에서는 댐 건설의 대안으로 관광 개발을 제안하고 있었지만 예산조달방안은 언급하지 않고 있었다. 프리만은 시에라 클럽이 주장한 관광 개발의 잠재적 가치에 대해서도 의문을 제기했다. 그는 댐이 건설되어 저수지가 만들어지면 별다른 투자 없이도 새로운 관광지로 부상한 영국의 사례를 제시했다. 프리만은 지역주민의 반대에도 불구하고 댐 건설로 조성된 맨체스터의 설미어 호수(Thirlmere Lake)에 휴양을 즐기는 방문객이 몰려와서 지역경제에 활력을 주고 있는 점을 강조했다.[101]

존 프리만의 보고서는 즉각 큰 반향을 불러일으켰다. 당대 최고의 수리공학자가 작성한 조사보고서의 신뢰성을 의심하는 미국인은 없었다. 샌프란시스코 시는 프리만의 보고서를 의회에 제출하고 재심의를 요청했다. 하원의 요청을 받아들인 내무부 장관 월터 피셔(Walter Lowrie Fisher, 1862~1935)는 1912년 11월 25일에 공청회를 개최했다. 발린저의 사임으로 새로운 내무부 장관으로 임용된 피셔는 전임자와 마찬가지로 시에라 클럽의 입장에 동조하고 있었다. 그러나 기포드 핀쇼의 공세에 밀려 사임한 발린저의 전철을 밟고 싶지 않았던 피셔가 할 수 있는 선택은 지연작전이었다. 월터 피셔는 프리만의 보고서를 검증하기 위해 공병대에 조사를 의뢰했고 1913년 2월 13일에 공병대의 보고서가 피셔에게 제출되었다. 사전에 예상한 바처럼 공병대는

---

101) Righter(2006), The Battle over Hetch Hetchy, pp.102~103.

프리만의 보고서에 어떠한 이의도 제기하지 않았다. 1913년 3월 초에 물러날 태프트 행정부의 마지막 내무부 장관인 피셔는 퇴임 3일 전에 샌프란시스코 시에 우송한 서신에서 헤츠헤치 문제는 내무부에서 결정할 사안이 아님을 통보했다.[102]

미국의 28대 대통령으로 취임한 우드로 윌슨은 새로운 내무부 장관으로 프랭클린 레인을 임용했다. 캘리포니아 대학교를 졸업한 프랭클린 레인은 샌프란시스코 시에서 변호사로 근무한 경험이 있었다. 1903년에 샌프란시스코 시가 신청한 헤츠헤치 계곡의 이용 권리를 거부한 내무부 장관에게 항소장을 작성한 변호사가 프랭클린 레인이었다. 새로운 내무부 장관이 된 프랭클린 레인은 지루한 공방을 이어가던 헤츠헤치 논란에 종지부를 찍기로 마음먹었다. 전임자인 월트 피셔의 권고에 따라 칼자루를 의회에 넘기기로 한 프랭클린 레인은 샌프란시스코 시에 법안의 초안을 작성할 것을 요청했다. 샌프란시스코 시에 헤츠헤치 계곡의 이용 권리를 부여하는 내용을 골자로 한 법안은 존 레이커(John Edward Raker, 1863~1926)에 의해 하원에 발의되었다. 캘리포니아 주의 또 다른 하원의원인 윌리엄 켄트(William Kent, 1864~1928)가 법안을 지지하면서 시에라 클럽은 마지막 후원자를 잃은 격이 되었다. 정치계에 입문하기 전에 성공한 사업가였던 윌리엄 켄트는 민간회사가 소유한 미국삼나무(redwood) 군락지를 45,000달러를 주고 사들였다. 윌리엄 켄트에 의해 미국삼나무는 벌목의 위험으로부터는 벗어났지만 바로 지척에서 댐 건설이 추진되면서 수몰의 위기에 몰렸다. 댐 건설 예정지에 포함된 레드우드 군락지의

---

102) Righter(2006), The Battle over Hetch Hetchy, pp.113~115.

권리를 넘겨받아야 했던 민간회사가 소송을 제기하자 켄트는 295에이커의 군락지를 연방정부에 기증했다. 1908년 1월 9일에 시어도어 루스벨트 대통령은 켄트가 기증한 숲을 국가기념물로 지정하여 댐 건설을 저지했다. 새로운 국가기념물은 존 뮤어의 이름을 따서 존 뮤어 국가기념물(John Muir National Monument)로 명명되었다.[103]

존 레이커가 발의한 법안이 윌리엄 켄트의 지지를 받자 통과는 기정사실이 되었다. 1913년 9월 3일에 실시된 표결은 183표의 찬성과 43표의 반대로 통과되었다. 12월 6일 자정에 이루어진 상원의 표결은 찬성 43표, 반대 25표, 부재 27표로 통과되었다. 1913년 12월 19일에 윌슨 대통령은 「레이커법」을 재가했다. 「레이커법」의 통과로 샌프란시스코 시는 언제든지 헤츠헤치 계곡에 댐을 설치할 수 있는 권리를 얻게 되었다. 기나긴 싸움에서 패자가 된 시에라 클럽은 너무나 많은 것을 잃었다. 헤츠헤치를 둘러싼 논란으로 시에라 클럽은 심각한 내홍을 겪었다. 그리고 헤츠헤치를 보호한다는 명분으로 이해당사자인 민간회사와 손을 잡은 시에라 클럽은 대기업의 하수인이라는 비아냥거림에 시달려야 했다. 「레이커법」이 통과된 지 1년 후인 1914년 12월 24일에 존 뮤어가 세상을 떠나면서 시에라 클럽은 위대한 지도자를 잃었다.

헤츠헤치 계곡을 얻은 샌프란시스코 시는 댐 건설에 필요한 제반 절차를 밟아 나갔다. 1915년 초에 공사를 개시한 헤츠헤치 계곡의 댐 건설 사업은 1923년 6월 7일에 완료되었다. 댐 건설을 진두지휘한 건설기술자인 마이클 오셔너시(Michael Maurice O'Shaughnessy, 1864~1934)

---

103) Brinkley(2010). The Wilderness Warrior. p.751.

의 업적을 기념하기 위해 오셔너시(O'Shaughnessy)로 명명된 댐에는 예상보다 많은 예산이 투입되었다. 1914년에 발생한 1차 세계대전의 여파로 가파르게 상승한 물가는 공사비용의 상승으로 이어졌다. 당초 추정한 하루 3달러의 인건비는 막상 공사가 시작된 1915년에는 4.5달러를 지급해야 했다. 인플레이션으로 야기된 건설비용의 상승은 어쩔 수 없었지만 공동 상수도 시스템의 일원으로 참여하기로 한 인접 도시의 이탈로 인해 샌프란시스코 시는 막대한 공사비를 단독으로 감내해야 했다. 당초 참여하기로 한 오클랜드와 리치몬드, 그리고 버클리 시는 자신들의 존재감을 과시하는 전략을 구사하면서 공동 상수도 시스템의 주도권을 노리고 있었다. 만약 3개 도시가 이탈한다면 공사비용의 조달도 문제였지만 보다 심각한 문제는 「레이커법」의 제정취지를 준수할 수 없게 된다는 점이었다.

샌프란시스코 시에 헤츠헤치 계곡의 이용 권리를 부여한 「레이커법」이 제정된 배경에는 수자원을 공공재로 환원해야 한다는 당위성이 영향을 미쳤다. 당시에 샌프란시스코 시를 제외하면 거의 모든 도시의 상수도 시스템은 공영관리가 이루어지고 있었다. 기포드 핀쇼와 윌리엄 켄트는 민간 기업이 독점한 상수도 시스템은 하루속히 공영으로 전환되어야 한다고 생각했기에 샌프란시스코 시의 계획을 지지했다. 그렇다고 자본주의 사회인 미국에서 정당한 대가를 치르지 않고 민간회사의 권리를 침해할 수는 없었다. 「레이커법」에 의하면 샌프란시스코 시는 헤츠헤치 계곡의 물을 이용할 권리는 부여받았지만 민간회사의 공급량으로는 필요한 용수를 충당하지 못하는 시점에서야 헤츠헤치 계곡의 물을 이용할 수 있었다. 만약 3개 도시가 공동 상수도 시스템에서 이탈하여 샌프란시스코 시만 남게 되면 향후 50년간 헤츠헤치 계곡의 물은 필요하지 않았다. 이런 점을 알고 있었던 3개 도시는 좋은 조건을 보장받기 위해 샌프란시스코 시와 줄다리기를 하고 있었다.

샌프란시스코와 공동으로 상수도 시스템을 구축하기로 한 3개 도시는 대안을 저울질하다가 독자적인 상수도 시스템을 개발하기로 결정했다. 1924년 11월 4일에 3개 도시의 시민들은 독자적인 시스템 구축에 필요한 3,900만 달러의 채권발행을 승인했다. 결국 5년 후인 1929년에 댐이 완공되어 3개 도시와 샌프란시스코 시는 완전히 결별하게 되었다. 오셔너시 댐 건설에 참여하지 않았을 때부터 어느 정도 예견되었지만 1923년에 댐이 완공된 직후에 독자적인 댐 건설을 추진하리라고는 예상하지 못했던 샌프란시스코 시는 충격에 빠졌다. 수많은 논란을 뒤로하고 오셔너시 댐이 완공되었건만 아무리 시계바늘을 빨리 돌려도 50년간 헤츠헤치 계곡의 물은 샌프란시스코 시에 공급될 수 없게 되었다. 샌프란시스코 시가 가진 마지막 카드는 민간회사의 용수권리를 매입하는 방안뿐이었다. 1929년에 주민투표에 붙여진 스프링 밸리 용수회사의 매입에 필요한 4,100만 달러의 채권발행이 승인되어 헤츠헤치 계곡의 용수를 이용할 수 있게 되었다.104)

샌프란시스코 시의 다음 행보는 민간 전력회사의 매입에 필요한 채권발행을 주민투표에 붙이는 것이었다. 그러나 전력회사의 매입에 필요한 채권발행은 연거푸 거부되었다. 샌프란시스코 시민은 그동안 상수원을 확보하기 위해 헤츠헤치 계곡이 필요하다고 생각했지만 다른 용도가 있는지는 알지 못했다. 샌프란시스코 시의 여론지도층이

---

104) Righter(2006). The Battle over Hetch Hetchy. p.161.

헤츠헤치 계곡을 반드시 손에 넣고 싶었던 이유는 상수원의 확보라기보다는 수력발전에 있었다. 그러나 여론몰이를 위해 댐 건설의 진정한 목적인 전력 확보는 거의 언급하지 않았다. 대지진의 여파로 발생한 화재를 진압할 물을 공급하지 못한 민간회사를 대신할 공영 상수도 시스템이 구축되어야 한다는 논리를 내세웠던 샌프란시스코 시는 댐이 완공되어 수력발전이 이루어지면 공감대 형성이 가능할 것으로 낙관했다. 그러나 샌프란시스코 시의 바람과는 전혀 다른 양상이 전개되고 있었다.

「레이커법」에 의하면 오셔너시 댐에서 발전한 전기를 사용하려면 민간회사의 권리를 매입해야만 했다. 민간 전력회사는 오셔너시 댐에서 발전한 전기를 샌프란시스코 시에 공급하기로 협정은 맺었지만 시청 산하의 전기회사로 편입되는 방안은 거부했다. 이것은 「레이커법」에 반하는 협정이었기에 존 쿨리지(John Calvin Coolidge, Jr., 1872~1933) 대통령과 재무부 장관인 후버트 후버에게 면담을 신청한 샌프란시스코 시장은 읍소할 수밖에 달리 방법이 없었다. 만약 송전이 불가능해지면 하루에 5,479달러의 전기를 낭비하게 된다는 시장의 하소연에 쿨리지 행정부는 못 본 것처럼 눈감아 주기로 했다. 1925년 8월 14일에 오셔너시 댐에서 발전한 전기가 샌프란시스코 시에 공급되면서 모든 논란은 종지부를 찍는 것 같았다. 그러나 수자원을 공공의 목적에 사용할 것을 조건으로 「레이커법」의 제정에 힘을 보탠 기포드 핀쇼와 윌리엄 켄트는 배신당한 것이나 마찬가지였다. 그들은 내무부 장관인 후버트 워크(Hubert Work, 1860~1942)로 하여금 사건의 진상을 밝힐 공청회의 개최를 요구했다. 사태의 확산을 원치 않았던 내무부 장관은 이리저리 회피하다가 차관보로 하여금 「레이커법」의 취지와 어긋나는 부분이 있음을 인정했다. 그러나 샌프란시스코 시가 민간 전력회사와 협정을 맺은 만큼 번복하기는 어렵다는 입장이었다.[105]

샌프란시스코 시도 「레이커법」을 준수하기 위해 최선을 다했다. 1930년에 또다시 채권발행의 동의를 묻는 주민투표를 실시했지만 25,000명이 찬성하고 63,000명이 반대하여 부결되었다. 샌프란시스코 시는 불발탄을 안고 있다고 생각했지만 충분히 통제할 수 있을 것으로 생각했다. 그러나 1933년에 새로운 내무부 장관으로 임용된 해롤드 이케스(Harold LeClair Ickes, 1874~1952)는 불발탄의 뇌관에 도화선을 연결하기 시작했다. 임용된 후 「레이커법」의 준수를 요구한 해롤드 이케스의 진정성을 알게 된 샌프란시스코 시는 대공황에 시름하는 시기임을 감안해 달라고 요청했다. 해롤드 이케스는 당분간 논의를 유예하기로 결정했지만 샌프란시스코 시의 바람처럼 오래 기다릴 의향은 전혀 없었다. 결국 샌프란시스코 시는 또다시 채권발행의 동의를 묻는 주민투표를 실시했다. 1937년 3월 9일에 실시된 주민투표 결과는 아슬아슬했다. 65,688명이 찬성표를 던졌지만 77,514명이 반대하여 결국 무산되었다. 샌프란시스코 시가 「레이커법」에 도전한 것으로 받아들인 해롤드 이케스의 다음 행보는 샌프란시스코 시를 궁지에 몰아넣었다.

1937년 4월 2일에 해롤드 이케스는 법무부 장관에게 샌프란시스코 시를 상대로 소송을 제기해 줄 것을 요청했다. 법무부 장관이 즉각 연방법원에 제소하자마자 판결이 내려졌다. 1937년 4월 11일에 연방

---

105) Righter(2006). The Battle over Hetch Hetchy. pp.173~174.

판사 마이클 로치(Michael Roche)는 샌프란시스코 시와 민간 전력회사가 맺은 1925년의 협정은 「레이커법」을 위반한 것으로 판결했다. 그리고 1938년 12월 28일까지 「레이커법」의 취지에 맞도록 상황을 바로잡을 시간을 주었다. 달리 대안이 없었던 샌프란시스코 시는 1937년 10월 17일에 연방순회 항소법원에 항소장을 제출했다. 1938년 9월 13일에 항소법원은 샌프란시스코 시에게 다른 대안이 없었다는 점을 들어 1심의 판결을 기각했다. 샌프란시스코 시는 기사회생했지만 해롤드 이케스는 당하고만 있지 않았다. 1939년 4월 22일에 연방 대법원은 8 대 1로 항소법원의 판결을 기각했다. 샌프란시스코 시가 「레이커법」을 위반한 것이 확정된 순간이었다.

벼랑 끝에 몰린 샌프란시스코 시는 서둘러 주민투표를 실시했다. 1939년 5월 19일에 실시된 주민투표 결과 50,283명이 찬성했지만 123,118명이 반대하여 채권발행은 무산되었다. 샌프란시스코 시가 고려할 수 있는 마지막 카드는 「레이커법」을 수정하는 방안이었다. 그러나 수정법안은 제대로 논의되지 못한 채 폐기되자 해롤드 이케스가 공권력을 동원할 것을 분명히 했다. 만약 민간 전력회사와의 협정을 파기하지 않고 현행대로 전기를 공급한다면 발전소를 폐쇄하겠다는 이케스의 진정성을 알고 있었기에 샌프란시스코 시는 절망의 늪에 빠졌다. 해롤드 이케스는 샌프란시스코 시에 마지막 기회를 주기로 했다. 그의 호의로 시간을 번 샌프란시스코 시는 1941년 11월에 또다시 주민투표를 실시했지만 결과는 전과 동일했다. 샌프란시스코 시는 전기를 포기할 수밖에 달리 방법이 없었다. 그러나 1941년 12월에 진주만의 기습공격으로 미국이 전시체제로 전환되면서 샌프란시스코 시에 기회가 찾아왔다.

해롤드 이케스는 오셔너시 댐에서 발전한 전기를 군수공장으로 공급하는 타협안을 제안했다. 샌프란시스코 시는 민간 전력회사와 맺은 1925년의 협정을 파기하고 모든 전기를 군수공장으로 돌리기로 합의했다. 정부는 샌프란시스코 시에 연간 2,000만 달러를 전기공급비용으로 지급하기로 했다. 해롤드 이케스는 군수공장으로 전기를 공급하는 타협안은 불완전하다는 점을 알고 있었지만 전시상황임을 감안해야 했다. 문제는 전쟁이 종식되어 군수공장의 가동이 중단되면 오셔너시 댐의 전기를 어떻게 처리할지였다. 2차 세계대전이 종식되기 직전인 1945년 5월 14일에 새로운 타협안이 도출되었다. 오셔너시 댐에서 발전한 전기의 75%는 관개회사에서 일괄 구매하고 남은 25%는 샌프란시스코 시에 공급하는 방안이었다. 농업용수의 공급에 필요한 전기를 공급하는 것은 공익에 부응하는 것으로 받아들이고 샌프란시스코 시에 공급되는 전기는 공공건물이라든지 가로등, 노면전차 등의 공공시설물에 사용하는 방식으로 「레이커법」의 정신을 적용하기로 한 것이었다.106)

요세미티 국립공원 내의 헤츠헤치 계곡에 댐의 설치를 밀어붙인 샌프란시스코 시에 맞선 시에라 클럽은 쓰라린 패배를 경험했지만 모든 것을 잃지는 않았다. 1913년에 「레이커법」을 발의한 존 레이커와 윌리엄 켄트는 그동안 기포드 핀쇼의 반대로 지지부진하던 「국립공원관리청 설치법」이 통과되도록 지원을 아끼지 않았다. 헤츠헤치 계곡의 경험을 발판 삼아 조직을 재정비한 시에라 클럽은 1956년에 다이너소어 국립기념공원에 댐이 들어서는 것을 저지했고 1964년에는 「광야보호법」의 제정을 이끌어 냈다.

---

106) Righter(2006). The Battle over Hetch Hetchy. pp.184~185.

12. 시어도어 루스벨트와 국립공원

　미국 국립공원의 역사에서 시어도어 루스벨트처럼 자주 거론되는 대통령도 없을 것이다. 그는 자신의 이름이 명명된 국립공원(Theodore Roosevelt National Park)이 있는 유일한 대통령이기도 하다. 우리나라에서는 종종 시어도어 루스벨트와 프랭클린 루스벨트를 동일인으로 착각하는 사람도 적지 않다. 프랭클린 루스벨트 대통령은 뉴딜정책으로 대공황을 극복하고 2차 세계대전을 승리로 이끈 인물이라 미국뿐만 아니라 전 세계적으로 널리 알려져 있다. 미국 대통령센터(USPC)에서 발표한 역대 대통령 순위를 살펴보면 1위는 프랭클린 루스벨트, 2위는 에이브러햄 링컨, 3위는 조지 워싱턴, 4위는 토마스 제퍼슨, 그리고 5위는 시어도어 루스벨트이다.107) 링컨은 노예해방의 업적으로 널리 알려져 있고 독립혁명을 승리로 이끈 초대 대통령으로 기억되는 조지 워싱턴, 그리고 독립선언문을 작성한 토마스 제퍼슨은 굳이

---

107) 국민일보(2011.1.18). 세계 대공황 극복 루스벨트 美 역대 대통령 평가서 1위.

미국인이 아니더라도 인지도가 형성되어 있다. 그러나 시어도어 루스벨트가 남긴 뚜렷한 업적을 떠올리는 것은 쉽지는 않다. 우리에게 시어도어 루스벨트는 러시모어산(Mount Rushmore)에 조각된 4명의 역대 대통령 중 한 명으로 기억되거나 또는 2006년에 개봉된 ≪박물관이 살아있다 *Night at the Museum*≫라는 영화에서 말을 타고 등장하는 장면이 연상되는 사람이 적지 않을 것이다. 그러나 미국인에게 시어도어 루스벨트는 방대한 면적의 숲을 국유림으로 보전하고 도처에 야생생물 보호구역을 지정하고 5개의 새로운 국립공원을 지정하는 등, 자연보전에 지대한 업적을 쌓은 대통령이라는 이미지가 각인되어 있다.

시어도어 루스벨트 대통령은 유년기부터 생물에 대한 관심이 남달랐다. 루스벨트의 또래들이 우표를 수집하던 것과는 달리 그는 각종 곤충과 작은 설치류, 그리고 새를 수집해서 박제하는 취미를 갖고 있었다. 조류학 전문가를 꿈꾸던 루스벨트는 하버드 대학교에서 자연사(natural history)와 생물학을 공부하면서 졸업 전에 훌륭한 논문을 발표했다. 전도유망한 과학자의 길을 가고자 했던 루스벨트는 하버드 대학교를 졸업한 후 법조인이 되기로 마음먹었다. 자연과학에 대한 열정은 식지 않았지만 실험실이라는 폐쇄된 공간에서 일하고 싶지 않았던 루스벨트는 컬럼비아 법학전문 대학원에 입학했지만 졸업하지는 못했다. 실험실에 갇힌 과학자처럼 법조인의 영역도 법원이라는 제한된 공간을 벗어날 수 없다는 점을 알게 된 루스벨트는 미국의 역사를 글로 옮기는 작가의 삶을 생각해 냈다.

ⓒ Theodore Roosevelt National Pak

[사진 13] 시어도어 루스벨트 국립공원 전경

유복한 집안에서 성장한 루스벨트는 직업이 없더라도 생계를 걱정할 필요는 없었다. 그가 미국의 역사를 소재로 글을 쓰기로 결심한 이유는 광활한 서부의 자연을 직접 체험할 수 있는 매력 때문이었다. 실험실과 법원이라는 실내 공간에 갇히길 거부한 루스벨트에게 서부의 대자연은 그가 원하던 형태의 실험실이었다. 위대한 개척자의 정신을 되새기길 원했던 루스벨트의 관심은 당연히 서부개척의 역사를 기술하는 것이었다. 뉴욕 출신인 루스벨트는 특히 다코타 준주(Dakota territory)의 광활한 대지를 누비면서 일찍이 광야(wilderness)의 개념을 이해하고 있었다. 그러나 루스벨트의 유년기를 알고 있던 사람에게 도시의 편안한 삶을 뒤로한 채 서부에서 목장을 운영하는 루스벨트의 인생은 예상조차 하지 못했다.

루스벨트는 선천적으로 허약한 체질을 갖고 있었다. 특히 심각한 천식을 앓았던 유년기의 그의 모습은 누가 보더라도 약골이었다. 그는 하버드 대학교에 입학하기 전까지 주로 자택에서 가정교사로부터 교육을 받거나 유럽 각지에서 휴양 겸 교육을 병행했다. 루스벨트가 11살이 되던 1869년에 가족 모두가 유럽으로 1년 일정으로 그랜드 투어(grand tour)를 떠났다. 루스벨트는 유럽 현지의 또래들로부터 샌님 취급을 당하기 일쑤였다. 미국으로 되돌아온 후 천식이 심해지자 13살이던 루스벨트는 요양을 위해 홀로 기차를 타고 무스헤드 호수(Moosehead Lake)로 보내졌다. 기차여행 도중에 마주친 또래의 소년들로부터 놀림감이 된 루스벨트는 더 이상 약골로 남을 수 없다고 결심했다. 하버드 대학교에 입학한 후 신체단련에 매진하자 그동안 그를 옭아매던 천식은 거의 완치되었다. 심한 근시였고 172㎝의 단신이었지만 근육질 신체를 갖게 된 루스벨트는 하버드 대학교에서 개최된 복싱대회에서 헤비급으로 출전하여 결승전까지 진출했다. 단신인 루스벨트가 헤비급 결승까지 진출하리라고 예상한 사람은 없었지만 결승전에서 보여 준 그의 투지는 그를 우승시키지는 못했지만 진정한 승리자로 만들어 주었다. 약골로 입학했던 루스벨트는 3학년이 되자 하버드에서는 전설적인 인물로 받아들여졌다.

　　강한 체력을 갖게 된 루스벨트는 더 이상 실내에서 박제를 대상으로 연구하고 싶지 않았다. 과학자의 열정을 포기하지 않은 루스벨트는 자연 그대로의 상태에서 동물을 연구하고 싶었다. 그에게 동물사냥은 자연을 연구하는 현장실습이었다. 광활한 서부의 대자연을 누비면서 곰과 사슴, 미국들소처럼 주로 박제해서 거실 한편에 걸어 둘 수 있는 덩치 큰 동물사냥을 좋아했다. 루스벨트는 미국들소(bison)가 대평원에서 자취를 감추기 전에 사냥해서 전리품을 얻길 원했다. 1889년에 미국들소의 현황을 조사한 동물학자인 윌리엄 호나디(William Temple Hornaday, 1854~1937)에 의하면 미국 전체에 남아 있는 미국들소는 1,091마리였다. 과학자의 추정에 의하면 청교도가 도착한 1600년대 초에는 최소한 600만 마리의 미국들소가 대평원에서 활보하고 있었다. 1890년대가 되자 미국인은 더 이상 대평원에서 들소무리를 볼 수 없게 되었다. 대평원의 어디서나 볼 수 있었던 미국들소는 자취를 감추고 85마리 남짓이 옐로스톤 국립공원에서 보호를 받고 있었다. 그러나 옐로스톤 국립공원의 미국들소들도 육군의 기병대가 투입되기 전까지는 밀렵꾼의 총으로부터 안전하지 않았다.108)

광활한 대자연의 자원은 무한하다는 믿음을 갖고 있었던 만큼 수만에서 수십만 마리가 무리지어 풀을 뜯던 미국들소는 아무리 퍼 올려도 마르지 않을 것 같은 우물처럼 여겨졌다. 사냥꾼들은 앞다퉈서 미국들소에게 총알세례를 퍼부었다. 고기는 운송비용이 비싸다는 이유로 혀만 베어 통조림 공장으로 보내졌기에 대평원에는 방치된 미국들소의 사체가 산처럼 쌓였다. 전문 사냥꾼만 미국들소의 씨를 말리지는 않았다. 대평원을 가로지르는 대륙횡단철도의 부설에 심혈을 기울이던 연방정부는 대평원에 거주하던 인디언 부족인 수(Sioux)를 고용하여 5,000마리 이상의 미국들소를 사냥했다. 철도노선 주변에 미국들소가 어슬렁거리면 달리는 기차의 안전에 해를 끼칠 수 있다는 이유 때문이었다. 1869년에 대륙횡단철도의 완공 직전에는 개통식에 방해된다는 이유로 역시 수(Sioux)를 고용하여 10,000마리의 미국

---

108) 아웃워터(2910), 물의 자연사. p.82.

ⓒ NPS Historic Photograph Collection

[사진 14] 옐로스톤 국립공원의 미국들소 무리(1890년경)

들소를 사냥했다. 대륙횡단철도가 부설된 이후에는 전신회사에서 고용한 사냥꾼이 미국들소에게 총알을 퍼부었다. 원래 벌레에 의해 가려워진 등짝을 나무에 대고 긁어 대는 버릇이 있는 미국들소에게 전신주는 마치 효자손이었다. 묵직한 미국들소가 몸을 비비면 남아나는 전신주가 없게 되자 전신회사에서는 사활을 걸고 미국들소를 사냥할 수밖에 없었다.109)

미국들소의 씨가 마를 정도로 무자비한 사냥이 자행된 배경에는 인디언을 무력화하려는 의도가 숨겨져 있었다. 대평원의 인디언 부족

---

109) Brinkley(2009), The Wilderness Warrior, pp.154~155.

에게 미국들소는 생명과 직결된 신성한 대상이었다. 미국들소는 버릴 것이 전혀 없었다. 고기는 귀중한 식량이었고 가죽은 의복으로, 뿔은 각종 도구로 만들어졌다. 강제로 인디언 부족을 삶의 터전에서 내쫓고 보호구역으로 이전시킨 미국정부는 미국들소가 없어진 대평원으로 되돌아갈 인디언 부족은 없을 것으로 판단했다. 그래서 철도회사와 전신회사를 핑계로 인디언 부족을 고용하여 미국들소의 사냥에 나섰고 전문 사냥꾼의 무자비한 행태도 눈감아 주었던 것이다. 인디언의 생존과 미국들소와의 관계의 일면은 1956년에 출시된 영화 ≪수색자 *The Searchers*≫에서 엿볼 수 있다. 인디언의 습격에 동생 부부가 죽고 납치된 어린 여조카를 찾으려는 일념으로 대평원을 누비던 에단(존 포드 역)은 한가롭게 풀을 뜯고 있던 미국들소 무리에 총을 쏘았다. 한 마리의 미국들소가 쓰러지고 난 후 달아나는 무리를 향해 총알세례를 퍼붓는 에단을 동료가 만류하자 분노에 찬 에단이 동료에게 말했다. "최소한 금번 겨울에는 코만치(Comanche) 부족이 먹을 미국들소는 줄었을 거야. 미국들소를 죽이는 것은 인디언을 죽이는 거나 마찬가지거든."

루스벨트가 하버드 대학교를 졸업한 직후 서부로 달려간 시기에 이미 미국들소는 거의 자취를 찾기 어려웠다. 사실상 멸종위기에 직면한 것을 알면서도 시어도어 루스벨트는 미국들소를 사냥해서 남자다움을 증명해 보이고 싶었다. 결국 원하던 전리품을 얻었지만 그는 다른 사냥꾼과는 다른 길을 선택했다. 1872년에 미국 최초의 국립공원으로 지정되었지만 밀렵꾼을 처벌할 법률이 없던 옐로스톤에서 미국들소를 보호하기 위한 법률제정에 나섰다. 1894년에 제정된 「옐로스톤 동물보호법 *Yellowstone Game Protection Act*」은 국립공원의 관리를 위임받은 육군 기병대에게 사법권을 부여하여 밀렵꾼에게 2년 이하의 징역이나 1,000달러의 벌금을 매길 수 있게 되었다. 이 법은 하원의원 존 레이시에 의해 발의되었고 시어도어 루스벨트가 회장인 분 & 크로켓 클럽(Boone and Crockett Club)의 적극적인 지지운동이 뒷받침되었기에 무난히 통과되었다.

옐로스톤 국립공원에 남겨진 미국들소의 안전을 보장하는 법률제정에 힘을 보탠 루스벨트의 다음 행보는 개체복원사업이었다. 1899년에 설립된 뉴욕의 브롱스 동물원(Bronx Zoo)에 미국들소의 서식처를 마련하여 개체 수가 증가하면 대평원으로 돌려보내는 야심찬 계획을 세웠다. 전례가 없던 사업이었기에 대평원과는 환경이 다른 뉴욕에서 미국들소의 개체를 불리는 것은 거의 불가능에 가까웠다. 대통령으로 당선된 루스벨트는 1905년에 캔자스 주의 위치토 일대의 60,800에이커(246㎢)의 토지를 미국 최초의 동물보호구역으로 지정했다. 브롱스 동물원에 몇 마리밖에 남지 않은 미국들소는 대평원과 거의 유사한 이곳에서 안전하게 활보할 수 있게 되었다. 시어도어 루스벨트의 열정이 없었더라면 미국들소는 멸종의 위기에서 벗어날 수 없었을 것이다.[110]

시어도어 루스벨트에게 서부의 대자연은 가장 미국적인 문화의 정수였다. 어릴 적 1년간의 그랜드 투어에서는 유럽의 자연경관을 바라만 볼 수밖에 없었지만 신혼여행 중에 스위스의 몽블랑과 융프라우의 정상에 오른 루스벨트에게 유럽의 자연은 밋밋하기만 했다. 루스벨트에게 스위스의 알프스는 한니발과 나폴레옹의 역사가 없었더라

---

110) Brinkley(2009). The Wilderness Warrior. p.624.

면 그저 평범한 산에 불과했다. 비록 인간에 의한 역사의 흔적은 찾아볼 수 없지만 미국의 대자연은 유럽의 문화보다 우월하다는 생각을 굳히게 되었다. 루스벨트가 특히 의미를 부여한 대자연은 허드슨 강 화파의 그림에 등장하는 산악지형이 아니라 풀조차 귀한 황무지에 가까운 대지였다. 루스벨트는 사냥용 총과 기본적인 야영장비만 말에 싣고 광활한 황무지의 이곳저곳을 정처 없이 활보하는 것이야말로 개척시대의 정신을 느낄 수 있다고 생각했다. 그에게는 다코타 준주(Dakota Territory)에 펼쳐진 광활한 황무지는 옐로스톤의 간헐천과 요세미티의 폭포와도 바꿀 수 없는 고유한 아름다움을 느낄 수 있는 광야(wilderness)였다.

서부의 광활한 광야를 선호한 루스벨트였기에 기존과는 다른 자연을 국립공원으로 지정했다. 1902년에 거대한 산정호인 크레이터 호수 국립공원(Crater Lake National Park)을 시작으로 1903년에는 윈드 동굴 국립공원(Wind Cave National Park), 그리고 1906년에는 메사 베르데 국립공원(Mesa Verde National Park)을 지정했다. 새로이 국립공원으로 지정된 동굴은 지상에서는 경관을 감상할 수 없고 폐쇄적인 분위기마저 느껴지므로 기존의 옐로스톤이나 요세미티, 세쿼이아 국립공원과는 확연히 달랐다. 그리고 인디언 유적지의 보호를 위해 지정된 메사 베르데 국립공원은 최초로 역사에 근거한 국립공원이었다. 1904년에 야생 서식처를 보호하기 위해 지정된 설리스 힐 국립공원(Sullys Hill National Park)에는 개체번식을 위해 미국들소와 사슴이 재이식되자 1931년에 설리스 힐 동물보호구역(Sullys Hill National Game Preserve)으로 전환되었다. 루스벨트가 지정한 새로운 국립공원의 이면에는 광활한 대평원에서 미국들소를 사냥하던 인디언의 시대에 종지부를 고한 서부개척의 정신이 담겨 있었다.

　1905년에 루스벨트는 미국들소의 증식을 위해 위치토 동물보호구역(Wichita Game Preserve)을 지정했다. 그렇지만 대평원에서 미국들소를 사냥하던 인디언의 시대를 재연할 생각은 없었다. 인디언은 여전히 보호구역에서 정부가 주는 물자로 생활하도록 조치했다. 설상가상으로 인디언에게 주어진 보호구역은 매년 감소하고 있었다. 1897년에 보호구역의 면적은 1억 3천8백만 에이커였지만 각종 명분으로 대기업과 자영농에게 토지를 넘기면서 1934년에는 4,800만 에이커만 남았다. 그나마 남겨진 면적의 대부분은 농사를 짓기 어려운 척박한 지역이었다.111) 시어도어 루스벨트는 동물을 위해서라면 방대한 면적의 토지를 보호구역으로 지정했지만 인디언 부족을 위한 보호구역은 별도로 지정하지는 않았다. 대통령에 당선되기 전 뉴욕주지사 시절에 루스벨트는 인디언 부족을 주류사회의 일원으로 만드는 것이 중요하다고 생각하여 보호구역에 방치된 인디언에게 의무교육을 실시했다. 보호구역에서 무기력하게 정부지원에 의존하는 방식보다는 농민이 되어 안정적인 정착생활을 하길 원했던 루스벨트에게 보호구역은 차라리 없애는 것이 나았다.

　루스벨트는 인디언 부족에게 동정적이었지만 미국들소와 더불어 삶을 영위할 보호구역을 지정하지는 않았다. 그런데 1833년에 다코타 준주를 여행하고 돌아온 조지 캐틀린(George Catlin, 1796~1872)은 대평원에 미국들소와 사슴, 그리고 인디언이 공존하는 국가공원(nation's park)을 설립할 것을 정부에 제안한 바 있었다. 조지 캐틀린의 제안은

---

111) Brinkley(2009). The Wilderness Warrior. p.641.

받아들여지지 않았지만 그의 사상은 국립공원(national park)의 탄생에 영향을 주었다.112) 조지 캐틀린의 바람과는 달리 동물과 인디언은 분리되어 각각 보호구역에 갇히게 되었다. 야생동물에게 보호구역은 안전을 보장하는 공간이었지만 인디언에게 보호구역은 해체를 가속화하는 감옥이나 마찬가지였다. 비록 루스벨트는 야생동물과 인디언이 공존하는 보호구역을 지정하지는 않았지만 인디언의 유적지를 국립공원으로 지정하여 부족의 정체성과 자긍심을 잃지 않도록 배려했다.

미국 서부의 광활한 황무지에서 개척시대의 정신을 되새긴 루스벨트는 그랜드 캐니언을 국립공원으로 지정하고 싶었다. 그러나 루스벨트의 의향이 알려지자 애리조나 주 전체가 반대하고 나섰다. 아연과 철광석 등이 매장된 광물의 보고(寶庫)로 알려진 그랜드 캐니언이 국립공원으로 지정된다면 애리조나의 경제성장을 기대할 수 없다는 인식이 공감대를 형성했다. 루스벨트의 설득에도 불구하고 일치단결한 애리조나 주는 전혀 흔들리지 않았다. 국립공원의 지정은 의회의 권한인 만큼 대통령인 루스벨트도 어쩔 수 없었다. 1903년 5월에 그랜드 캐니언에 도착한 루스벨트는 자신을 보러 온 수많은 환영인파에게 다음과 같은 말을 남겼다.

> 그랜드 캐니언은 있는 그대로 남겨 줍시다. 우리는 그랜드 캐니언을 개선할 수 없습니다. 장대한 세월에 의해 만들어진 걸작에 인간이 손대면 훼손만 할 뿐입니다. 우리가 해야만 하는 일은 자자손손 대대로 장엄한 광경을 볼 수 있도록 보전에 힘을 보태는 일입니다.

그랜드 캐니언을 국립공원으로 지정하려던 시도는 의회에 의해 봉

---

112) Brinkley(2009). The Wilderness Warrior. p.4.

쇄되었지만 루스벨트는 포기하지 않았다. 완강한 애리조나 주와 의회를 설득하는 것이 사실상 불가능하다는 점을 이해한 루스벨트는 우회 전략을 구상하기 시작했다. 굳이 국립공원이 아니더라도 그랜드 캐니언을 보호할 수 있는 방안을 마련하는 것이 중요하다고 생각했다. 루스벨트는 의회의 동의를 받지 않고 보호구역을 지정할 수 있는 새로운 법이 필요하다고 생각했다. 루스벨트 대통령은 「산림보호구역법 *Forest Reserve Act of 1891*」에 의거하여 의회의 동의 없이 직권명령으로 국유림을 지정할 수 있었다. 만약 그랜드 캐니언이 나무가 울창한 산림지역이었다면 「산림보호구역법」에서 부여한 권한을 이용하여 국유림으로 지정할 수도 있었다. 의회를 설득하는 데 실패한 루스벨트는 물러서지 않고 「산림보호구역법」처럼 대통령에게 지정권한을 부여하는 새로운 법률이 제정되도록 암암리에 움직이고 있었다.

1906년에 국립공원으로 지정된 메사 베르데는 미국 최초의 역사에 근거한 국립공원이었다. 그런데 대다수 미국인에게 국립공원은 지질적인 가치가 높은 옐로스톤이나 요세미티의 산악지형처럼 순수한 자연환경이어야 한다는 인식이 팽배했다. 루스벨트 대통령이 인디언 유적지를 국립공원으로 지정하려고 한다는 사실이 알려지자 대중의 반응은 시큰둥했다. 만약 메사 베르데가 절벽을 깎아 만들어진 거대한 주거시설이 아니었다면 대중과 의회를 설득하기 어려웠을 것이다. 메사 베르데는 절벽을 이용하여 만들어졌기에 멀리서도 감상할 수 있는 사람이 손길이 닿은 자연경관이었기에 논란에도 불구하고 국립공원으로 지정될 수 있었다. 국립공원과 자연경관을 동일시하는 미국인의 심리에 착안한 루스벨트는 역사유적지를 보전하는 새로운 법률이

ⓒ Mesa Verde National Park

[사진 15] 메사 베르데 국립공원 전경

필요하다고 의회를 설득했다. 이렇게 해서 만들어진 법률이 「역사유물보호법 *American Antiquities Act of 1906*」이었다.

1906년에 제정된 「역사유물보호법」은 대통령에게 역사유적의 보호와 과학연구의 가치에 부응하는 장소를 국가기념물(national monument)로 지정할 수 있는 권한을 부여했다. 기념물(monument)이라는 용어에서 알 수 있듯이 「역사유물보호법」은 오래된 건축물이나 작은 규모의 역사유적지의 보호를 위해서 제정된 만큼 아주 작은 면적을 전제로 제정되었다. 애초부터 광활한 자연경관을 보전할 목적으로 지정된 국립공원과는 달리 국가기념물의 지정면적은 최대한 크게 보아도 고대 유적도시의 크기였다. 미국의 인디언 유적은 메사 베르데를 제외하면 대부분 아주 작은 규모였기에 지정면적의 기준을 320에이커(1.3㎢) 이하로 명시해야 한다는 의견이 제시되었다. 일각에서는 320에이커는 너무 협소한 수치이므로 640에이커를 기준수치로 제시했지만 결국에는 지정면적의 기준은 명시하지 않는 방향으로 법률이 제정되었다. 대통령에게 국유림의 지정권한을 부여한 「산림보호구역법」에서도 면적제한을 하지 않는 마당에 작은 규모일 수밖에 없는 역사유적지의 지정면적을 명시하는 것은 대통령의 고유권한을 제한하는 것이나 마찬가지라는 행정부의 입장이 반영되었던 것이다.

의회는 면적제한을 명시하지 않은 채 「역사유물보호법」을 통과시켰다. 그러나 서부 출신의 정치인은 내심 불안했다. 루스벨트 대통령이 의회와는 상의도 없이 방대한 면적의 국유림을 지정하고 있었기 때문에 대통령에게 새로운 지정권한을 부여한 「역사유물보호법」이 루스벨트의 새로운 무기가 되지 않을까 걱정했다. 비록 지정면적의 기준은 명시하지 않았지만 보호받을 가치가 있는 역사유적지의 면적은 매우 협소할 수밖에 없을 것으로 서부 정치인은 생각했다. 그런데 1908년 1월 11일에 루스벨트는 「역사유물보호법」에 의거하여 그랜드 캐니언 일대의 808,120에이커(3,270㎢)를 국가기념물로 선포했다. 우려가 현실이 된 서부의 정치인은 경악을 금치 못했다. 법률의 제정과정에서는 최대 640에이커의 면적을 전제했는데 그랜드 캐니언 국가기념물의 지정면적은 서울특별시 면적(605㎢)을 5배나 합한 면적보다 넓었다.113)

1908년 1월에 국가기념물이 된 그랜드 캐니언은 1919년 2월에 국립공원이 되었다. 1919년 1월에 사망한 시어도어 루스벨트는 생전에 그랜드 캐니언이 국립공원으로 지정되는 장면을 볼 수 없었다. 우드

---

113) Brinkley(2009), The Wilderness Warrior, p.754.

로 윌슨 대통령은 루스벨트가 지정한 올림포스 국가기념물의 규모를 반 토막 내기는 했지만 그랜드 캐니언을 국립공원으로 지정하여 루스벨트 대통령의 보전철학에 경의를 표했다. 원래 국가기념물로 출발했다가 국립공원으로 지정된 그랜드 캐니언으로 인해 「역사유적보호법」의 제정취지는 재조명되었다. 이해당사자의 역학관계가 복잡하게 얽혀 의회를 설득하는 과정이 난항에 부딪히면 신속한 조치를 위해 대통령의 직권명령으로 임시방편이나마 보전하는 대상이 국가기념물이라는 인식이 공감대를 형성하게 되었다. 의회에서도 국가기념물은 국립공원으로 가는 전 단계라는 인식이 공감대를 형성하기 시작했다. 원래 국가기념물로 지정되었다가 국립공원이 된 사례로는 그랜드 티톤 국립공원, 브라이스 국립공원, 자이언 국립공원, 아카디아 국립공원, 올림픽 국립공원, 데스밸리 국립공원 등이다. 1933년에 국가기념물로 지정된 데스밸리는 60년이 경과된 1994년에서야 국립공원이 되었다.

대통령으로 당선되기 전에 루스벨트는 서부의 광활한 자연에서 개척정신만 되새긴 것이 아니었다. 그는 사우스다코타 주의 배드랜드(Badland)와 인접한 노스다코타 주의 광활한 황무지에서 마음의 안식을 얻었다. 그의 나이 26세가 되던 1884년에 루스벨트는 감당하기 어려운 시련을 겪었다. 1884년 2월 13일에 루스벨트는 첫딸을 얻었지만 기쁨은 잠시였다. 하루 뒤인 2월 14일 새벽 2시에 장티푸스에 걸린 어머니가 급사했다. 슬픔에 잠길 틈도 없이 12시간 후에는 아내인 앨리스도 신장염으로 사망했다. 밸런타인데이에 어머니와 아내를 잃은 루스벨트는 막 태어난 딸인 앨리스를 여동생에게 맡기고 서부로 가는 기차에 몸을 실었다. 큰 충격에 빠진 루스벨트에게 서부의 아름다운 산악지형은 전혀 아름답지 않았다. 그는 황량한 황무지가 펼쳐진 사우스다코타의 배드랜드에서 마음의 안식을 얻었다. 자그마한 목장을 사들인 루스벨트는 서서히 서부의 카우보이가 되어 있었다. 아버지로부터 상속받은 재산의 상당 부분을 목장에 재투자한 루스벨트는 여느 카우보이 못지않게 말을 다루고 훌륭한 사냥꾼이 되었다. 1886년에 잠시 뉴욕으로 돌아온 루스벨트는 즉흥적으로 뉴욕시장에 출마했다가 낙선한 후 다시 다코타로 돌아왔다. 1887년 12월까지 다코타의 광활한 자연에서 마음의 안식을 찾은 루스벨트는 1888년 1월에서야 뉴욕에서 새로운 도전을 시작했다.

루스벨트는 목장을 운영하면서 서부개척시대의 영웅을 소재로 삼은 4부작 『서부개척사 *The Winning of the West*』의 집필을 시작했다. 대중과 평론가로부터 호평을 받은 『서부개척사』의 저자로 명성을 얻게 된 루스벨트는 자신의 경험을 공유할 단체를 설립했다. 배드랜드의 목장을 처분하고 뉴욕으로 되돌아온 루스벨트가 가장 먼저 실행에 옮긴 일은 분 & 크로켓 클럽(Boone and Crockett Club)의 창설이었다. 서부개척시대의 영웅인 대니얼 분(Daniel Boone, 1734~1820)과 데이비 크로켓(Davy Crockett, 1786~1836)의 이름을 따서 만들어진 클럽의 목적은 공정한 사냥의 규칙을 마련하고 자연보전 활동을 병행하는 것이었다. 루스벨트는 과도한 사냥으로 야생동물이 멸종위기에 처한 현실을 알고 있었기에 지속 가능한 사냥의 규칙을 마련하고자 했다. 루스벨트는 가급적 사냥총에서 망원렌즈를 배제하고 사냥감을 쫓는 사냥개의 수도 제한할 것을 제안했다. 사냥은 남자다움을 확인할 수 있는 수단이었지만 과도한 사냥은 유약함을 드러내는 징표라고 생각했다. 루스벨트의 사냥정신에 영향을 받은 알도 레오폴드는 자신이 정립한 광야(wilderness)에서 사냥만큼은 반드시 허용되어야 한다고 주장했다.

하버드 재학시절에 말을 타고 등교하고 복싱경기에서 보여 준 불굴의 투지를 인정받은 루스벨트는 전설적인 인물로 통했다. 어머니와 아내를 동시에 잃은 후 황무지에서 서부의 정신을 체험한 루스벨트는 서부 전역에서 모르는 사람이 없는 유명인사가 되었다. 1889년에 공화당의 대통령 후보자로 지명된 벤저민 해리슨(Benjamin Harrison, 1833~1901)의 선거지원요청을 받아들인 루스벨트는 서부에서 유세활동을 벌였다. 서부의 미국인에게 루스벨트는 뉴욕 출신이지만 마치 동향인처럼 대접받았기에 루스벨트의 선거지원유세로 서부의 판세는 해리슨에게로 기울었다. 현직 대통령인 그로버 클리블랜드(Grover Cleveland, 1837~1908)를 여유 있는 표차로 물리치고 대통령에 당선된 해리슨은 루스벨트를 중앙인사위원회의 위원으로 임용했다. 4년 후 전임 대통령인 클리블랜드가 현직인 해리슨을 꺾고 대통령으로 당선된 직후에 루스벨트는 사의를 전달했지만 클리블랜드는 루스벨트를 계속 기용했다. 중앙인사위원회의 위원인 루스벨트는 미국 전역을 누비면서 공직사회의 청렴도를 높이는 데 기여했다. 개혁성향이 강한 공화당원인 루스벨트의 활동은 민주당원인 클리블랜드의 감탄을 자아냈다.

루스벨트의 정신을 높이 산 클리블랜드 대통령의 호의로 그는 뉴욕경찰청장으로 임용될 수 있었다. 당시 뉴욕경찰은 온갖 부정부패의 온상지로 악명을 떨치고 있었다. 원래 실내공간에서 사무나 보는 것을 지독히 싫어했기에 과학자와 법조인의 길을 포기하고 서부로 달려간 루스벨트에게 경찰청장의 집무실은 뉴욕의 거리였다. 그는 일선에서 근무하는 경찰들을 유심히 관찰하면서 잘못된 행동을 즉석에서 바로잡았다. 사안의 경중에 따라서는 파면도 서슴지 않았던 루스벨트의 진정성을 알게 되자 부정부패는 급속히 자취를 감추었다. 루스벨트는 서부뿐만 아니라 동부에서도 존경받는 인물이 되었다. 그는 공화당 대통령 지명자였던 해리슨의 선거지원유세에 나섰던 것처럼 윌리엄 매킨리(William McKinley, Jr., 1843~1901)의 당선에도 공헌했다. 대부분의 미국인은 루스벨트가 매킨리 행정부의 새로운 내무부 장관으로 임용될 것으로 전망했다. 누구보다도 서부를 잘 알고 있고 자연보전활동에 앞장선 루스벨트의 전력은 내무부에서 요구하는 이상적인 프로필이었다. 그러나 루스벨트의 선택은 해군의 차관보였다.

루스벨트는 강력한 해군력이 뒷받침되어야만 미국이 제 목소리를 낼 수 있다고 판단했다. 서부개척사를 책으로 출간하기 이전인 1882년에 이미 『1812년 해전사 *The Naval War of 1812*』를 발간한 루스벨트는 직접 해군의 실태를 파악하고 싶었다. 그는 도서관의 정보에 만족할 사람이 아니었기에 해군 차관보의 자리를 원했던 것이었다. 1897년에 해군의 차관보로 임용된 루스벨트는 1년 후인 1898년에 미국과 스페인이 쿠바에서 전쟁을 벌이게 되자 차관보에서 사직했다. 워싱턴 D.C.에서 전쟁소식을 듣고 싶은 마음이 없었던 루스벨트는 직접 참전하기 위해 사직했던 것이다. 차관보를 사직했다는 소식을 들은 지인들뿐만 아니라 루스벨트를 싫어하던 무리들도 한결같이 루스벨트의 정치인생이 벼랑 끝에 몰렸다고 생각했다. 전쟁참전의 경험이 없는 40살의 루스벨트가 자원병으로 참전하기 위해 차관보를 사직했다는 뉴스는 필경 대중의 웃음거리가 될 것으로 생각했다. 그들은 루스벨트가 마치 카우보이처럼 행동하고 있다고 생각했던 것이다.

세간의 전망과는 달리 자원병으로 전쟁에 참전한 루스벨트의 결정은 그를 대통령으로 만든 밑거름이 되었다. 루스벨트가 자원병으로 참전한다는 소식에 그의 휘하에서 복무하길 원하는 23,000명이 서부 전역에서 몰려들었다. 심지어는 하버드 대학교의 동문들도 루스벨트와 함께 하기 위해 자원했다. 자원부대의 기병대에게는 마치 카우보이를 연상시키는 복장이 지급되어 루스벨트가 지휘하는 부대는 '거친 기병대'라는 뜻을 가진 '러프 라이더(Roosevelt's Rough Rider)'라고 불리게 되었다. 플로리다에서 출항한 후 쿠바에 도착한 루스벨트 대령은 혁혁한 전과를 올린 전쟁영웅으로 귀국했다. 쿠바에 체류한 기간은 2달이 채 되지 않았고 미국에서의 준비기간을 합치면 137일을 복무한 루스벨트는 귀국 직후인 1898년 11월에 뉴욕 주지사로 당선되었다. 1900년에는 재선을 노리는 매킨리 대통령의 러닝메이트가 된 루스벨트는 1901년 3월에 부통령으로 임용되었다. 그리고 6개월 후인 1901년 9월에 암살자의 총알에 사망한 매킨리의 뒤를 이어 26대 대통령이 되었다.

　미국의 최연소 대통령이 된 42세의 루스벨트는 기회가 될 때마다 백악관을 벗어나서 대자연에서 휴식을 즐겼다. 1902년 11월 13일부터 18일까지 미시시피로 떠난 사냥여행은 루스벨트의 애칭인 테디(Teddy)가 유명해진 계기가 되었다. 루스벨트는 미시시피가 서식처인 곰을 사냥하고 싶어 전문 사냥꾼을 고용했다. 사냥개에게 쫓긴 곰을 결박하다시피 한 전문 사냥꾼은 루스벨트 대통령에게 마지막 순간을 넘겨주었다. 개에게 물리고 곳곳이 칼에 찔려 바둥거리던 곰을 마주한 루스벨트는 총부리를 내린 후 뒤로 물러섰다. 루스벨트는 이런 방식의 사냥을 원했던 것이 아니었다. 마지막 코너에 몰린 곰에게 일격을 날리는 것은 공정한 사냥(fair chase)의 원칙에 어긋난다고 생각한 루스벨트가 물러나자 어쩔 수 없이 전문 사냥꾼의 칼이 마무리했다. 언론은 곧바로 마지막 순간에 마음을 돌린 루스벨트의 사냥소식을 미국 전역에 알렸다. 사냥하는 순간을 직접 보지 못한 기자들은 루스벨트가 곰에게 동정심을 느껴 살려 주었다는 기사를 작성했다. 생명에 대한 경외감에 곰을 살려 주었다는 기사가 사실처럼 통용된 배경에는 워싱턴 포스트紙의 삽화가인 클리퍼드 베리만(Clifford K. Berryman, 1869~1949)이 그린 한 컷의 만평이 결정적이었다. 어린 곰의 목에 걸린 밧줄을 잡고 있는 수행원으로부터 뒷짐을 진 루스벨트는 왼손을 뻗쳐 거부감을 표시하는 제스처를 하고 있고 오른손은 총을 쏠 의향이 없다는 의미로 총부리를 하늘로 향하게 움켜진 그림은 누가 봐도 어린 생명을 가엾이 여기는 모습이었다.

루스벨트가 동정심을 느낀 나머지 마지막 순간에 곰의 사냥을 거부했다는 이야기는 미국 전역뿐만 아니라 전 세계에 알려졌다. 1903년 2월에 뉴욕의 브루클린에서 잡화점을 운영하던 모리스 미첨(Morris Michtom)은 테디라는 이름을 내건 곰 인형의 제조와 판매에 나섰다. 그는 루스벨트 대통령에게 편지를 보내 자신이 만든 곰 인형에 테디라는 이름을 사용할 수 있도록 그의 재가를 요청했다. 그런데 루스벨트의 승낙을 얻어 만들어진 테디베어는 품질이 좋지 않아 판매고는 좋지 않았다. 모리스 미첨이 테디베어를 내놓은 비슷한 시기에 동물을 소재로 한 봉제인형을 만들고 있었던 리카르드 슈타이프(Richard Steiff, 1877~1939)는 곰 인형에 테디라는 이름을 붙였다. 슈타이프의 테디베어는 독일인에게 인기가 없었지만 1903년에 라이프치히에서 열린 박람회에 전시된 슈타이프의 테디베어를 본 미국인 상인이 3,000개를 주문한 후 뉴욕으로 선적했다. 슈타이프의 테디베어가 곧바로 날개 돋친 듯 팔려 나가자 슈타이프社는 루스벨트에게 서신을 보내 테디라는 애칭을 사용할 수 있는 권리를 얻었다. 루스벨 트도 개인적으로 800개를 주문하여 장녀인 앨리스의 결혼식 피로연 장의 장식으로 사용했다. 1903년에 12,000개가 팔려 나간 슈타이프의 테디베어는 1907년에 974,000개가 전 세계로 판매되었다.114)

미시시피의 곰 사냥을 마치고 돌아온 루스벨트는 1903년의 봄에 미국의 중서부를 순회할 계획을 세웠다. 서부의 대자연을 그리워하던 루스벨트는 1903년 4월 1일에 특별 제작된 기차에 탑승했다. 기차여 행 도중에 정차한 역에서 150회 이상의 연설을 하고 2달 후에 돌아온 루스벨트의 여행거리는 25,749㎞에 달했다. 공적활동이면서 개인휴가 를 겸한 순회여행의 대상지로는 옐로스톤과 요세미티 국립공원, 그리 고 그랜드 캐니언이 포함되어 있었다. 옐로스톤 국립공원에서는 미국 들소가 안전하게 보호받고 있는 광경을 직접 확인했고 옐로스톤을 떠나는 마지막 날에 가디너(Gardiner) 기차역에 모인 군중에게 국립공 원의 가치를 홍보하는 연설을 했다. 원래 옐로스톤 국립공원과 가장 가까운 기차역은 리빙스턴(Livingstone)이었지만 방문객의 편의를 위 해 보다 가까운 장소인 가디너에 만들어진 기차역 주변에는 아무것 도 들어서지 않았다. 미국 최초의 국립공원인 옐로스톤과 가장 가까 운 기차역 주변이 너무 황량하다고 생각한 지역주민은 석조 기념비 를 세우기로 결정했는데 루스벨트 대통령의 순회여행계획을 알게 되 자 주춧돌을 세우는 기공식의 일정을 조정했던 것이다. 옐로스톤 국 립공원과 가장 가까운 역사에서 행한 루스벨트의 연설에는 "대중의

---

114) Brinkley(2009). The Wilderness Warrior. pp.442~443.

편익과 즐거움을 위해(for the benefit and enjoyment of the people)"라는 문장이 들어 있었다. 1872년에 제정된 「옐로스톤법」의 조문을 인용하여 국립공원의 제정취지를 역설한 루스벨트를 기리기 위해 완공된 석조 기념물에 문장을 새겨 넣었다. 루스벨트 아치(Roosevelt Arch)라고 불리게 된 석조 기념물에 새겨진 문장인 "대중의 편익과 즐거움을 위해"는 1917년에 창설된 국립공원관리청의 모토가 되었다.

옐로스톤 국립공원을 출발한 후 요세미티에 도착한 루스벨트는 최소한의 수행원만 동행하고 존 뮤어와 2박 3일을 함께했다. 원래 1903년 초에 세계여행을 떠날 예정이었던 뮤어는 루스벨트의 요청에 잠시 일정을 늦추고 요세미티 국립공원에서 루스벨트를 영접했다. 루스벨트는 호텔에서의 숙식을 마다하고 뮤어와 함께 모닥불을 피우고 밤새 이야기를 나눴다. 5월 초순이었지만 담요만 덮고 야영을 하고 일어나 보니 10㎝의 눈이 소복이 쌓인 요세미티의 광경에 넋을 잃은 루스벨트는 뮤어로부터 깊은 감명을 받았다. 그러나 헤츠헤치 계곡에 댐을 설치하려는 샌프란시스코에 맞선 시에라 클럽에 힘을 실어 주지는 않았다. 루스벨트는 개인적으로 뮤어를 존경했지만 정책결정에 있어서는 바로 옆에서 보좌하던 기포드 핀쇼의 공리주의적 보전철학을 지지했던 것이다. 루스벨트가 요세미티를 떠나자 계획했던 세계여행을 시작한 뮤어는 만주를 둘러보고 원산에 잠시 기항한 후 일본으로 떠났다. 우리나라는 뮤어와 인연을 맺지 못했지만 루스벨트와는 좋지 못한 기억을 가지게 되었다. 러일전쟁이 발발하자 전쟁부 장관인 윌리엄 태프트를 일본에 보내 일본의 한국지배를 인정하는 이른바 가쓰라-태프트 밀약(The Katsura-Taft Agreement)을 맺게 했다. 곧이어 러시아와 일본의 전권대사를 미국의 포츠머스로 불러 양국의 강화조약을 체결하도록 주선한 이른바 포츠머스 조약(The Treaty of Portsmouth)을 이끌어 냈다. 1906년에 포츠머스 조약을 성사시킨 공로로 루스벨트는 미국 최초의 노벨 평화상 수상자가 되었다.

시어도어 루스벨트는 결코 결점이라고는 전혀 없는 성인군자형의 대통령은 아니었다. 그러나 루스벨트가 이루어 낸 업적은 결점을 상쇄하고도 남았다. 그가 지정한 방대한 면적의 숲의 일부는 나중에 국립공원과 국가기념물이 되었다. 루스벨트가 지정한 국유림의 면적인 1억 5천만 에이커는 프랑스와 벨기에, 그리고 네덜란드를 합친 면적과 비슷했다. 그는 5개의 국립공원을 지정했고 「역사유물보호법」에

© NPS Historic Photograph Collection

[사진 16] 요세미티에서 루스벨트와 뮤어(1903년)

의거하여 그랜드 캐니언을 국가기념물로 지정했다. 의회와는 상의도 않고 방대한 면적에 국유림을 지정한 루스벨트를 견제하기 위해 의회는 별도의 법률을 제정했고 소송도 제기했다. 루스벨트가 퇴임한 1910년에 대법원은 소송을 제기한 원고의 패소를 확정지어 루스벨트의 정책이 옳았음을 인정했다. 비록 우리나라와는 좋은 인연을 맺지 못했지만 자연보전에 매진한 루스벨트의 정신은 되새길 만하다.

13. 옐로스톤의 늑대복원사업

소문으로만 떠돌던 옐로스톤의 존재를 확인한 미국인은 놀라움에 사로잡혔다. 규칙적으로 물을 뿜어내는 간헐천이 도처에 널려 있었고 형용할 수 없는 색채의 온천에 넋을 잃었다. 폭포에서 떨어지는 물보라는 아름다운 무지개를 만들어 내고 있었고 고요한 호숫가에는 이름 모를 새들이 한가롭게 노닐고 있었다. 옐로스톤을 처음 발견한 미국인은 자신들이 신비한 세계를 발견했다고 믿었다. 옐로스톤은 발견 즉시부터 경이로운 곳(wonderland)이 되었다. 1865년에 루이스 캐럴(Lewis Carroll, 1832~1898)이 발간한 『이상한 나라의 앨리스 *Alice's Adventure in Wonderland*』를 떠올린 대중은 옐로스톤을 '경이로운 곳(wonderland)'이라고 부르게 되었다. 1883년에 옐로스톤을 경유하는 철도노선을 개통한 노던 퍼시픽 철도회사는 독자적으로 관광안내서를 제작하여 탑승객에게 무료로 배포했다. 이 관광안내서의 제목은 바로 경이로운 곳(wonderland)이었다. 1883년부터 1903년까지 발간된 관광안내서는 옐로스톤이 신비롭고 경이로운 장소라는 이미지를 각인시켰다.115)

옐로스톤은 마치 동화에서나 등장하는 불가사의한 장소라고 알려지자 소문을 듣고 찾아온 관광객 중에는 성직자도 적지 않았다. 성직자와 신앙심이 깊은 미국인에게 옐로스톤은 창조주의 영광이 깃든 성스러운 공간이었다. 간헐천과 온천이 도처에 산재해 있고 곰과 늑대, 미국들소와 사슴무리가 활보하고 있는 옐로스톤에 비견할 만한 장소는 떠올릴 수 없었다. 옐로스톤은 창조주가 세상을 만든 후 처음으로 휴식을 취한 7일째의 상태가 온전히 간직된 곳이라고 생각했다. 유럽에서는 결코 찾아볼 수 없는 태곳적 자연이 보전된 옐로스톤이 있는 미국이야말로 신이 축복한 국가라는 공감대가 형성되었다. 미국인은 더 이상 유럽의 문화에 열등감을 느낄 필요가 없었다. 바야흐로 국립공원은 미국인의 정체성과 자긍심을 고양하는 이미지로 자리 잡아 가고 있었다.

옐로스톤을 신이 만든 최고의 걸작으로 여긴 미국인은 자신들이 축복받은 존재라고 생각했다. 옐로스톤은 막 창조된 원시상태가 유지되고 있다고 생각했기에 인간의 정주는 생각조차 할 수 없었다. 신의 영광이 깃든 성스러운 장소인 만큼 인간은 경배만 할 수 있다는 믿음은 옐로스톤뿐만 아니라 모든 국립공원에서 인디언의 추방을 합리화하는 논리가 되었다. 인간의 정주를 금지하는 미국의 국립공원제도를 도입한 세계 각국에서는 하루아침에 삶의 터전을 잃은 정착민의 눈물이 무시된 채 국립공원이 지정되었다. 옐로스톤에서 인디언을 추방하기 위해 미국인은 의도적으로 잘못된 정보를 마치 사실처럼 통용시키기도 했다. 미국인은 인디언이 간헐천과 온천을 무서워한 나머지

옐로스톤의 근처에도 다가가지 않았다는 왜곡된 소문을 퍼트렸다. 만약 인디언이 옐로스톤을 삶의 터전으로 삼았다면 적절한 보상 없이는 이전할 수 없다는 점을 알고 있었기에 의도적으로 왜곡된 소문을 사실처럼 통용시켰던 것이다. 그러나 옐로스톤에는 도처에 인디언의 전설이 남아 있었다. 크로우(Crow) 부족의 전설에 의하면 옐로스톤의 간헐천은 자신들의 선조에 의해 미친 듯이 날뛰고 있는 거대한 미국들소가 처단된 후 땅에 묻힌 미국들소의 헐떡거리는 숨소리였다. 조금 작은 규모의 간헐천은 땅에 묻힌 미국들소가 재생하지 않도록 함께 땅에 묻힌 천적인 쿠거의 으르렁대는 숨소리였다. 옐로스톤에는 인디언 부족들의 흔적이 도처에 남겨져 있었지만 미국인은 애써 무시했다.116)

1883년에 철도가 개통되면서 옐로스톤에는 관광객의 발길이 끊이지 않았다. 기차역에 도착한 관광객은 마차를 타고 옐로스톤 국립공원 내에 있는 숙박시설에 도착했다. 관광객은 다시 마차를 타고 옐로스톤의 명소를 둘러보았다. 공원 입구의 숙박시설을 출발한 관광객은 관광명소를 둘러보다가 밤이 되면 공원 내의 다른 숙박시설을 이용했다. 평균적으로 3박 4일간 옐로스톤을 둘러보는 관광객이 증가하면서 새로운 서비스를 제공하는 민간사업자도 증가했다. 옐로스톤의 유명한 호수에는 관광객을 대상으로 증기선 사업을 운영하는 민간사업자가 등장했다. 뒤늦게 사업을 개시한 증기선 운영자는 손쉬운 모객방안을 선택했다. 관광가이드가 손님을 데려오면 1인당 50센트의 송객수수료를 지불했던 것이다. 그런데 1899년에 증기선 운영주가 몇

---

116) Whittlesey(2007), Storytelling in Yellowstone, p.17.

주간 자리를 비우게 되면서 홀로 남겨진 부인이 갑자기 송객수수료의 지급을 거절하면서 문제가 발생했다. 송객수수료를 비밀리에 정산하다 보니 전후사정을 정확히 알지 못했던 부인이 지급을 거절하자 관광가이드들은 분노했다. 옐로스톤 호수의 증기선을 찾는 관광객은 뚝 끊겼다. 관광가이드들은 악의적인 소문을 퍼트려 관광객이 증기선을 타는 것을 방해했다. 증기선은 구조적으로 안전하지 않고 침몰된 전력도 있고 심지어는 번개에 맞을 확률이 높다는 악의적인 소문을 퍼트렸다. 결국 다시 돌아온 사업주가 예전처럼 송객수수료를 지급하기로 약속하면서 사태는 진정되었다.117)

옐로스톤 국립공원의 관계자는 송객수수료와 과도한 팁을 요구하는 관광가이드로 인해 골머리를 앓았다. 노골적으로 팁을 요구하는 관광가이드의 행동을 비난하는 항의편지가 빗발치자 옐로스톤 국립공원에서 관광 사업권을 갖고 있던 회사는 소속된 종사원이 팁을 받는 행위를 금지시켰다. 그러나 내부반발이 심각해지자 관광객이 모든 일정을 마치고 공원을 떠나는 순간에는 팁의 요청을 허용하는 절충안이 마련되었다. 관광가이드에 의한 팁 요청행위는 절충안에 의해 다소나마 고질적인 문제점이 해소되었지만 호텔보이(porter)가 새로운 골칫거리로 등장했다. 옐로스톤 공원 내의 숙박시설에 투숙한 관광객 중 일부는 호텔보이를 가이드로 삼아 주변의 숨겨진 명소를 둘러보기도 했다. 문제는 노골적으로 과도한 팁을 요청하는 호텔보이의 행동이었다. 사전에 소정의 보수를 받기로 하고 관광객을 인솔한 호텔보이는 자신의 모자를 벗어 관광객에게 돌리는 방식으로 팁을 요

---

117) Whittlesey(2007). Storytelling in Yellowstone. p.185.

구했던 것이다. 관광객의 항의가 빗발치자 당시 공원관리를 위임받은 기병대는 1905년에 모자를 돌리면서 팁을 요구하는 행위를 금지시켰다. 1917년에 창설된 국립공원관리청은 1921년부터 숙박시설의 종사자가 관광가이드를 하는 행동을 금지시켰다. 국립공원의 관계자는 어떠한 경우에도 관광객에게 팁을 요청할 수 없지만 관광객이 자발적으로 주는 팁은 받을 수 있다.

미국 최초의 국립공원인 옐로스톤은 훈장뿐만 아니라 갖가지 생채기도 적지 않았다. 1872년에 국립공원으로 지정되었지만 후속조치의 미비로 수많은 야생동물들이 밀렵꾼의 총에 희생되었다. 의회에서 예산배정을 거부한 1886년부터 국립공원관리청이 신설된 1917년까지 공원관리는 군대에 맡겨졌다. 군대의 주둔으로 밀렵은 근절되었지만 국립공원의 위상에 걸맞은 관리방향은 정립되지 않았다. 옐로스톤을 방문한 관광객은 과도한 팁을 요구하는 관광가이드와 호텔보이에게 시달려야 했다. 군인들은 종종 마음에 드는 여성관광객의 선심을 사기 위해 종유석이라든지 각종 화석을 기념품으로 챙기도록 못 본 체하기도 했다. 비록 밀렵은 근절되었지만 관광객의 안전을 보장한다는 명분으로 육식동물인 늑대는 박멸대상으로 선포되었다. 그런데 1920년대 이후에 늑대가 사라진 옐로스톤에는 사슴이 과잉번식하면서 아사하는 사슴들이 속출했다. 1943년에 옐로스톤에서 사슴무리의 실태조사를 신청했지만 거부당한 알도 레오폴드는 이듬해인 1944년에 늑대를 재이식할 것을 권고했지만 받아들여지지 않았다. 인간을 대상으로 한 잘못은 어렵지 않게 교정할 수 있었지만 훼손된 생태계의 질서를 바로잡기란 매우 어려운 일임을 최근에야 깨닫게 되었다.

옐로스톤의 생태질서가 회복되려면 인간에 의해 자취를 감춘 늑대를 재이식해야 한다는 여론이 공감대를 형성한 시점은 그리 오래되지 않았다. 1920년대에 늑대가 박멸되었을 때 일부 환경주의자를 제외하면 동정심을 느낀 미국인은 거의 없었다. 대다수의 미국인은 늑대가 사라지자 관광객과 가축의 안전을 자축했다. 미국인은 서부개척시대부터 늑대를 적대시했다. 종종 방목한 가축이 사라지면 개척민은 늑대를 지목했다. 그리고 어린이와 여행객의 실종도 늑대의 책임이라고 생각했다. 서부의 개척민은 틈만 나면 총이나 덫으로 늑대를 사냥했다. 간혹 사로잡힌 늑대는 죽을 때까지 잔혹한 고통을 안겨 주기도 했다. 그리고 스트리크닌(strychnine)이라는 맹독이 발명되자 미국들소의 사체에 독을 주입하여 늑대를 떼죽음에 이르게 했다. 1972년에 닉슨 행정부에 의해 스트리크닌의 사용이 전면 금지되기 전까지 국립공원과 국유림에서는 육식동물을 독살하기 위해 스트리크닌을 사용했다. 이처럼 초창기의 옐로스톤은 역사학자인 폴 슐레이(Paul Schulley)의 표현처럼 생태적 홀로코스트(ecological holocaust)가 자행된 비극적인 장소였다.118)

늑대는 미국뿐만 아니라 유럽에서도 오래전부터 위험한 동물로 여겨졌다. 할머니를 잡아먹은 늑대가 할머니 흉내를 내면서 어린 소녀마저 꿀꺽한다는 이야기는 늑대를 교활한 동물로 각인시켰다. 월트 디즈니의 만화에 등장하는 늑대의 이미지도 교활함의 범주에서 벗어나지 못했다. 늑대는 아기 돼지를 구수한 말로 꼬드겨서 자신의 목적을 달성하는 영리한 동물이 아니라 못된 꾀만 내는 음흉한 동물로 묘사되었다. 늑대의 이미지는 1960년대 이후부터 서서히 긍정적인 방향

---

118) Adams(2006), The Future of the Wild, pp.182~184.

으로 바뀌기 시작했다. 1960년대 초에 옐로스톤에서 발생한 사슴 대학살은 늑대가 사라진 생태계의 결과를 보여 주었다. 1963년에 발간된 팔리 모왓(Farley Mowat, 1921~)의 수필『울지 않는 늑대 *Never Cry Wolf*』는 그동안 잘못 알려진 늑대의 이미지를 개선하는 신호탄을 쏘아 올렸다. 이 작품은 1983년에 할리우드에서 영화로도 제작되어 대중의 인식 개선에 기여했다. 늑대의 이미지가 생태계의 수호자로 자리 잡게 된 결정적인 계기는 1990년에 상영된 ≪늑대와 춤을 *Dances with Wolves*≫이라는 영화의 대성공이었다.

　미국의 여론은 옐로스톤 국립공원에 늑대를 재이식하자는 환경시민단체의 계획에 힘을 실어 주었다. 그러나 옐로스톤의 경계에서 목축업을 하는 단체의 반대는 번번이 늑대 재이식 프로그램의 시행을 저지했다. 와이오밍과 몬태나, 그리고 아이다호의 목장 운영자들은 늑대가 방목된 가축을 먹이로 삼을 것이라고 주장했다. 만약 늑대에 의해 가축이 희생되면 적절한 보상금이 지급된다는 점을 알고 있으면서도 목장 운영자들은 옐로스톤에 늑대가 되돌아오길 원치 않았다. 서부개척민의 후손들은 여전히 늑대를 박멸해야 할 대상으로 여기고 있었다. 무엇보다도 늑대 재이식 프로그램이 시행되면 연방정부에 의한 간섭이 심해질 가능성을 우려했다. 늑대 보호를 명분으로 연방정부가 소유한 땅을 임차하고 있는 목장 운영자를 옭아맬 수 있다고 생각했던 것이다. 목장 운영자들은 지역 정치인에게 압력을 행사하여 늑대 재이식 프로그램이 시행되는 것을 결사적으로 반대했다.

　목장 운영자들의 반대에도 불구하고 관련 법령에 의해 늑대 재이식 사업은 추진될 수 있었다. 1973년에 로키산맥 일대가 서식처인 늑대는 멸종위기에 처한 종으로 지정되었다. 1973년에 제정된 「멸종위기에 관한 법 *Endangered Species Act*」에 의거하여 멸종위기에 처한 종으로 지정되면서 연방정부는 개체 수의 증식에 필요한 프로그램을 집행하도록 의무화되어 있었다. 옐로스톤에 늑대를 재이식하는 것도 개체증식의 방안이 될 수 있었기에 환경시민단체에서는 환경영향조사에 필요한 예산이 반영되어야 한다고 주장했다. 옐로스톤에 늑대를 재이식하기 위해서는 반드시 환경영향조사가 선행되어야 하지만 1988년과 1989년에 신청된 예산안은 기각되었다. 여전히 목장 운영자들의 강력한 로비에 흔들린 의회는 늑대 재이식과 관련된 예산은 모두 기각시켰다. 그러나 ≪늑대와 춤을≫이 개봉된 1990년을 기점으로 의회도 더 이상 여론의 향방을 무시할 수 없게 되었다. 1991년에 의회는 환경영향조사에 필요한 예산을 승인했고 1994년에 환경영향조사보고서가 완성되어 대중에 공개되었다.

환경영향조사보고서는 다양한 이해당사자의 의견을 수렴하여 만들어졌다. 우선 직접 이해당사자라고 할 수 있는 수천 명의 목장 운영자 및 관련 사업자에게 늑대 재이식으로 발생할 수 있는 상황을 예측한 정보가 담긴 소식지를 발송했다. 그리고 와이오밍과 몬태나, 그리고 아이다호 주에서 발행되는 일요판 신문에 늑대 재이식 프로그램을 소개하는 수만 부의 브로슈어를 삽입하여 대중에게 필요한 정보를 제공했다. 공식적으로 150회의 공청회를 개최하고 16,000건의 의견을 수렴한 조사보고서는 6개의 대안을 담고 있었다. 조사보고서에서 추천된 1건의 대안은 의회에서 승인되어 마침내 옐로스톤에 늑대를 재이식하는 프로그램은 실행을 앞두게 되었다.

환경영향조사보고서가 제안한 6개의 대안의 차이는 이식된 늑대가 받을 수 있는 보호수준의 정도에 달려 있었다. 한쪽에서는 완전한 법적 보호를 보장하는 대안과 또 다른 쪽에서는 어떠한 법적 보호도 주어지지 않는 대안이 제시되었다. 완전한 법적 보호를 받게 되면 이식된 늑대는 어떠한 경우에도 생존을 보장받을 수 있었다. 완전 보호를 받게 되면 늑대가 방목된 가축을 해치고 있는 장면을 지척에서 목격하더라도 목장 운영자가 할 수 있는 유일한 행동은 추후에 보상금을 신청하는 것으로 제한되었다. 만약 아무런 법적 보호를 받지 못하면 늑대가 옐로스톤을 벗어나면 목장 운영자는 가축에 해를 끼치지 않더라도 늑대를 사살할 수 있었다. 환경영향조사보고서에서 추천한 대안은 전면적인 재이식이 아니라 실험군의 형태로 늑대를 재이식하는 절충안을 제시했다.[119]

실험군의 형태로 늑대를 재이식하는 프로그램은 말 그대로 언제든지 폐기가 가능하도록 점증적인 단계를 밟겠다는 것이었다. 만약 이식된 늑대가 옐로스톤의 경계를 벗어나서 방목된 가축을 해치는 일이 잦다고 판단되면 더 이상의 피해를 줄이기 위해 남아 있는 모든 늑대를 안락사할 수도 있다는 의미였다. 환경시민단체에서는 반발했지만 이해당사자의 입장을 고려하지 않을 수 없는 의회에 의해 각각 10쌍의 늑대가 옐로스톤과 아이다호, 몬태나 일대의 보호구역에 재이식하는 안이 승인되었다. 이식된 늑대는 3년 내에 개체 수를 불리지 못하고 오히려 감소하면 남아 있는 늑대의 운명은 장담할 수 없는 처지였다. 이런 조건을 붙인 늑대 재이식 프로그램은 1994년 5월에 승인되었다. 늑대 재이식 프로그램을 공동으로 집행할 국립공원관리청과 어류야생동식물 보호국은 유전적으로 가까운 캐나다 늑대를 구매

---

119) Lowry(2009), Repairing Paradise, p.27.

하여 옐로스톤 일대에 풀어 줄 계획을 완료했다.

의회의 승인에도 불구하고 목장 운영자들은 늑대의 존재를 인정하고 싶지 않았다. 1995년 1월에 목장 운영자들은 늑대 재이식 프로그램의 중단을 요구하는 소송을 제기했다. 연방법원의 윌리엄 다운즈(William Downes) 판사는 목장 운영자들이 제기한 반대논리는 터무니없는 추정과 근거 없는 공포에 불과하다는 이유로 소송을 기각했다. 캐나다에서 구매한 14쌍의 늑대가 이동용 우리에 옮겨져 이식 예정지인 옐로스톤으로 향하고 있는 시점에 목장 운영자들은 항소법원에 항소장을 제출하여 긴급조치를 요청했다. 늑대의 재이식을 반대하는 소송을 접수한 항소법원은 일단 우리에 갇힌 늑대를 풀어서는 안 된다는 목장 운영자의 긴급조치 요청을 받아들였다. 그러나 항소법원의 확정판결이 나기 전까지 좁은 우리에 갇히게 된 늑대는 오래 버틸 수 없다는 내무부 장관의 항소를 받아들인 항소법원은 늑대를 보호구역에 풀어 주어도 된다고 판결했다. 우여곡절을 겪고 난 후 이식된 늑대는 과학자의 당초 예상을 상회하는 수준으로 개체가 증가했다. 늑대는 새로운 환경에 재빠르게 적응하여 당초의 우려와는 달리 보호구역을 벗어나서 방목된 가축을 해치는 일은 거의 없었다. 그리고 고향인 캐나다의 서식지로 되돌아갈 가능성도 제기되었지만 새로운 터전에 정착한 늑대는 빠른 속도로 개체를 불려 나갔다. 이런 추세대로라면 옐로스톤의 늑대 재이식 프로그램은 대성공으로 귀결될 것이 확실했다.

ⓒ Yellowstone National Park

[사진 17] 미국들소를 사냥하는 늑대무리

1995년 1월부터 3년 일정으로 계획된 재이식 프로그램의 마지막 해인 1997년에 목장 운영자들은 또다시 소송을 제기했다. 그러나 금번 소송에는 목장 운영자뿐만 아니라 저명한 환경시민단체인 오듀번 협회와 시에라 클럽이 동참하는 모양새가 되면서 늑대 재이식을 둘러싼 공방은 새로운 국면을 맞게 되었다. 오듀번 협회(Audubon Society)와 시에라 클럽에서 늑대 재이식 프로그램의 연장을 거부한 이유는 실험군의 방식으로 들여온 늑대의 지위와 관련되어 있었다. 늑대 재이식 프로그램의 근거가 된 「멸종위기에 관한 법」에 의하면 실험군의 개체는 프로그램이 종료될 때까지 다른 개체와 섞이지 않는 조치를 의무화하고 있었다. 그런데 옐로스톤에 이식된 일부 늑대는 보호구역을 벗어나기도 했는데 그곳은 토종늑대도 종종 출몰하는 영역이었다. 이식된 늑대와 토종늑대가 마주치는 광경을 담은 명확한 증거는 없었지만 실험군의 늑대와 토종늑대의 영역이 부분적으로 겹치는 것은 확실했다. 거의 자취를 감춘 토종늑대는 멸종위기에 처한 종으로 보호받고 있었지만 실험군의 개체로 이식된 늑대로 인해 법적 지위를 상실할 위험이 제기되었다. 왜냐하면 성공적으로 증식되면서 머지않은 장래에 법적인 테두리를 벗어날 것이 확실한 실험군의 늑대가 토종늑대와 뒤섞이게 되면 토종늑대는 더 이상 멸종위기에 처한 종으로 보호받기 어려워지기 때문이었다.

오듀번 협회와 시에라 클럽은 캐나다에서 들여온 늑대의 증식을 위해 토종늑대를 위험에 노출시킬 수 없다고 생각했다. 윌리엄 다운즈 연방판사는 환경시민단체의 손을 들어 주었다. 실험군의 개체는 기존의 개체와 구분되어야 한다는 「멸종위기에 관한 법」의 조항을 위반한 늑대 재이식 프로그램은 즉각 폐기되어야 한다고 판결했다. 연방판사는 프로그램의 폐기는 명령했지만 이식된 늑대를 처리하는 방안은 명시하지 않았다. 그러나 프로그램이 폐기된 마당에 늑대를 가만히 두고 있을 수는 없는 노릇이었다. 만약 다른 장소에 재이식할 수 없다면 이식된 늑대는 안락사의 운명을 피할 수 없었다. 늑대 재이식 프로그램의 당사자인 국립공원관리청과 어류·야생동식물 보호국의 항소를 받아들인 연방항소법원은 이식된 늑대의 생존권을 인정하는 판결을 내렸다. 비록 「멸종위기에 관한 법」의 조항을 위반한 것으로 보이지만 성공적으로 증식되고 있는 늑대는 보호받을 권리가

있음을 명시한 것이었다.[120]

　강제로 폐기될 수 있었던 위험에서 벗어난 실험군의 늑대는 성공적으로 번식했다. 1999년의 중반이 되자 보호구역에는 100마리 이상의 성체와 60마리의 새끼가 무리를 지어 생활하고 있었다. 늑대는 옐로스톤의 새로운 아이콘으로 부상했다. 관광객은 늑대를 보기 위해 옐로스톤을 찾았고 체류시간도 길어졌다. 2008년에 발표된 경제학자의 연구에 의하면 늑대 재이식으로 인해 파생된 관광수익은 연간 3,000만 달러를 상회하는 것으로 나타났다. 옐로스톤에 이식된 늑대는 관광수익만 창출한 것은 아니었다. 늑대의 등장으로 잔뜩 경계심을 갖게 된 사슴 무리가 하천 주변에서 머무는 시간이 짧아지면서 황폐해진 수생식생이 되살아나기 시작했다. 수생식생이 점증적으로 복원되자 그동안 볼 수 없었던 비버가 돌아오면서 생태계는 예전의 상태로 회복되기 시작했다. 늑대의 부재로 과도하게 번식한 코요테의 절반이 늑대에 의해 없어지자 코요테가 먹이로 삼던 설치류의 새로운 수혜자는 여우와 매, 그리고 곰이 되었다. 코요테에 밀리던 여우와 매 등의 육식동물은 늑대에 의해 안정적인 개체 수를 유지할 수 있게 되었다.

　늑대가 성공적으로 번식하자 법적지위를 재조정해야 한다는 압력이 제기되었다. 텍사스의 목장 운영자이기도 한 조지 부시(George Walker Bush, 1946~) 대통령의 재임기간에 늑대는 호된 시련에 직면했다. 2003년에 부시 행정부는 회색늑대의 법적지위를 멸종위기 종에서 보호등급이 낮은 위기에 처한 종으로 변경을 시도했다. 멸종위기

---

120) Lowry(2009). Repairing Paradise. pp.48~49.

종은 연방정부의 탄탄한 보호를 받지만 보호권한이 주지사에게 위임된 위기에 처한 종의 관리는 느슨해질 수밖에 없었다. 이러한 조치에 반발한 환경시민단체가 제기한 소송을 심사한 연방법원은 원고의 손을 들어 주었다. 2004년 2월에 연방법원의 로버트 존스(Robert Jones) 판사는 늑대의 보호등급을 낮춘 조치는 과학이 아니라 정치적 판단에 의해서 단행된 것으로 간주하여 원상태로 되돌릴 것을 명령했다. 연방정부는 한 발 물러섰지만 포기할 의도는 전혀 없었다. 2005년에 연방정부는 목장에 침입한 늑대를 발견하면 언제든지 사살할 수 있는 권한을 부여한다고 발표했다. 그러나 한 달 후에 연방판사인 로버트 존스의 판결에 의해 늑대보호정책을 무력화하려는 행정부의 시도는 기각되었다. 그러나 2008년에 멸종위기 종의 지위를 상실하면서 보호구역을 벗어난 늑대의 사냥은 합법화되었다. 기회를 노리고 있었던 목장 운영자들뿐만 아니라 전문 사냥꾼들도 보호구역을 벗어난 늑대를 사냥했다. 보호가 느슨해진 후 2달간 사냥된 늑대의 수가 69마리에 이르자 연방판사인 도날드 몰리(Donald Moley)는 행정부에서 작의적인 판단에 의해 늑대의 보호등급을 조정한 것으로 간주하여 원상태로 되돌릴 것을 명령했다.121)

옐로스톤에 이식된 늑대는 보호구역에서는 여전히 보호를 받을 수 있다. 만약 보호구역 경계를 벗어나더라도 가축을 공격한 물적 증거가 없다면 함부로 사냥해서는 안 되는 동물이다. 늑대의 보호등급을 낮추었다가 연방법원의 판결에 의해 원상태로 되돌리도록 명령받은 행정부에서는 암암리에 등급조정을 시도하겠지만 늑대의 편에 선 여

---

121) Lowry(2009). Repairing Paradise. pp.56~59.

론은 행정부의 시도를 저지할 것이다. 가축을 공격하는 늑대의 사살은 어쩔 수 없다는 논리를 내세우는 목장 운영자들은 유사한 논리로 보호구역을 벗어난 미국들소의 사살을 정당화하고 있다. 옐로스톤에 서식하는 미국들소는 폭설로 인해 풀을 찾지 못하면 공원경계를 벗어나서 가축이 방목된 목장에 진출하기도 한다. 목장 운영자들은 미국들소가 보이는 즉시 사살하는데 매년 수백 마리가 희생되고 있다. 목장 운영자들이 내세우는 사살의 근거는 미국들소가 보유한 브루셀라균이 가축에게는 치명적이라는 점이다. 지금으로서는 폭설로 먹이를 찾지 못하면 공중에서 건초더미를 투하하는 방식을 사용해서라도 미국들소가 공원경계 밖으로 나가는 것을 막는 것이 최선이다. 그런데 겨울철에 사용이 허용된 설상차(snowmobile)가 지나간 통로를 따라 미국들소는 힘 들이지 않고 공원경계를 벗어나 방목지를 침범하는 사례가 발생하고 있다. 그래서 환경시민단체에서는 설상차의 사용금지를 요구하고 있지만 방문객의 편의와 즐거움에 반하는 정책을 싫어하는 국립공원관리청에서는 여전히 설상차의 사용을 허용하고 있다.

미국 최초이자 세계 최초인 옐로스톤 국립공원은 1978년에 세계자연유산에 등재되었다. 그런데 1995년에 위기에 처한 세계유산의 목록에 오르는 국가적인 수모를 당했다. 1990년에 옐로스톤 국립공원의 경계와 인접한 장소를 채굴하는 광산개발계획을 접한 유네스코는 즉각 조치를 취할 것을 요청했고 국가적 수모를 당하고 싶지 않았던 클린턴 행정부는 1995년에 6,500만 달러를 지급하는 조건으로 광산개발을 무산시켰다. 그럼에도 불구하고 위기에 처한 세계유산 목록에 오른 옐로스톤은 2003년에서야 가까스로 세계자연유산의 지위를 되찾을 수 있었다. 광산개발계획은 무산되었지만 옐로스톤의 생태계가 교란되고 있다는 점을 들어 유네스코는 기어코 위기에 처한 세계유산 목록으로 지정했다. 유네스코가 지적한 문제점은 외래종에 의한 토종 송어의 위기, 브루셀라병을 명분으로 한 미국들소의 사살, 관광객의 편의를 위한 도로건설 및 각종 시설물로 인한 과부하, 그리고 수자원의 남용과 질 저하였다. 유네스코가 제기한 문제점의 대부분은 해소되지 않았음에도 불구하고 막후에서 정치력을 발휘한 덕택에 세계자연유산의 지위를 되찾았지만 관광을 규제하는 정책을 집행하지 않는다면 또다시 국가적인 수모를 당할 개연성은 남겨져 있다.

14. 요세미티의 인디언과 자동차

요세미티는 옐로스톤과 그랜드 캐니언 국립공원과 더불어 '왕관의 보석(crown jewel)'이라고 불린다. 왕관의 보석이란 표현은 최상의 가치를 가진 대상물 중에서도 가장 빼어난 정수를 일컫는 말이다. 왕관의 보석이라고 불리는 요세미티와 옐로스톤, 그리고 그랜드 캐니언은 미국의 국립공원을 상징하는 아이콘인 것이다. 미국인에게 연상되는 국립공원의 명칭을 묻는다면 가장 빈번히 언급되는 대상이 요세미티와 옐로스톤, 그리고 그랜드 캐니언이다. 옐로스톤은 미국 최초이자 세계 최초라는 이미지가 각인되어 있고 그랜드 캐니언은 미국인이 좋아하는 거대한 자연지형물이다. 역사가 짧은 탓인지 미국인은 세계 최초라는 수식어를 매우 좋아하고 가장 거대한 구조물이라든지 가장 높은 빌딩처럼 세계 최고라는 지위에 집착하는 경향은 옐로스톤과 그랜드 캐니언을 왕관의 보석의 반열에 올린 것 같다. 미국인에게 요세미티는 과하지도 않고 부족하지도 않은 이상적인 이미지가 형성되어 있다. 이곳은 새하얀 물보라를 일으키는 폭포와 청정한 강, 하늘로 높이 솟은 거대한 나무군락, 그리고 화강암 절벽이 절묘한 조화를 이루고 있다. 시어도어 루스벨트가 말한 것처럼 미국인은 요세미티를 세계에서 가장 아름다운 장소로 생각하고 있다.

옐로스톤과 그랜드 캐니언은 탐험대에 의해 세상에 널리 알려졌지만 요세미티는 인디언 부족을 뒤쫓던 민병대에 의해 발견되었다. 요세미티가 소재한 캘리포니아는 1848년에 금광이 발견되자 이듬해인 1849년부터 미국 전역에서 일확천금을 캐기 위해 사람들이 몰려들었다. 1849년에 금을 캐기 위해 캘리포니아로 몰려간 미국인을 일컬어 흔히 49년도 무리들(49ers)이라고 한다. 미국의 유명한 미식축구팀인 샌프란시스코 49ers(San Francisco 49ers)의 명칭도 여기에서 유래했다. 그런데 일거에 수만 명의 백인이 캘리포니아의 산과 하천을 헤집고 다니면서 원주민인 인디언과의 마찰은 불가피해졌다. 백인은 인디언 부족들의 영역을 아무런 허락도 받지 않고 지나다니면서 농경지를 짓밟기 일쑤였다. 백인의 눈에 잡초가 무성한 쓸모없는 초원은 인디언이 관리하는 화전(火田)인 경우가 적지 않았다. 갑자기 출몰한 백인으로부터 무시당하고 피해를 입은 인디언이 종종 백인을 공격하자 위기의식을 느낀 백인은 스스로 민병대를 조직하여 인디언 토벌작전을 개시했다.

1851년 3월에 마리포사 민병대(Mariposa Battalion)를 이끌던 제임스 새비지(James Savage)는 추장 테나야(Tenaya)와 200여 명의 아와네체(Ahwahneechee) 인디언을 추격하다가 요세미티에 들어섰다. 민병대를 지휘한 새비지 소령의 유일한 관심사는 호전적인 아와네체 인디언에게 본때를 보여 주어 더 이상 백인을 공격할 수 없게 무력화시키는 일이었다. 제임스 새비지가 본 요세미티는 인디언이 은신할 수 있는 최적의 장소였기에 주변의 경치에 신경 쓸 겨를이 없었다. 그러나 군의관의 자격으로 동행한 의사인 라파예트 번널(Lafayette Houghton Bunnell, 1824~1903)은 요세미티의 아름다움에 넋을 잃었다. 추장 테나야를 쫓다가 요세미티의 깊숙한 곳까지 오게 된 번널은 이곳은 테나야에게 천국이었을 것이라고 친구인 새비지에게 말했다. 그러자 새비지는 다음과 같이 맞장구 쳤다.[122]

> 나는 진정한 산사람(mountain man)이 되고 난 이후에는 성경을 지니고 다닌 적이 없네. 그러나 친애하는 친구인 라파예트여, 나는 에덴에서 사탄이 저지른 행동을 기억하고 있다네. 이곳에서 나는 성경의 사탄보다 더 못된 악마가 되려고 하네.

요세미티에 은신한 테나야 추장을 발견하지 못한 마리포사 민병대는 철수했지만 2달이 채 가기 전에 새로운 민병대가 들이닥쳤다. 존 볼링(John Boling)이 이끌던 민병대는 5명의 용감한 청년 인디언을 생포했다. 포로가 된 5명의 인디언 청년 중 3명은 테나야 추장의 아들이었는데 끝내 한 명은 민병대에 의해 죽임을 당했다. 아들의 소식을 들은 테나야 추장은 민병대에 투항하면서 포로가 된 아들 대신에 자신을 죽이라고 애원했다. 만약 제임스 새비지가 테나야를 사로잡았다면 추장과 그를 따르던 대다수의 인디언은 살아남기 어려웠을 것이다. 그러나 존 볼링은 더 이상 백인을 공격하지 않는다고 약속하면 굳이 인디언을 말살할 필요는 없다고 생각했다. 캘리포니아 주지사는 테나야와 남은 인디언을 보호구역으로 보내는 것으로 민병대의 역할을 마무리 지었다.

---

122) Dowie(2009), Conservation Refugees, p.3.

요세미티에 거주하던 호전적인 인디언 부족은 사라졌지만 그들의 흔적은 남겨질 수 있었다. 라파예트 번널은 자신이 본 장엄한 계곡의 명칭을 요세미티(yosemite)로 부를 것을 제안했다. 요세미티는 라파예트 번널이 참여한 마리포사 민병대가 뒤쫓던 테나야 추장이 이끌던 부족을 일컫는 말이었다. 테나야 추장은 자신이 이끌던 부족에게 회색곰(grizzly bear)이라는 뜻과 동시에 도살자라는 의미도 갖고 있는 요세미티라는 이름을 부여했다. 라파예트 번널이 요세미티라는 이름을 제안한 계곡은 원래 거대한 입(large mouth)이라는 의미를 지닌 아와니(Ahwahnee)였다. 원래 명칭인 아와니도 완전히 망각되지는 않았다. 1927년에 완공되어 현재까지도 요세미티를 상징하는 아이콘이 된 아와니 호텔(Ahwahnee Hotel)은 2차 세계대전 시기에는 해군의 요양소로 사용되었던 유서 깊은 건축물이다.

1850년대 초에 인디언이 떠난 요세미티는 일부 선견지명이 있었던 관광사업자와 양을 방목하던 목장 운영자에 의해 사유지처럼 전용되었다. 동부의 나이아가라 폭포와 화이트 산맥이 무분별한 관광사업자에 의해 망가진 것을 알고 있었던 옴스테드 1세는 캘리포니아 주 상원의원인 존 콘네스를 설득하여 「요세미티법」의 제정을 이끌어 냈다. 1864년에 보전관리를 의무화한 법률은 제정되었지만 뮤어가 도착한 1868년의 요세미티는 별반 달라진 것이 없었다. 여전히 관광사업자와 목장 운영자가 요세미티를 사유지처럼 사용하고 있었다. 생활비를 벌기 위해 한동안 양치기로 일했던 존 뮤어는 양 떼로 인해 요세미티의 식생이 급속히 훼손되고 있음을 알 수 있었다. 뮤어는 양을 일컬어 발굽 달린 메뚜기(hoofed locusts)라고 불렀다. 양이 지나간 초원은 마치 메뚜기 떼가 습격한 것처럼 남아나는 것이 없다는 의미였다.

존 뮤어가 본 요세미티는 일부 민간인에 의해 훼손되고 있었지만 대부분의 지역은 인간의 손길이 미치지 않은 광야였다. 태곳적 자연환경이 온전히 유지되고 있던 헤츠헤치 계곡에 매료된 뮤어는 이곳에서 인간의 흔적을 발견하리라곤 예상하지 못했다. 겉으로 보기에는 야생잡초가 우거진 초원이었지만 인위적으로 관리된 흔적을 어렵지 않게 확인할 수 있었다. 이곳에 터를 잡았던 인디언 부족이 화전을 일군 흔적이었던 것이다. 자세히 살펴볼수록 요세미티는 오래전부터 인디언에 의해 관리된 자연이었다. 뮤어는 결코 인종차별주의를 신봉하는 사람이 아니었지만 요세미티를 포함한 국립공원에 인간이 정주해서는 안 된다고 생각했다. 뮤어는 인디언의 지혜와 용기를 존경했지만 인간의 손길이 미치지 않은 광야의 가치를 보다 높게 평가했다. 뮤어의 결정으로 쫓겨난 인디언 부족이 요세미티로 되돌아올 가능성은 거의 사라져 버렸다.

1850년대 초에 민병대에 투항한 테나야 추장과 그를 따르던 인디언은 프레즈노(Fresno)에 소재한 보호구역으로 보내졌다. 프레즈노와는 지근한 거리에 있는 요세미티에서 가을철이면 도토리 등의 식량을 수집하던 추억을 잊지 못한 테나야 추장은 1857년에 부족을 이끌고 잠시 요세미티를 방문했다. 원래는 미국인이 거의 먹지 않았던 도토리만 캐기로 했지만 냇가에서 연어를 낚고 숲에서 사슴을 사냥한 사실을 알게 된 백인들은 자신들의 재산이 강탈되었다고 생각했다. 백인의 반발로 요세미티에서 얻을 수 있는 식량의 원천이 초원으로 제한되자 테나야 추장은 예전처럼 불을 놓았다. 대다수의 백인이 보기에 인디언은 아무렇게나 불을 지르는 것으로 생각했지만 존 뮤어는 인디언의 화전기법이 체계적인 근거가 있음을 알고 있었다. 인간의 정주 자체를 반대하는 입장이었던 뮤어였기에 화전생활을 하는 인디언을 요세미티에 들일 의향은 전혀 없었다.

1890년에 요세미티가 국립공원으로 지정되자 요세미티를 삶의 터전으로 삼았던 인디언 부족들의 대표는 해리슨 대통령에게 청원서를 제출했다. 작금의 요세미티는 대중을 위한 공공공원이 아니라 일부 호텔업자와 목장운영자가 점유한 사유지로 전락하고 있다는 문제점을 제기한 후 강제이전의 보상으로 100만 달러를 요청했다. 대중을 위한 공공공원이라는 명분을 내세워 인디언의 복귀를 막고 있지만 실상은 민간인에게 특혜를 준 것이나 마찬가지였기 때문에 보상을 청구할 수 있다는 논리를 내세웠다. 그러나 해리슨 대통령은 일거에 청원을 거부했다.[123]

연방정부는 강제이전의 보상을 요구한 인디언의 청원은 거부했지만 요세미티가 사유화되고 있다는 주장은 반박할 수는 없었다. 강제이전의 대가를 지불할 용의는 없었지만 귀향을 원하는 인디언의 청원을 일방적으로 무시할 수도 없었다. 연방정부는 요세미티로 돌아가길 원하는 인디언의 귀향을 조건을 붙여 허용하기로 했다. 요세미티에 정착한 인디언에게 크게 두 가지 선택이 주어졌다. 공원관리에 필요한 노동력을 제공하여 보수를 받는 조건이거나 아니면 방문객의 볼거리를 위해 전통복장을 착용하고 전통적인 생활상을 재연하는 조건이었다. 연방정부는 요세미티를 방문한 백인 관광객을 위해 인디언을 마치 동물원에 전시된 동물처럼 여겼던 것이다. 이런 조건을 받아들여 요세미티로 되돌아온 인디언은 완전한 정착권리를 갖지 못했다.

---

123) Dowie(2009), Conservation Refuges, p.7.

1929년부터 시행된 새로운 방침에 따라 인디언은 사소한 잘못만 저질러도 영구 추방되었다. 일자리를 얻지 못해 장기간 실직한 인디언도 가차 없이 추방되었다. 가장이 사망하면 남은 가족은 추방되었다. 마지막으로 남은 인디언 가장이 사망한 1969년 이후에는 단 한 명의 인디언도 요세미티에서 정착할 수 없게 되었다. 1996년에는 요세미티 출생으로 공원에서 일을 하던 마지막 인디언의 이직으로 요세미티 국립공원에는 원주민의 흔적이 완전히 사라져 버렸다.124)

요세미티 국립공원에서 인디언의 존재가 부정된 배경에는 인간의 손길이 미치지 않는 광야를 국립공원으로 간주한 존 뮤어의 사상이 지대한 영향을 미쳤다. 뮤어의 사상은 안셀 애덤스의 사진에 의해 뒷받침되었다. 요세미티의 전속 사진가라고 평해도 무방할 만큼 안셀 애덤스는 요세미티의 구석구석을 누비면서 광활한 자연을 사진으로 담았다. 안셀 애덤스가 사진을 촬영하기 시작한 1920년대 후반에는 소규모 인디언 부락이 형성되어 있었지만 그의 사진에는 인디언이 등장하지 않았다. 사진의 배경은 주로 요세미티의 대자연이었지만 방문객을 대상으로 촬영한 인물사진도 적지 않았다. 그러나 인물사진의 주인공으로 인디언이 등장하는 사진은 거의 없었다. 안셀 애덤스는 의도적으로 정주흔적이 전혀 없는 대자연을 배경으로 사진을 촬영해서 이곳이 태곳적 에덴임을 부각시켰다. 전후사정을 모르는 미국인에게 안셀 애덤스의 사진은 인디언의 강제이전을 합리화하는 도구가 되었다. 미국인은 요세미티를 무단 점령한 인디언을 내보내려는 국립공원관리청의 정책을 지지했다. 인간의 손길이라고는 전혀 미치지 않은 것처럼 보이

---

124) Dowie(2009), Conservation Refuges. p.14.

게 촬영된 안셀 애덤스의 사진에 노출된 미국인에게 인디언이 수천 년간 요세미티에 거주했다는 사실은 받아들여지지 않았다.

　미국인이 처음부터 인디언의 정주권리를 부정한 것은 아니었다. 허드슨 강 화파의 시작을 알린 토마스 콜의 ≪캐터스킬 폭포≫에는 희미하지만 인디언이 묘사되어 있었다. 이 그림에 매료된 트럼벌과 던랩, 그리고 듀란드는 광활한 미국의 대자연의 한편에 묘사된 인디언의 존재를 문제 삼은 적이 없었다. 토마스 콜은 1827년에 최소한 수십 명의 인디언이 의식을 행하는 장면을 담은 ≪모히칸 족의 마지막 광경 *Landscape Scene from the Last of the Mohicans*≫를 공개했다. 이 작품은 1825년에 발간된 제임스 페니모어 쿠퍼의 동명소설인 『모히칸 족의 최후 *The Last of the Mohicans*』에서 영감을 얻어 완성한 것이었다.125) 미국적인 자연경관의 가치를 가장 먼저 인식한 토마스 콜과 제임스 쿠퍼가 인정한 인디언의 존재는 팽창주의가 득세한 1840년대 이후에는 부정적인 대상으로 돌변했다. 당시만 해도 인디언의 영역이었던 서부는 미국의 발전을 위해 신께서 내려 주신 축복이므로 당연히 차지해야 한다는 이른바 명백한 운명(manifest destiny)이 여론의 지지를 받게 되면서 인디언은 척결해야 할 대상으로 전락했다. 명백한 운명이 내세우는 인종차별주의는 단호히 거부했지만 요세미티가 고향인 인디언의 권리는 애써 무시한 존 뮤어의 사상과 안셀 애덤스의 사진은 결과적으로 인디언의 정주권리를 부정하는 근거가 되었다.

　존 뮤어는 국립공원에서 인간은 정주해서는 안 된다는 생각을 갖

---

125) Gasan(2008), The Birth of American Tourism, p.66,

고 있었다. 그래서 인디언의 영구정착은 반대했지만 관광객이 잠시 머무르는 숙박시설은 필요하다고 생각했다. 요세미티의 관광편의시설물이 대부분 생태적으로 취약한 요세미티 계곡에 들어선 것은 불만이었지만 그에게는 민간 사업자를 규제할 힘은 없었다. 뮤어의 영향력은 그로부터 감명받은 미국인이 제기한 청원에 정치권이 움직이는 양상이었다. 뮤어에게 양 떼는 발굽 달린 메뚜기나 마찬가지였기 때문에 국립공원에서 사라져야 할 대상이었지만 목장 운영자와의 직접적인 대결은 피했다. 숙박시설도 마찬가지였다. 가급적 다른 장소로 이전되길 바랐지만 숙박업 운영자를 직접 설득하지는 않았다. 뮤어는 민간인과의 대결은 피하는 입장이었지만 권력기관과는 거친 싸움도 마다하지 않았다. 헤츠헤치 계곡에 댐을 설치하려는 샌프란시스코 시와 정면충돌한 이유도 권력기관의 책임감과 도덕성을 중시하는 뮤어의 성향에서 기인한 것으로 볼 수 있다. 뮤어는 요세미티의 자연환경에 손상을 줄 수 있다는 이유로 인디언의 영구정착을 반대했다. 또한 생태계를 초토화하는 양 떼를 규제하길 원했고 숙박시설도 다른 장소로 이전되길 희망했다. 그러나 뭉툭한 코를 가진 기계 딱정벌레(blunt-nosed mechanical beetles)라는 이름을 붙인 자동차는 예외적으로 허용했다. 국립공원의 지지기반을 넓히기 위해 보다 많은 미국인의 방문을 유도하려면 자동차의 진입은 불가피하다고 생각했던 것이다.

초기의 자동차는 연료효율이 형편없었고 소음과 매연이 매우 심했다. 국립공원의 비포장도로를 질주하는 자동차로 인해 심각한 분진이 만들어지기도 했다. 1900년대 초가 되어 자동차를 운전하여 국립공원을 유람하는 관광이 서서히 인기를 끌게 되자 생존권을 내세운 관광마차업체는 거세게 반발했다. 자동차의 진입을 두고 격렬한 논쟁이 벌어진 국립공원은 옐로스톤이었다. 관광마차업체의 반발에 밀려 자동차의 진입이 허용된 시기는 1915년이었다. 자동차의 진입이 허용된 시기를 살펴보면 1908년에 레이니어, 1910년에 제너럴 그랜트, 1911년에 크레이터 호수, 1912년에 글레이셔, 그리고 1913년에 요세미티와 세쿼이아 국립공원 순이었다. 옐로스톤은 미국 최초의 국립공원이었지만 자동차의 진입 시기는 가장 늦게 허용되었다. 일단 자동차의 진입이 허용되자 옐로스톤에서 운영되던 관광마차는 급격히 붕괴되었다. 옐로스톤 국립공원에서 운행되던 700대의 마차와 2,000마리의 말은 더 이상 설 자리가 없게 되었다.126)

　　1913년에 자동차의 진입을 허용한 요세미티 국립공원은 자동차의 소음과 매연을 근거로 진입 시기를 늦췄던 것이다. 1907년에 요세미티의 관리자였던 벤슨(H. C. Benson)은 소음과 매연, 그리고 안전사고를 방지하기 위해 자동차의 진입을 금지했다. 그러나 자동차 관련업체의 반발에 못 이긴 척 한 내무부 장관인 프랭클린 레인은 1913년에 빗장을 풀었다. 1912년에 자동차의 진입 허용을 둘러싼 논란을 들은 주미 영국대사인 제임스 브라이스는 자동차의 진입으로 잃을 것이 많을 것으로 전망했다.127)

---

126) Whittlesey(2007), Storytelling in Yellowstone, p.254.

127) Louter(2006), Windshield Wilderness, p.23.

ⓒ NPS Historic Photograph Collection

[사진 18] 요세미티에서 마차를 타고 이동하는 관광객(1902년경)

만약 에덴에서 뱀이 저지를 행위를 사전에 알고 있었다면 아담은 절대로 에덴에 숙박시설을 짓도록 허용하지 않았을 것입니다. 만약 이 세상 어디에도 비교할 만한 곳이 없는 경이로운 계곡에 자동차의 진입을 허용한 결과를 알게 된다면 당신들은 자동차의 진입을 계속 허용하지 않을 것입니다.

영국대사인 제임스 브라이스는 미국의 국립공원을 최고의 아이디어로 극찬한 바 있었다. 1912년에는 요세미티와 세쿼이아, 그리고 옐로스톤을 제외한 모든 국립공원에서 자동차의 진입이 허용되어 있었다. 요세미티와 옐로스톤 국립공원도 더 이상 금단의 지역으로 남아 있을 수 없다는 점을 알고 있었던 제임스 브라이스는 미국인의 역동성을 탓하는 수밖에 달리 방법이 없었다. 그는 자동차에 탑승한 관광객은 자연경관에 초점을 맞출 수 없기 때문에 요세미티의 진면목을 찬찬히 음미할 수 없다고 생각했다. 미국인에게 자동차를 싫어하는 브라이스의 관점은 한가로운 산책이 가능한 영국정원에서나 가능한 이야기였다. 방대한 면적을 자랑하는 미국의 국립공원을 두 발로만 걸어서 유람할 수 있는 신체 건강하고 부유한 사람은 극소수에 불과하다면 이것은 대중을 위한 공공공원이 될 수 없었다. 영국의 개인정원과는 달리 미국의 국립공원은 공유지이므로 자동차의 진입을 거부한 브라이스의 관점은 받아들여질 수 없었다.

1917년에 창설된 이래 국립공원관리청은 언제나 자동차의 진입을 환영해 왔다. 국립공원의 지지기반을 단기간에 확충하길 원했던 초대 청장인 스티븐 마더에게 접근성의 개선은 시급한 당면과제였다. 스티븐 마더의 철학을 공유한 후속 청장들도 국립공원의 안팎을 연결하는 도로정비를 중시했다. 1933년부터 1941년까지는 뉴딜정책의 일환으로 창설된 민간자원보전단은 국립공원의 곳곳에 새로운 도로와 탐방로를 개설했다. 그리고 1956년부터 1966년까지 실시된 미션66사업은 도로정비 사업이라고 칭해도 과언이 아니었다. 미션66사업이 환경시민단체로부터 배척당하게 된 결정적인 계기도 자동차가 운행할 수 있도록 경관도로를 확충한 도로 개설 사업이 문제였다. 이러한 일련의 사업의 결과로 자동차 친화적인 국립공원이 된 요세미티는 1970년대 초가 되자 소음과 매연을 규제해야 한다는 여론이 힘을 얻기 시작했다.

1970년에 국립공원관리청은 요세미티 동부지역의 ⅓은 자동차의 진입은 금지하고 대신 프로판 가스를 원료로 사용하는 버스를 운행하기로 결정했다. 그리고 궁극적으로 자동차의 진입을 금지하는 방안을 수립하기로 환경시민단체와 약속했다. 이렇게 해서 시에라 클럽이 공동으로 참여해서 만들어진 보고서가 공개되자 이해당사자는 즉각 반발했다. 공원에서 방문객을 대상으로 사업체를 운영하는 사업자에게 자동차의 진입금지는 계약위반의 소지가 다분했다. 사업주가 소송제기를 검토하자 국립공원관리청은 한 발 물러섰다. 또한 자동차의 진입금지는 공공공원의 취지와는 대치되는 것으로 생각한 자동차 관련업체에서도 들고 일어서자 국립공원관리청은 보고서를 재작성하기로 결정했다. 자동차의 진입금지를 골자로 한 보고서가 공원 내외부의 반발여론을 수렴한 후에는 아무런 규제도 가하지 않는 자유방임을 선언했다. 애초의 원대한 구상은 온데간데없이 흔적조차 찾을 수 없었고 오히려 공원 내부에 자동차 이용객을 위한 시설확충계획이 편성되었다. 환경시민단체인 지구의 벗(the Friends of the Earth)의 회장인 코니 파리스(Connie Parish)가 공개적으로 국립공원관리청의 결정을 비난하고 나서자 내무부의 차관보는 보고서의 재작성을 명령했다.[128]

이해당사자의 반발에 밀려 자동차의 운행을 규제하는 정책을 제시하지 못했던 국립공원관리청은 다양한 의견을 청취하면서 서서히 새로운 정책을 수립해 가고 있었다. 국립공원관리청은 갈등을 미연에 방지하기 위해 48회에 걸쳐 공청회를 개최했고 최종 보고서의 작성에 직간접으로 참여시킨 인원은 62,000명이었다. 이런 과정을 거쳐 만들어진 보고서가 일반관리계획(general management plan)이었다. 1980년

---

128) Lowry(2009). Repairing Paradise. pp.70~71.

에 공개된 일반관리계획의 요지는 요세미티 계곡과 마리포사 그로브 일대에 자동차의 진입을 금지하는 것이었다. 10년 전에 극심한 반발로 보고서의 내용이 뒤집힌 것과는 달리 1980년에 공개된 일반관리계획을 둘러싼 갈등은 발생하지 않았다. 이해당사자의 의견을 수렴한 결과였지만 일반관리계획이 실현되려면 7,000만 달러의 예산이 집행되어야 할 것으로 예측되었다. 우선 국립공원 경계 외곽에 주차장을 신설하는 비용으로 2,200만 달러, 셔틀버스 시스템의 구축비용으로 3,300만 달러, 그리고 매년 1,900만 달러의 운영비가 조달되어야만 자동차의 진입규제가 가능할 것으로 예측되었다. 비록 이해당사자인 민간사업자는 일반관리계획에 대해 별다른 이의를 제기하지 않았지만 그렇다고 적극적으로 지지하는 입장도 아니었기에 수수방관하는 입장이었다.129)

1980년에 공개된 일반관리계획은 예상대로 여론의 지지를 받지 못했다. 규제를 싫어하는 미국인에게 공원 입구에 마련된 셔틀버스 정류장에서 버스를 기다린 후 만원버스에 탑승하고 단체로 승하차하는 상황은 개인주의와는 맞지 않았다. 최소한 7,000만 달러의 예산이 필요했지만 여론이 움직이지 않는 한 의회는 예산을 배정해 줄 의향이 전혀 없었다. 그래서 일반관리계획은 사실상 사장되었다가 1991년에 우연히 재검토의 기회가 찾아왔다. 1991년에 「효율적인 지상교통수단 활성화 법 *Intermodal Surface Transportation Efficiency Act of 1991*」을 제정한 의회는 알라스카의 데날리 국립공원(Denali National Park)과 옐로스톤, 그리고 요세미티를 사례연구대상지로 선정했다. 요세미

---

129) Lowry(2009). Repairing Paradise. pp.71~73.

티 국립공원에 적절한 교통정책으로 3가지 대안이 제시되었다. 첫 번째 대안은 자동차의 진입을 금지하고 버스 또는 경전철을 도입하는 방안이었다. 버스 시스템은 초기 건설비용으로 2,600만 달러와 매년 운영비로 300~500만 달러가 소요될 것으로 전망되었다. 경전철 시스템은 건설비용으로 최저 2억 7,900만 달러에서 최고 4억 5,900만 달러가 소요되며 연간 운영비는 500~600만 달러가 필요할 것으로 전망되었다. 두 번째 대안은 생태적으로 민감한 지역에 들어선 주차장을 폐쇄한 후 외곽지역에 새로운 주차장을 건설하고 순환버스를 도입하는 방안이었다. 그리고 세 번째 대안은 자동차의 총량을 규제하는 방안이었다.

친환경 교통수단의 도입이 가장 바람직한 대안이라는 점에 대해서는 이의가 없었지만 문제는 예산이었다. 공원 외곽에 새로운 주차시설을 건설하고 순환버스 시스템을 도입하는 방안은 환경시민단체와 민간사업자가 모두 반대했다. 공원 외곽에 새로운 주차장을 건설하는 방안은 또 다른 환경파괴라고 생각한 환경시민단체는 두 번째 대안을 반대했던 것이다. 그리고 총량을 규제하는 세 번째 대안은 국립공원관리청에서 반대했다. 창설 이래로 국립공원의 지지기반 확충에 매진하고 있는 국립공원관리청으로서는 총량규제는 곧 기회박탈이나 마찬가지였기 때문에 절대로 수용할 수 없다는 입장이었다. 결국 요세미티에 자동차를 규제하려는 정책은 한 발짝도 나가지 못하고 원점으로 되돌아가게 되었다.

1995년에 요세미티에는 2대의 전기버스가 도입되어 기존의 디젤버스를 대체했다. 그러나 예산을 확보하지 못한 셔틀버스 시스템은 구축되지 않았다. 요세미티와는 달리 자이언 국립공원에서는 공원경계

밖에 마련된 주차시설의 활성화를 위해 2000년부터 21대의 셔틀버스를 운영하기 시작했다. 셔틀버스의 이용이 정착되면서 하루에 5,000대 이상의 차량이 규제되는 효과가 나타난 자이언 국립공원의 사례는 요세미티의 교통정책에도 시사점을 던지고 있다. 자동차의 진입을 일거에 금지하는 급진적인 교통정책을 수립한 요세미티는 매번 천문학적인 예산을 조달할 논리를 제시하지 못해 계획의 수립과 폐기만 반복하고 있는 실정이다. 자이언 국립공원의 사례처럼 부분적인 셔틀버스 시스템의 구축부터 시작하는 방안이 바람직해 보인다.

© Zion National Park

[사진 19] 자이언 국립공원의 셔틀버스

15. 에버글레이즈의 습지복원사업

온갖 진귀한 지형지물이 즐비한 옐로스톤과 한 폭의 그림을 연상시키는 요세미티와는 달리 대부분 평탄한 습지인 에버글레이즈 국립공원에는 폭포라든지 시선을 끌 만한 산악지형은 형성되어 있지 않다. 에버글레이즈의 습지에는 악어가 서식하고 있고 다양한 새들도 관찰할 수 있지만 통상적인 국립공원의 이미지와는 거의 정반대이다. 1976년에 유네스코는 에버글레이즈를 생물권보전지역(biosphere reserve)으로 지정했고 1979년에는 세계자연유산(world heritage)으로 등재했다. 그리고 1987년에 람사르 습지(Ramsar wetland)로 지정된 에버글레이즈처럼 생물권보전지역이면서 세계자연유산, 그리고 람사르 습지로 지정된 곳은 튀니지의 이츠케울 국립공원(Ichkeul national park)과 불가리아의 스레바르나(Srebarna) 등처럼 극히 일부 지역에 불과하다. 에버글레이즈 국립공원은 인간을 위한 볼거리에 치중한 공원이 아니라 생물다양성을 보전하기 위해 지정되었다.

국립공원관리청의 초대 청장인 스티븐 마더는 미국 전역을 순회하면서 새로운 국립공원의 후보지를 물색하고 있던 1923년에 에버글레이즈를 국립공원으로 지정할 계획을 수립했다. 그러나 각종 파충류와 모기 등의 벌레가 득실거리는 습지를 국립공원으로 지정하려는 계획은 예상대로 난관에 부딪혔다. 우선 1919년에 국립공원협회를 창설한 로버트 야드가 강하게 반발했다. 그는 요세미티나 글레이셔, 레이니어 산처럼 배후에는 장엄한 산악지형이 펼쳐져 있고 전경에는 초원, 그리고 중경에는 숲이 우거진 장소만이 국립공원으로 지정될 수 있다고 생각했다. 로버트 야드에게 국립공원제도의 취지는 허드슨 강화파의 그림에서 묘사된 숭고한 아름다움이 느껴지는 자연경관을 보전하는 것이었다. 에버글레이즈의 유일한 장점으로는 인간의 손길이 거의 미치지 않은 점이었다. 대중의 통상적인 사고방식을 공유한 로버트 야드를 설득하지 못한다면 에버글레이즈는 국립공원으로 지정될 가능성이 거의 없었기에 옴스테드 2세가 나섰다. 국립공원관리청의 관리방향을 제시한 옴스테드 2세의 끈질긴 설득에 넘어간 로버트 야드가 반대에서 찬성으로 돌아서면서 에버글레이즈는 국립공원으로 지정될 수 있었다. 1934년에 의회는 에버글레이즈를 국립공원으로 지정했지만 국립공원으로 지정된 면적에 포함된 사유지 매입에 필요한 예산은 배정하지 않았다. 플로리다 주정부에서 사유지 매립을 완료한 1947년에야 국립공원의 요건이 충족되었다.

플로리다의 에버글레이즈는 인간을 위한 공간이 아니라 야생동식물의 서식처였다. 고온다습한 기후에서 쾌적한 삶을 영위하는 것은 불가능했다. 각종 파충류가 득실거렸고 1년 내내 끊이지 않고 출몰하는 모기의 흡혈공격을 당해 낼 사람은 거의 없었다. 에버글레이즈에 드나들던 미국인은 이국적인 열대조류의 깃털을 노린 밀렵꾼이거나 극히 일부였지만 아마추어 조류관찰자였다. 1800년대부터 1900년대 초반까지 멋쟁이 상류계층의 여성이라면 새의 깃털로 장식된 모자로 자신의 매력과 부를 과시했다. 가장 호사스런 모자의 재료는 화사하고 풍성한 열대조류의 깃털이었기에 밀렵꾼은 플로리다의 에버글레이즈로 몰려갔다. 사냥꾼의 무자비한 도륙에 멸종위기에 처한 열대조류와 야생동물은 시어도어 루스벨트 대통령에 의해 간신히 안전한 보호구역을 확보할 수 있었다. 1903년에 플로리다의 펠리컨 섬 (Pelican Island)을 미국 최초의 야생조류 보호구역으로 지정한 루스벨트 대통령은 플로리다의 이곳저곳에 보호구역을 설정했다. 그러나 루스벨트 대통령에게도 에버글레이즈는 모기와 악어가 득실대는 광활한 습지에 불과했다.

　1900년대 초에 루스벨트 대통령이 조류보호구역을 지정하고 의회에서는 깃털의 가공과 운송을 제한하는 법률을 제정하면서 플로리다의 조류는 풍전등화의 위기에서 벗어나게 되었다. 그런데 인간의 손길을 규제하는 보호구역으로 지정되지 않은 에버글레이즈의 야생동식물은 새로운 위협에 직면하게 되었다. 1903년에 발생한 대홍수의 여파로 에버글레이즈에서 범람한 물이 주거지역까지 밀려 들어온 것을 계기로 배수사업계획이 추진되었다. 플로리다 주지사 후보로 출마한 나폴레옹 브로워드(Napoleon Bonaparte Broward, 1857~1910)는 에버글레이즈의 배수사업을 핵심공약으로 내걸고 당선된 1905년부터 자신의 계획을 밀어붙이기 시작했다. 광활한 습지인 에버글레이즈에서 물을 빼내기 위해서는 인공적인 관개배수로가 건설되어야 했다. 배수사업의 반대론자는 에버글레이즈의 배수사업을 진행하면 주정부의 재정이 파탄날 것이 확실하다고 주장했다. 브로워드 주지사는 연방정부로부터 재정지원을 받기 위해 루스벨트 대통령에게 지원을 요청했다. 플로리다를 방문한 루스벨트 대통령은 브로워드가 계획한 4개의 관개배수로 건설 프로젝트에 연방정부의 적극적인 지원을 약속했다. 불가능해 보였던 에버글레이즈 배수사업은 이렇게 해서 시작되었다.[130]

에버글레이즈의 배수사업이 본격화된 계기는 1920년대 후반에 지역을 강타한 허리케인이 야기한 대홍수였다. 1927년의 대홍수로 미시시피 강이 범람하면서 막대한 인명과 재산 손실이 발생하자 당시 대통령이던 허버트 후버는 공병대에 홍수통제 사업을 명령했다. 1928년에 플로리다를 강습한 허리케인으로 에버글레이즈가 범람하면서 일대에 거주하던 2,700명 이상이 목숨을 잃는 대참사가 발생하자 에버글레이즈의 배수사업은 국책사업이 되었다.[131] 공병대는 10년에 걸쳐 에버글레이즈의 북단에 있는 오키초비 호수(Lake Okeechobee)의 물을 인위적으로 빼내는 관개배수로와 제방을 완성했다. 2,000만 달러가 소요된 프로젝트를 명령한 대통령을 기념하기 위해 후버 제방(Hoover Dike)으로 명명된 인공배수시설이 완성되면서 에버글레이즈의 생태계는 급속히 교란되기 시작했다. 설상가상으로 1940년대 중후반에 기상이변이 닥치자 에버글레이즈를 완전히 통제해야 한다는 여론이 힘을 얻기 시작했다. 1944년과 1945년에는 전례를 찾기 어려운 심각한 가뭄을 겪고 나자 1947년에는 대홍수가 발생했다. 그리고 1947년과 1948년에는 강력한 허리케인의 내습으로 막대한 손실이 발생하자 의회에서는 「홍수통제법 *Flood Control of 1948*」을 제정하여 공병대에게 2억 달러의 예산을 배정해 주었다. 공병대가 플로리다 중

---

130) Brinkley(2010), The Wilderness Warrior, pp.734~735.
131) Lisagor & Hansen(2008), Disappearing Destinations, p.52.

남부 홍수통제 프로젝트(Central and South Florida Project for Flood Control and Other Purposes)라고 명명한 관개배수사업을 완료한 1960년대의 에버글레이즈는 더 이상 모기가 득실대는 습지가 아니라 설탕을 재배하는 농경지와 주거단지로 용도가 전용되었다.

　1960년대가 되자 에버글레이즈는 야생동물의 서식지가 아니라 인간을 위한 땅이 되었다. 배수사업으로 새로운 주거단지가 건설되면서 인구는 급속히 증가했다. 1940년의 플로리다의 인구는 190만 명이었지만 배수사업이 완료된 1964년에는 680만 명으로 증가했다. 다른 지역에서 전입한 미국인은 상대적으로 가격이 저렴한 에버글레이즈에서 터전을 잡았다. 배수사업으로 주거단지가 조성된 에버글레이즈는 서서히 도시화되면서 남겨진 습지를 침범했다. 배수사업으로 주거용지만 증가한 것이 아니라 농경지도 거의 2배가량 증가했다. 1940년에 830만 에이커의 농경지는 1964년에는 1,540만 에이커로 증가했다. 비록 주거단지와 농경지가 증가했고 홍수통제도 가능해졌지만 생태계의 교란은 걷잡을 수 없이 심각해졌다. 1930년대와 비교하면 수만 마리의 새가 자생하던 서식지의 95%가 완전히 파괴되었다. 인공적인 홍수통제시스템이 구축된 이상 에버글레이즈는 더 이상 자연복원으로는 회복될 수 없는 상태가 되었다.132)

　배수사업으로 방대한 농경지가 만들어졌지만 대부분의 토지는 농사에 적합하지 않았다. 오키초비 호수가 범람하면서 미세한 토사(silt)가 축적된 지역은 비옥한 농경지가 되었지만 오랜 기간 참억새가 퇴적된 습지는 물이 빠진 후에도 효용성이 높지 않았다. 에버글레이즈

---

132) Lowry(2009), Repairing Paradise, pp.112~113.

에서 새로이 만들어진 농경지에서 재배 가능한 작물은 사탕수수 외에는 없다는 결론이 내려졌다. 농경지의 ⅔에 심어진 사탕수수로 만들어진 설탕은 외국에서 수입한 설탕과는 가격 경쟁력을 갖추지 못했음에도 농부들은 여전히 사탕수수를 재배하고 있었다. 미국에서 사탕수수는 거의 정치적 작물이나 다름없었다. 1816년에 루이지애나 주에서 사탕수수를 재배하는 농민을 보호하기 위해 외국산 설탕에 높은 관세를 부과하기 시작한 이후부터 미국의 소비자는 설탕 구입에 비싼 가격을 지불해야 했다. 1959년에 피델 카스트로(Fidel Alejandro Castro, 1926~)가 친미성향의 정부를 몰아내고 공산주의 정권을 수립하자 미국은 쿠바경제에 막대한 타격을 안겨 주기 위해 설탕 수입을 규제했다. 미국은 자국에서 소비할 설탕을 자급하기 위해 에버글레이즈의 사탕수수 재배를 장려했다.

열대작물인 사탕수수를 재배하려면 엄청난 농업용수가 공급되어야 했다. 오키초비 호수에서 배수된 물의 우선권은 사탕수수 재배업자가 독점하다시피 했다. 배수되지 않고 습지로 남겨져 있던 지역에는 충분한 물이 흘러들지 않아 전체 습지의 면적은 갈수록 축소되었다. 2000년에 도래한 심각한 가뭄으로 수심이 낮아진 오키초비 호수는 배수할 여력이 전혀 없었지만 주지사인 젭 부시(John Ellis "Jeb" Bush, 1953~)는 긴급명령을 발동해서 사탕수수가 재배되던 농경지에 물을 공급했다. 환경시민단체에서는 반발했지만 정치작물인 사탕수수 농사가 망치는 것을 방관할 수 없었던 주지사에게 생태계의 훼손은 감내할 만한 희생이었다. 에버글레이즈의 사탕수수 농업은 용수를 독점했을 뿐만 아니라 수질오염의 주범이기도 했다. 농경에 적합하지 않은 에버글레이즈에서의 사탕수수 농사는 엄청난 양의 화학비료가 없다면 유지될 수 없었다. 사탕수수 농경지를 거쳐서 되돌아간 물은 특히 인(phosphorus)의 함량이 매우 높았다. 에버글레이즈에서 배수된 물에 함유된 인의 수치는 100ppb를 상회해서 공업용수에나 사용이 가능한 수준이었다.133)

에버글레이즈 배수사업의 핵심은 홍수통제였고 농경지와 주거단지 개발은 부수적인 사업이었다. 홍수통제의 주요 사업은 에버글레이즈 북단의 오키초비 호수의 물을 인위적으로 대서양으로 흘려보내는 것이었다. 수문이 설치된 오키초비 호수는 사실상 인공저수지나 마찬가지였다. 오키초비 호수의 수문이 활짝 열리는 기간은 허리케인이 내습하는 6월부터 10월까지였고, 수문이 폐쇄되는 기간은 11월에서 5월까지였다. 6월부터 10월까지는 수문을 개방하여 허리케인으로 인해 발생할 수 있는 홍수를 사전에 차단했고 11월부터 5월까지는 농업용수 등의 용도로 공급할 용수를 저장했다. 그런데 수문을 개방하여 호수의 수량을 인위적으로 낮추는 기간은 원래 자연적으로 만수기였고 정반대로 호수에 물을 가득 채운 기간은 원래 갈수기였다. 홍수통제의 명목으로 수문이 설치된 오키초비 호수에서는 자연적인 물의 순환과는 완전히 정반대의 관리가 시행되었다.134) 자연의 질서가 깨진 장소는 오키초비 호수에 국한되지 않았다. 대홍수에 대비하고 최대한 신속하게 수량을 조절하기 위해 키시미 강(Kissimmee River)은 공병대에 의해 거의 인공배수로의 기능을 담당하게 되었다. 원래 키시미 강은 구불거리면서 바다로 향하는 자연하천이었지만 신속한 배수를 위해 직선화된 강으로 바뀌었다. 공병대의 계획대로 키시미 강

---

133) Adams(2006). The Future of the Wild. pp.159~162.

134) Adams(2006). The Future of the Wild. p.159.

은 엄청나게 빠른 속도로 물을 바다로 내보내면서 에버글레이즈에 공급되는 물의 양은 줄어들 수밖에 없었다.

1986년에 자연적인 물의 순환질서가 와해된 오키초비 호수의 ⅕에 해당하는 면적은 거대한 조류(algae)로 뒤덮였다. 부영양화의 결과로 식물성 플랑크톤이 과잉 번식한 결과였다. 자체적인 정화능력을 상실한 에버글레이즈는 더 늦기 전에 손을 쓰지 않는다면 회복불능의 상태가 될 것으로 전망되었다. 1988년에 연방정부는 수자원의 관리대책이 미흡하고 수질기준을 충족시키지 못했다는 점을 들어 플로리다 주정부를 상대로 소송을 제기했다. 에버글레이즈의 개발에만 관심을 가졌던 플로리다 주정부는 선택의 여지가 없음을 알게 되었다. 우선 오키초비 호수에서 배수된 용수의 대부분을 사탕수수 농경지로 공급하던 정책부터 시정하기로 했다. 사탕수수 농장주의 반발이 예상되었지만 용수공급을 조절하는 일은 언제든지 조치가 가능했기 때문이었다. 오키초비와 그 밖의 지역에서 흘려 내려간 물은 청정한 수질을 유지한 채 자연생태계에 공급되기 시작했다. 플로리다 주정부는 인으로 오염된 수질을 개선하기 위해 필요하다면 인공습지를 조성하기로 했다. 100ppb의 인이 함유된 수질을 궁극적으로 10ppb로 개선하기 위해 사탕수수 농경지에 대한 규제도 불가피해졌다.

에버글레이즈의 생태계가 최악의 상태로 되자 연방정부도 책임론에서 자유로울 수 없었다. 시어도어 루스벨트 대통령을 필두로 역대 대통령들은 막대한 인명과 재산상의 손실을 겪고 있던 플로리다를 구제하기 위해 홍수통제 프로젝트를 추진했다. 고의적으로 생태계를 훼손할 의도는 없었지만 과학적인 환경영향평가를 실시하지 않고 공병대에 전권을 맡긴 것은 분명히 잘못된 결정이었다. 언제나 빡빡한 예산으로 거대한 프로젝트의 수행을 강요받다시피 하는 공병대에게 효율성보다 중요한 기준은 없었다. 홍수통제라는 목적 달성에 지장을 주는 생태계는 과감히 희생되어야 할 수단에 불과했다. 1960년대에 키시미 강을 직선하천으로 개조한 공병대는 강의 원형을 되살려야 하는 프로젝트를 맡게 되었다. 구불거리는 강을 직선하천으로 개조하는 사업은 별다른 애로점 없이 수행한 공병대였지만 직선화된 하천을 원래대로 되돌리는 복원사업은 고전을 면치 못했다. 1960년대에 공병대가 에버글레이즈 홍수통제 프로젝트에 사용한 총 예산은 2억 달러였다. 그런데 키시미 강 복원사업에 5억 달러가 투입되었지만 앞으로도 갈 길은 너무나 멀어 보였다.[135)]

에버글레이즈의 복원사업이 부분적으로 진행되던 1992년에 초강력 태풍인 앤드류가 플로리다를 강타했다. 대홍수를 대비하여 만들어진 관개배수시설도 엄청난 비바람에는 속수무책이었다. 플로리다 전역이 피해를 입었지만 그동안 인간에 의해 자연적인 리듬이 와해된 에버글레이즈는 허리케인의 위력을 감당할 수 없는 상태였다. 1993년에 유네스코는 허리케인으로 심각하게 훼손된 에버글레이즈를 위기에 처한 세계유산으로 지정했다. 1978년에 세계자연유산으로 지정된 이래 악화일로를 걷던 에버글레이즈의 상태를 모니터링하고 있던 유네스코는 초강력 허리케인을 명분으로 내세워 미국의 체면을 감안해 주었다. 에버글레이즈는 인간에 의한 총체적인 난국을 겪고 있다는 사실을 내세워 위기에 처한 세계유산의 목록에 기재하고 싶었지만 세계 최초의 국립공원제도를 도입한 공로는 은연중 유네스코의 결정

---

135) Lowry(2009), Repairing Paradise, p.124.

에 영향을 미치고 있었다. 그러나 유네스코의 관용은 여기까지였다. 1990년에 옐로스톤 국립공원의 경계와 인접한 지역에 광산개발계획이 추진된다는 소식을 접한 유네스코는 적절한 조치를 요청했다. 유네스코의 기류가 심상치 않다는 점을 인식한 미국정부는 결국 1995년에 6,500만 달러의 예산을 편성하여 광산개발계획을 무산시켰지만 유네스코의 결정을 번복시키지는 못했다. 1995년에 미국은 세계 최초의 국립공원인 옐로스톤이 위기에 처한 세계유산으로 지정되는 수모를 당했다.

1993년에 에버글레이즈 국립공원이 위기에 처한 세계유산으로 지정된 사실은 경종을 울리기에 충분했다. 1994년에 플로리다 주의회는 「에버글레이즈 영구보전법 *Everglades Forever Act*」을 통과시켰다. 플로리다 정치권은 에버글레이즈의 체계적인 복원을 위해서는 각계로부터 지원을 받아야 한다고 생각했다. 에버글레이즈의 원대한 복원 프로젝트를 완성하기 위해 연방정부의 전문가뿐만 아니라 학계와 시민단체의 전문가도 동참했다. 미국의 유수한 30여 개의 연구기관과 환경시민단체에서 100여 명의 생태학과 생화학, 공학, 그리고 경제학 권위자가 6년간의 협력을 거쳐 1999년에 에버글레이즈 종합복원계획(Comprehensive Everglades Restoration Plan)을 완성했다. 종합복원계획에 의하면 복원에는 최소한 30년의 기간과 100억 달러 이상의 예산이 필요할 것으로 전망되었다.

에버글레이즈 종합복원계획이 순조롭게 마무리될 수 있었던 배경에는 당시 부통령이었던 알 고어(Albert Arnold "Al" Gore, Jr., 1948~)의 전폭적인 지지가 있었기에 가능했다. 에버글레이즈 종합복원계획에 참여한 환경시민단체들은 알 고어 부통령은 그들이 원하던 친환경 성향의 대통령이 될 것으로 확신했다. 그런데 플로리다의 마이애미-데이드 지역(Miami-Dade County)에 공항을 건설하는 사안으로 영원할 것 같았던 호의적인 관계에 금이 가기 시작했다. 대통령 선거에 출사표를 던진 알 고어 부통령은 공항건설을 찬성하는 건설업자와 히스패닉 유권자의 표심을 잃고 싶지 않아 공항건설에 대한 명확한 입장을 발표하지 않았다. 반면에 전설적인 농구선수에서 정치인으로 전향한 빌 브래들리(William Warren "Bill" Bradley, 1943~)는 반대 입장을 분명히 표명했다. 당시에 브래들리 상원의원은 민주당의 대통령 후보자로 지명받기 위해 알 고어 부통령과 치열한 유세공방을 벌이고 있었다. 브래들리 상원의원뿐만 아니라 내무부 장관과 환경보호청장도 홈스테드 공항(Homestead Airport) 건설을 반대했다. 민주당의 대통령 후보로 출마한 알 고어에게 실망감을 느낀 친환경 성향의 유권자가 랠프 네이더(Ralph Nader, 1934~)에게 투표하지 않았더라면 궁극적으로 알 고어는 대통령으로 당선될 수도 있었다.[136)]

2000년 11월 7일에 실시된 대통령 선거에서 알 고어 후보자는 선거인단을 255명 확보했고 조지 부시 후보자는 246명을 확보했다. 대통령 당선에 필요한 선거인단 수는 270명이었다. 25명의 선거인단이 걸린 플로리다에서 승리를 거둔 후보자가 43대 대통령으로 당선될 운명이었다. 개표결과 0.5%를 앞선 공화당의 조지 부시 후보자가 알 고어를 꺾은 것으로 발표되었지만 자동개표결과를 재검하는 과정에서 1,784표의 차이는 327표까지로 줄어들었다. 그리고 반으로 접게 되어 있는 투표용지의 양쪽에 후보자 명단이 적힌 이른바 나비형 투

---

136) Lowry(2009), Repairing Paradise, p.140.

표용지에 혼란을 느낀 민주당 성향의 일부 유권자는 본의 아니게 부시에게 투표한 것으로 밝혀지기도 했다. 재검표에서 오류가 드러나자 양 후보 진영은 소송을 제기했다. 결국 2000년 12월 9일에 최종 변론을 청취한 연방대법원은 다음 날인 12월 10일에 재검표를 명령한 플로리다 주 대법원의 판결을 취소하는 판결을 내렸다. 이로서 25명의 선거인단이 걸린 플로리다의 승자로 결정된 조지 부시가 43대 대통령으로 당선되었다.

알 고어는 0.5%의 표차로 플로리다의 선거인단을 확보하지 못해 대통령으로 당선되지 못했다. 만약 홈스테드 공항건설에서 분명한 입장을 표명했다면 친환경 성향의 민주당 유권자가 랠프 네이더에게 투표한 비율은 낮아졌을 것이다. 랠프 네이더는 플로리다에서 97,488 표를 획득했다. 클린턴 행정부의 내무부 장관과 환경보호청장이 모두 반대한 홈스테드 공항건설계획은 2001년 1월 16일에 공식적으로 폐기되었다. 알 고어는 자신이 적극적으로 후원한 에버글레이즈 종합복원계획의 서명식 장면을 CNN으로 시청했다. 2000년 12월 11일에 백악관에서 열린 역사적인 서명식의 주인공은 젭 부시 플로리다 주지사였다. 빌 클린턴 대통령의 옆자리에는 알 고어 부통령이 아니라 젭 부시 주지사가 자리를 잡았다. 서명식이 거행된 12월 11일은 연방대법원에서 사실상 조지 부시의 대통령 당선을 확정한 판결을 발표한 다음 날이었다. 서명식에 참석한 젭 부시 주지사는 곧 43대 대통령으로 취임할 조지 부시의 남동생이었다.

2001년부터 시작된 에버글레이즈 종합복원계획은 예상하지 못했던 외부변수의 영향으로 연방정부의 관심에서 멀어져 갔다. 2001년 9월 11일에 알카에다의 테러공격에 속수무책으로 당한 미국이 이라크와 아프가니스탄에서 전쟁을 벌이면서 에버글레이즈 종합복원계획은 우선순위에서 밀려났다. 2005년에 내습한 초강력 허리케인 카트리나(Katrina)와 윌마(Wilma)는 또다시 에버글레이즈에 심각한 피해를 안겼다. 연방정부로부터 확고한 지원의사를 받지 못하자 종합복원계획을 회의적으로 생각했던 개발성향의 주민들이 목소리를 내기 시작했다. 그들은 자연생태계를 복원한다는 명분으로 습지에 용수를 공급하는 자체는 반대하지 않았지만 예전처럼 농경지와 주거단지에 보다 많은 용수가 공급되어야 한다고 주장했다. 2000년대 중반에 심각한 가뭄이 도래하면서 용수의 사용처를 둘러싼 갈등은 증폭되었다. 연방정부와 의회에서 적극적으로 예산을 배정하지 않는 한 30년이 소요될 에버글레이즈 종합복원계획은 중도에 좌초될 가능성도 배제할 수 없게 되었다.

1993년에 위기에 처한 세계유산으로 지정된 지 14년 후인 2007년에야 에버글레이즈는 세계자연유산의 지위를 되찾을 수 있었다. 그러나 에버글레이즈의 생태복원사업이 지지부진하게 진행되자 유네스코는 지체 없이 행동에 나섰다. 2010년에 에버글레이즈가 위기에 처한 세계유산으로 다시 지정되자 미국정부는 관련 전문가를 파견해줄 것을 유네스코와 세계자연보전연맹(IUCN)에 공식 요청했다. 에버글레이즈가 위기에 처한 세계유산의 굴욕을 벗어나는 시기는 연방정부와 의회의 의지에 달려 있다고 해도 과언이 아닐 것이다. 2001년부터 시작되었지만 진척이 느린 에버글레이즈 종합복원계획의 추진속도를 높인다면 세계자연유산의 지위를 되찾는 시기는 예상보다 빨라질 것이다.

나가는 글

미국의 국립공원제도는 1872년에 옐로스톤이 국립공원으로 지정되면서부터 시작되었다. 로마가 하루아침에 이루어지지 않은 것처럼 국립공원제도는 그동안 흩어져 있던 퍼즐조각을 완성한 순간에 세상에 공개된 것이었다. 1870년에 옐로스톤을 탐사한 탐험대가 모닥불을 피워 놓고 옐로스톤의 바람직한 미래상을 논의한 결과 개발 대신 보전을 선택했기 때문에 최초의 국립공원제도가 시작되었다는 일화는 극적인 순간을 좋아하는 미국인의 취향에 딱 들어맞는다. 그러나 대부분 몬태나 출신으로 구성된 탐험대원은 지역사회에서는 존경받는 인물이었을지는 몰라도 연방정부와 의회를 상대로 영향력을 행사할 만한 저명인사는 없었다. 1872년에 「옐로스톤법」을 제정하도록 의회를 움직인 실질적인 동력은 허드슨 강 화파의 토마스 모란이 그린 그림과 노던 퍼시픽 철도회사의 실질적인 소유주였던 제이 쿡의 영향력이었다.

1871년에 지질조사국의 헤이든 원정대에 동행한 토마스 모란은 옐로스톤에서 대협곡 일대를 화폭에 담았다. 대협곡 사이로 거대한 폭포가 물보라를 일으키는 장면을 묘사한 ≪옐로스톤의 그랜드 캐니언

Grand Canyon of the Yellowstone≫을 접한 미국인은 숭고한 아름다움을 느낄 수 있었다. 허드슨 강 화파의 숭고한 풍경화에서 미국적인 문화를 인식한 미국인은 증기선과 기차를 이용할 수 있게 된 후부터 풍경화의 배경이 된 대자연으로 몰려들었다. 이러한 관광욕구에 편승하여 무계획적으로 들어선 관광시설물로 인해 자연경관의 가치가 훼손되고 있다는 여론은 남북전쟁의 와중인 1864년에 「요세미티법」의 제정을 이끌어 냈다. 1870년에 세상에 알려진 옐로스톤도 머지않아 민간관광업자의 손에 의해 사유지처럼 전용될 것이 불 보듯 명확했다. 미국인은 더 이상 신이 빚은 위대한 걸작인 자연경관이 특정 개인의 욕심을 채우는 수단으로 전락하는 것을 지켜만 보고 있을 수 없었다. 가장 미국적인 문화인 자연경관은 공유재로 관리해야 한다는 공감대가 형성된 결과 국립공원제도가 탄생한 것이었다.

국립공원제도는 미국인의 자연관의 변천사이기도 하다. 악마가 출몰하는 음산한 공간이었던 숲의 이미지는 무한정 사용 가능한 자원의 공급처로 변하면서 미국 전역의 숲은 빠르게 사라졌다. 금이나 석탄 등의 광물이 매장되지 않은 산악지형은 인간의 통행을 가로막는 장애물에 불과했지만 허드슨 강 화파의 풍경화에 의해 신격화되기 시작했다. 신의 작품인 미국의 산악지형은 인간이 만든 로마의 콜로세움이나 그리스의 파르테논, 프랑스의 베르사유 궁전과 대등하거나 또는 우월하다는 공감대가 형성되었다. 유용성을 인정받은 숲과는 달리 골칫덩어리에 불과했던 산악지형은 허드슨 강 화파의 화가에 의해 숭고한 아름다움을 체험할 수 있는 가장 미국적인 장소가 되었다. 미국인은 광활한 자연경관에서 자신들의 정체성과 자긍심을 고양할 수 있다는 점을 알게 되었다. 1910년대에 시작된 '내 나라 먼저 보기

(See America First)'라는 운동이 추진력을 얻으면서 그동안 유럽의 역사유적지를 선호하던 중상류층도 미국의 국립공원이야말로 유럽의 역사보다 우월한 가장 미국적인 문화라는 것을 깨닫게 되었다.

미국인이 정체성과 자긍심을 발견한 대자연은 인간의 손길이 미치지 않는 광야(wilderness)의 이미지가 고정되었다. 그러나 애초부터 인간의 존재, 특히 원주민인 인디언을 부정한 것은 아니었다. 미국적인 문화의 출발을 알린 제임스 쿠퍼의 작품인 『개척자들』이나 『모히칸족의 최후』의 실질적인 주인공은 인디언이었다. 허드슨 강 화파의 시조가 된 토마스 콜은 자신의 풍경화에 인디언을 종종 묘사했다. 그러나 1840년대에 미국의 팽창을 당연시한 이른바 명백한 운명(manifest destiny)이 득세한 결과 광활한 서부를 누비던 인디언은 보호구역으로 강제 이전될 운명을 맞게 되었다. 인디언이 사라진 서부의 요세미티에 도착한 존 뮤어는 이곳에서 인디언의 정주흔적을 발견했지만 애써 그들의 정주권리를 무시했다. 황량하고 야생적인 광야를 방황하길 좋아했던 시어도어 루스벨트 대통령에게도 국립공원은 마음의 안식을 얻을 수 있는 에덴이었다. 인간의 정주권리를 부정하는 미국의 국립공원제도를 그대로 도입한 제3세계 국가에서 일거에 삶의 터전에서 쫓겨난 가난한 사람들은 도시의 슬럼가에서 비참한 생활을 시작해야 했다.

미국 최초의 국립공원인 옐로스톤을 제정한 의회는 공공공원임을 명확히 했다. 국립공원은 대중을 위한 공유지로 규정되었지만 적절한 예산지원은 거의 이루어지지 않았다. 국립공원이 제정된 배경에는 공유지를 무단 점령하여 마치 사유지처럼 전용하던 잘못된 행태를 시정하겠다는 강력한 의지를 내비쳤음에도 불구하고 국립공원의 관리에는 무관심했다. 옐로스톤처럼 초창기에 지정된 국립공원에 설치된 기반시설은 대부분 민간자본에 의해 만들어졌다. 예전처럼 무단 점령하는 민간인은 사라졌지만 연방정부로부터 사실상의 독점권을 부여받은 민간인이 국립공원의 실질적인 관리자로 행세하기도 했다. 1917년에 국립공원관리청이 설립되기 전까지 국립공원의 관리는 미 육군의 기병대와 민간회사가 각자 맡은 역할을 수행하는 방식으로 이루어졌다. 군대는 밀렵꾼이나 불법으로 기념품을 챙기려는 관광객을 감시했고 민간회사는 관광객이 필요로 하는 숙식과 교통 서비스를 제공했다. 1905년에 설립된 이래 국립공원의 관리권한을 이양받길 원했던 국립산림청의 초대 청장인 기포드 핀쇼는 번번이 국립공원관리청의 신설을 저지했다. 그러나 요세미티 국립공원 내의 헤츠헤치 계곡에 댐을 설치하려는 계획에 적극적으로 찬성한 기포드 핀쇼에 실망한 환경시민단체는 똘똘 뭉쳐서 국립공원관리청의 신설을 성사시켰다. 환경시민단체는 헤츠헤치 계곡을 잃었지만 국립공원관리청을 얻었다.

국립공원관리청은 설립 이래로 공유지인 국립공원을 찾는 방문객에게 유익하고 즐거운 경험을 제공하는 데 치중해 왔다. 국립공원을 찾는 방문객이 없다면 국립공원관리청의 존속도 장담할 수 없다는 인식하에 초창기부터 접근성의 개선과 각종 편의시설의 확장에 앞장서 왔다. 국립공원관리청의 보전철학은 자연경관의 원형을 그대로 유지하는 것일 뿐, 생태계는 개발이 가능한 공간과 그렇지 않은 버려둔 공간으로 양분되었다. 1800년대에 허드슨 화파가 묘사한 자연경관을 그대로 볼 수 있도록 관리하는 것이 국립공원관리청의 보전철학이었다. 자연경관을 해치는 케이블카라든지 트램웨이, 수직 엘리베이터 등의 시설물의 설치는 용납되지 않았다. 그러나 관심을 두지 않았던 생태계는 오히려 그대로 방치했다면 환경 훼손은 최소화되었을 것이다. 관광객의 안전을 확보한다는 미명하에 늑대는 총과 독약에 의해 거의 자취를 감추었다. 반면에 늑대보다 위험한 맹수인 곰은 쓰레기통의 음식물을 뒤지는 모습이 즐거움을 준다는 이유로 보호되었다. 그런데 1960년대 초에 인위적으로 늑대가 사라진 국립공원에 과잉 번식한 사슴 무리가 식생을 초토화하자 결국 국립공원관리청은 인위적으로 수천 마리의 사슴을 도태시킬 수밖에 없었다. 국립공원의 이면을 알게 된 미국인은 국립공원관리청의 변화를 요구하게 되었다.

국립공원관리청은 관광객의 만족을 위해 개발을 합리화했다. 공원 안팎을 연결하는 도로는 많을수록 좋았고 기왕이면 도로의 폭도 넓을수록 좋았다. 반드시 필요한 도로가 아니더라도 주변경관을 조망할 수 있게 경관도로를 개설하면서 스스로 자연경관을 훼손하기도 했다. 도로와 탐방로가 우후죽순처럼 개설되면서 국립공원에서 도로의 흔적을 발견할 수 없는 태곳적 상태로 남겨진 지역은 급속히 줄어들고 있었다. 1960년대 초에 국립공원에서 자행된 대규모 사슴 도태를 계기로 미국인은 생태계의 보전을 위해서라면 불편을 감수할 준비가 되어 있었다. 국립공원에서 자동차가 운행되는 도로 개설을 원치 않았던 미국인의 요구는 국립공원관리청에 의해 무시되었다. 결국 1964년에 의회는「광야보호법」을 제정하여 도로가 없는 광야를 보호하는 법률이 만들어졌다. 국립공원관리청은「광야보호법」의 제정에 결사 반대했지만 환경운동에 눈을 뜨게 된 미국인은 더 이상 국립공원에서의 개발을 용납하지 않았다. 국립공원관리청은 외부압력에 의해 사실상 개혁을 강요받게 된 것이었다.

비록 자발적으로 시작한 개혁은 아니었지만 국립공원관리청의 보전철학은 생태계를 아우르는 통합관점을 형성하게 되었다. 개발을 지양하고 보전과 복원사업의 중요성을 인식한 국립공원관리청은 이해당사자의 반발에도 불구하고 옐로스톤 일대에 늑대 재이식 프로젝트를 시행했다. 옐로스톤의 새로운 아이콘이 된 늑대를 보고자 가족단위 관광객이 증가하면서 지역경제는 활성화되었고 국립공원관리청은 생태보전에 매진하는 이미지를 얻게 되었다. 옐로스톤의 성공과는 달리 요세미티에서 자동차의 진입을 금지하려는 야심찬 계획은 진척이 없는 실정이다. 전용 셔틀버스 시스템 또는 경전철 시스템의 구축에 소요되는 천문학적인 예산을 확보할 논리를 마련하지 못한 국립공원관리청은 이러지도 저러지도 못하는 곤란한 처지에 처해 있다. 자연경관이 아니라 생태보전을 위해 지정된 최초의 국립공원인 에버글레이즈는 배수사업으로 훼손된 습지를 복원하는 대규모 프로젝트를 진행하고 있지만 예산이 발목을 잡고 있는 형국이다.

1993년에 위기에 처한 세계유산으로 지정된 에버글레이즈는 2007년에 간신히 세계자연유산의 지위를 되찾았지만 2010년에 재차 위기에 처한 세계유산으로 지정되었다. 옐로스톤은 1995년부터 2003년까지 위기에 처한 세계유산으로 지정되는 수모를 겪었다. 주로 관리가 부실한 제3세계의 국립공원이 단골손님이던 위기에 처한 세계유산의 목록에 미국의 국립공원이 기재될 것으로 예상한 사람은 사실상 없었다. 유네스코는 미국의 국립공원을 위기에 처한 세계유산 목록에 기재하는 방식으로 자만심에 빠진 선진국의 보전철학에 경종을 울리려고 했던 것이다. 2009년에 독일의 드레스덴 엘베계곡의 세계문화유산 지위를 박탈한 유네스코는 권고를 따르지 않으면 과감한 조치를 시행하겠다는 의지를 표명했다. 세계 최고의 과학기술을 보유한 국가라는 자부심이 대단한 미국이지만 2010년에 에버글레이즈가 또다시 위기에 처한 세계유산 목록에 오르자 유네스코와 세계자연보전연맹(IUCN)의 도움을 요청한 이유도 유네스코의 진정성을 이해했기 때문이었다.

2007년에 세계자연유산으로 등재된 한라산 국립공원은 개발의 압력에서 벗어난 적이 거의 없었다. 1970년에 국립공원으로 지정된 이래 케이블카를 설치하려는 계획은 수립과 폐기를 반복하고 있는 중이다. 세계자연유산으로 지정된 이후에도 케이블카 설치계획은 여전히 최고결정권자의 곁을 맴돌고 있다. 최근에는 한라산을 종주할 수 있는 이른바 한라산 둘레길이 조성되면서 생태계의 훼손이 가속화되고 있는 중이다. 그동안 인간의 손길이 미치지 않았던 태곳적 자연환경이 유지된 마지막 보루마저 관광객에게 즐거움을 제공한다는 미명 아래 파헤쳐지고 있다. 이곳은 희귀한 식물의 서식지로 반드시 보전되어야 할 지역이어야 하지만 지나다니는 탐방객에 의해 훼손될 운명에 처했다. 제아무리 조심한다고 해도 탐방객이 왕래하는 자체가 생태계에 부정적인 영향을 미칠 뿐만 아니라 탐방객을 가장하여 몰래 희귀식물을 캐어 가려는 사람에게 무방비로 노출된다면 머지않아 생태계의 훼손은 회복불능의 상태로 악화될 것이다. 세계자연유산으로 등재된 한라산 국립공원은 케이블카 또는 한라산 둘레길로 인해 위기에 처한 세계유산으로 지정될 가능성을 배제할 수 없게 되었다.

참고문헌

레오폴드(1999). 모래땅의 사계. Leopold, A., *A Sand County Almanac, and Sketches Here and There*(윤여창 역). 서울: 푸른숲.

마순자(2003). 자연, 풍경 그리고 인간: 서양 풍경화의 전통에 관한 연구. 서울: 아카넷.

박성은(2008). 플랑드르 사실주의 회화: 15세기 제단화를 중심으로. 서울: 이화여자대학교 출판부.

브링클리(2005). 있는 그대로의 미국사2: 하나의 미국 – 남북전쟁에서 20세기 초까지. Brinkley, A. *The Unfinished Nation: A Concise History of the American People 4th ed*(황혜성 외 역). 서울: 휴머니스트.

소로(2005). (헨리 데이비드 소로우의) 산책. Thoreau, H. D. *Walking*(박윤정 역). 서울: 양문.

솔닛(2003). 걷기의 역사. Solnit, R. *Wanderlust: A History of Walking*(김정아 역). 서울: 민음사.

신문수 외 7인(2010). 미국의 자연관 변천과 생태의식. 서울: 서울대학교 출판문화원.

아마토(2006). 걷기, 인간과 세상의 대화. Amato, G. A. *On Foot*(김승욱 역). 서울: 작가정신.

아웃워터(2010). 물의 자연사. Outwater, A. B. *Water: A Natural History*(이충호 역). 고양: 예지.

암스트롱(1999). 신의 역사 2. Armstrong, K. *A History of God: The 4000 – Year Quest of Judaism, Christianity, and Islam*(배국원 역). 서울: 동연.

와일드(2008). 캔터빌의 유령. Wilde, O. *The Canterville Ghost*(서남희 역). 서울: 책그릇.

카르티어(2009). 하늘의 문화사: 하늘의 신비에 도전한 사람들의 네버엔딩스토리. Cartier, S. *Weltenbilder*(서유정 역). 서울: 풀빛.

키멜만(2009). 우연한 걸작: 밥 로스에서 매튜 바니까지, 예술 중독이 낳은 결실들. Kimmelman, M. *The Accidental Masterpiece: On the Art of Life, and Vise Versa*(박상미 역). 서울: 세미콜론.

폴란(2009). 세컨 네이처. Pollan, M. *Second Nature: A Gardener's Education*(이순우 역). 서울: 황소자리.

Adams, J. S.(2006). *The Future of the Wild: Radical Conservation for a Crowded World.* Beacon Press.

Albright, H. M., & Schenck, M. A.(1999). *Creating the National Park Service: The Missing Years.* University of Oklahoma Press.

Appleton, J.(1996). *The Experience of Landscape.* John Wiley & Sons.

Barker, R.(2005). *Scorched Earth: How the Fires of Yellowstone Changed America.* Island Press.

Brinkley, D.(2010). *The Wilderness Warrior: Theodore Roosevelt and the Crusade for America.* Harper Perennial.

Car, E.(2007). *Mission 66: Modernism and the National Park Dilemma.* University of Massachusetts Press.

Dowie, M.(2009). *Conservation Refugees: The Hundred-Year Conflict between Global Conservation and Native Peoples.* The MIT Press.

Egan, T.(2009). *The Big Burn: Teddy Roosevelt and the Fire that Saved America.* Mariner Books.

Ernst J. W. Ed.(1991). *Worthwhile Places: Correspondence of John D. Rockefeller, Jr. and Horace M. Albright.* Fordham University Press.

Gasan, R. H.(2008). *Birth of American Tourism: New York, the Hudson Valley, and American Culture, 1790~1830.* University of Massachusetts Press.

Imura, H., & Schreurs, M. A. Ed.(2005). *Environmental Policy in Japan.* Edward Elgar Publishing Limited.

Irwin, W.(1996). *The New Niagara: Tourism, Technology, and the Landscape of Niagara Falls, 1776~1917.* Pennsylvania State University Press.

Landrum, N. C.(2004). *The State Park Movement in America: A Critical Review.* University of Missouri.

Lisagor, K., & Hansen, H.(2008). *Disappearing Destinations: 37 Places in Peril and What can be Done to Help Save Them.* Vintage.

Louter, D.(2006). *Windshield Wilderness: Cars Roads, and Nature in Washington's National Park*. University of Washington Press.

Lowry, W. R.(2009). *Repairing Paradise: The Restoration of Nature in America's National Parks*. Brookings Institution Press.

Miles, J. C.(2009). *Wilderness in National Parks: Playground or Preserve*. University of Washington Press.

Millhouse, B. B.(2007). *American Wilderness: The Story of the Hudson River School of Painting*. Black Dome Press Corp.

Pitcaithley, D. T.(2001). *Dignified Exploitation: The Growth of Tourism in the National Parks*. In Wrobel, D. M., & Long, P. T. *Seeing and Being Seeing*. University Press of Kansas.

Purchase, E.(1999). *Out of Nowhere: Disaster and Tourism in the White Mountains*. The Johns Hopkins University Press.

Oelschlaeger, M. Ed.(1992). *The Wilderness Condition: Essays on Environment and Civilization*. Island Press.

Righter, R. W.(2006). *The Battle over Hetch Hetchy: America's Most Controversial Dam and the Birth of Modern Environmentalism*. Oxford University Press, USA.

Runte, A.(1993). *Yosemite: The Embattled Wilderness*. University of Nebraska Press.

Shaffer(2001). Seeing America First: The Search for Identity in the Tourist Landscape. In Wrobel, D. M., & Long, P. T. *Seeing and Being Seeing*. University Press of Kansas.

Sutter, P. S.(2004). *Driven Wild: How the Fight against Automobiles Launched the Modern Wilderness Movement*. University of Washington Press.

Talukder, M. H.(2010). Self, Nature, and Cultural Values. *International Journal of Philosophy of Culture and Axiology,* Vol.7(2): 81~99.

Vale, T. R. (2005). *The American Wilderness: Reflections on Nature Protection in the United States*. University of Virginia Press.

Wehr, K.(2004). *America's Fight over Water: The Environmental and Political Effects of Large –Scale Water Systems*. Routledge.

Whittlesey, L. H.(2007). *Storytelling in Yellowstone: Horse and Buggy Tour Guides*. University of New Mexico Press.

문성민 ───

경희대학교와 한양대학교에서 관광학을 전공했다. 첫 강의로 「관광과 환경」을 맡은 것이 인연이 되어 지속 가능한 관광, 생태관광, 책임관광에 관심을 가지게 되었다. 한양대학교와 동서울대학, 동원대학, 제주한라대학 등에서 강의하면서 관광이 환경에 미치는 영향을 연구하고 있다.

제5회 보훈학술논문공모전에서 우수상을 받았고 방송문화진흥회와 문화체육관광부, 서울특별시를 포함한 다수의 지방자치단체가 주관한 공모전에서 수상했다.

저서로는 『제주관광의 정책현황과 대안모색』, 『신문으로 본 제주관광 발전사 1960~1979』, 『의료관광 들여다보기』가 있다.

미국
국립공원제도의 역사

초 판 인 쇄 | 2011년 10월 28일
초 판 발 행 | 2011년 10월 28일

지 은 이 | 문성민
펴 낸 이 | 채종준
펴 낸 곳 | 한국학술정보㈜
주   소 | 경기도 파주시 문발동 파주출판문화정보산업단지 513-5
전   화 | 031) 908-3181(대표)
팩   스 | 031) 908-3189
홈 페 이 지 | http://ebook.kstudy.com
E - m a i l | 출판사업부 publish@kstudy.com
등   록 | 제일산-115호(2000. 6. 19)

ISBN   978-89-268-2733-8 93980 (Paper Book)
              978-89-268-2734-5 98980 (e-Book)

내일을여는지식 ■ 은 시대와 시대의 지식을 이어 갑니다.

이 책은 한국학술정보(주)와 저작자의 지적 재산으로서 무단 전재와 복제를 금합니다.
책에 대한 더 나은 생각, 끊임없는 고민, 독자를 생각하는 마음으로 보다 좋은 책을 만들어갑니다.